Infusionstherapie und klinische Ernährung
in der Kinderheilkunde

Handbuch der Infusionstherapie und klinischen Ernährung

Herausgeber: H. Reissigl, Innsbruck
Redaktion: G. Ollenschläger, Köln

Themen der Einzelbände:

Band I:	Wasser- und Elektrolythaushalt – Physiologie und Pathophysiologie
Band II:	Grundlagen und Technik der Infusionstherapie und klinischen Ernährung
Band III:	Transfusionsmedizin und Schock
Band IV:	Infusionstherapie und klinische Ernährung in der operativen Medizin
Band V:	Infusionstherapie und klinische Ernährung in der Inneren Medizin, Neurologie und Psychiatrie
Band VI:	Infusionstherapie und klinische Ernährung in der Kinderheilkunde

S. Karger · Basel · München · Paris · London · New York · Tokyo · Sydney

Handbuch der Infusionstherapie und klinischen Ernährung

Band VI

H. Böhles

Infusionstherapie und klinische Ernährung in der Kinderheilkunde

Mit 34 Abbildungen und 58 Tabellen, 1983

S. Karger · Basel · München · Paris · London · New York · Tokyo · Sydney

Autor:
 Priv.-Doz. Dr. H. Böhles
 Universitäts-Kinderklinik
 Loschgestraße 15
 D-8520 Erlangen

Herausgeber:
 Prof. Dr. H. Reissigl, w. Hofrat
 Vorstand des Zentralinstituts für Bluttransfusion und Immunologische Abteilung
 der Universitätskliniken Innsbruck an der Chirurgischen Universitätsklinik
 Anichstraße 35
 A-6020 Innsbruck

Redaktion:
 Dr. rer. nat. G. Ollenschläger, Arzt und Apotheker
 Medizinische Klinik Köln-Merheim und Poliklinik der Universität Köln
 Joseph-Stelzmann-Straße 9
 D-5000 Köln 41

Dosierungsangaben von Medikamenten
 Autor und Herausgeber haben alle Anstrengungen unternommen, um sicherzustellen, daß Auswahl und Dosierungsangaben von Medikamenten im vorliegenden Text mit den aktuellen Vorschriften und der Praxis übereinstimmen. Trotzdem muß der Leser im Hinblick auf den Stand der Forschung, Änderungen staatlicher Gesetzgebungen und den ununterbrochenen Strom neuer Forschungsergebnisse bezüglich Medikamentenwirkung und Nebenwirkungen darauf aufmerksam gemacht werden, daß unbedingt bei jedem Medikament der Packungsprospekt konsultiert werden muß, um mögliche Änderungen im Hinblick auf Indikation und Dosis nicht zu übersehen. Gleiches gilt für spezielle Warnungen und Vorsichtsmaßnahmen. Ganz besonders gilt dieser Hinweis für empfohlene neue und/ oder nur selten gebrauchte Wirkstoffe.

Alle Rechte vorbehalten
 Ohne schriftliche Genehmigung des Verlags darf diese Publikation oder Teile daraus nicht in andere Sprachen übersetzt oder in irgendeiner Form mit mechanischen oder elektronischen Mitteln (einschließlich Fotokopie, Tonaufnahme und Mikrokopie) reproduziert oder auf einem Datenträger oder einem Computersystem gespeichert werden.
© Copyright 1983 by S. Karger AG, Postfach, CH-4009 Basel (Schweiz)
 Printed in Germany by Ernst Kieser GmbH, D-8900 Augsburg
 ISBN 3-8055-3719-0

Vorwort des Herausgebers

Infusionstherapie und klinische Ernährung haben in den letzten Jahren eine große Ausbreitung und Vertiefung des Wissens erfahren. Dies zeigt u. a. die Vielzahl an Publikationen, die eigens diesem Gebiet gewidmet sind. Dennoch fehlte in den letzten Jahren eine geschlossene Darstellung des gesamten Gebietes in Buchform.

Vor 15 Jahren war es noch möglich, die Thematik umfassend in einer Monographie zu behandeln, was ich 1965 und 1968 mit den beiden Auflagen meiner »Flüssigkeitstherapie« zeigen konnte. Von zahlreichen Kollegen wurde immer wieder der Wunsch nach einer Neuauflage dieses Buches geäußert. So begann ich neuerlich mit der Sammlung des Materials, stellte aber schon sehr bald fest, daß es immer schwerer für einen Einzelnen wird, die Materie so zu bearbeiten, daß alle Aspekte berücksichtigt sind. In ausführlichen Diskussionen mit Kollegen entstand allmählich das Konzept für ein sechsbändiges Handbuch der Infusionstherapie und klinischen Ernährung, zu dessen Bearbeitung sich namhafte Wissenschaftler aus den verschiedenen Fachrichtungen bereit erklärten. Die einzelnen Bände sind in folgende Bereiche aufgeteilt:

- Wasser- und Elektrolythaushalt – Physiologie und Pathophysiologie
- Grundlagen und Technik der Infusionstherapie und klinischen Ernährung
- Transfusionsmedizin und Schock
- Infusionstherapie und klinische Ernährung in der operativen Medizin
- Infusionstherapie und klinische Ernährung in der Inneren Medizin, Neurologie und Psychiatrie
- Infusionstherapie und klinische Ernährung in der Kinderheilkunde.

Es sind alle Voraussetzungen gegeben, daß die sechs Bände rasch erscheinen und das Handbuch somit 1984 komplett vorliegen wird. Die Aufteilung der Themen in der beschriebenen Form erhöht die Handlichkeit des Ganzen und die Übersichtlichkeit. Sie erlaubt es auch jenen Kollegen, die sich für ganz bestimmte Bereiche interessieren, sich gezielt nur für die Anschaffung des einen oder anderen Bandes zu entscheiden. Wer das Handbuch in seiner Gesamtheit erwerben will, kann dies zu einem günstigen Gesamtpreis tun.

Bei der Ausstattung des Werkes wurde vor allen Dingen auf die Übersichtlichkeit geachtet. Dies zeigt sich besonders durch die farbige Hervorhebung wesentlicher Passagen. Nachschlagen und rasches Orientieren in der Klinik sollten damit sehr erleichtert werden.

Wesentlich ist jedoch die so positive Mitarbeit vieler Kollegen an diesem Werk. Mein herzlicher Dank dafür gilt daher allen, die mitgearbeitet haben. Dies sind die in den Bänden genannten Autoren, der Redakteur, aber auch alle die vielen Kollegen, die mich in den letzten Jahren unterstützt und somit den Autoren und uns geholfen haben, unser Vorhaben zu realisieren.

Wir freuen uns daher gemeinsam, Ihnen als ersten der sechs Bände
»Infusionstherapie und klinische Ernährung in der Kinderheilkunde«
des Kollegen Böhles aus Erlangen vorlegen zu dürfen.

H. Reissigl
als Herausgeber im Namen aller Mitarbeiter

Innsbruck, im März 1983

Vorwort des Autors

Im Alltag des in Klinik und Praxis tätigen Kinderarztes sind Probleme der Flüssigkeitstherapie sowie der künstlichen Ernährung von zunehmender Bedeutung. Das vorhandene Detailwissen ist jedoch meist auf verschiedenste Quellen der weiterführenden Literatur verstreut. So enthalten Darstellungen des Säure-Basen-Haushaltes keinen Hinweis auf Ernährungsprobleme im Bereich des Kohlenhydratstoffwechsels, und Hinweise zur Führung eines diabetischen Patienten bieten keinen Aufschluß über Probleme der Phenylketonurie. Für alle diese pathologischen Zustände müssen jedoch vom praktisch arbeitenden Kinderarzt unter Umständen innerhalb eines normalen Arbeitstages therapeutische Maßnahmen getroffen werden. Nach der geistigen Anregung durch die »Flüssigkeitstherapie« von H. Reissigl sollte eine Darstellung der Infusionstherapie und klinischen Ernährung für die Kinderheilkunde entstehen, die diesen vielfältigen Erfordernissen des klinischen Alltages gerecht wird. Im Kontakt mit Studenten und ärztlichen Mitarbeitern zeigt sich immer wieder, daß die grundsätzlichen Fragen bezüglich der Probleme von Flüssigkeits- und Ernährungstherapie, trotz vielfältiger Publikationen auf diesem Gebiet, stets wieder gestellt werden. Es war deshalb eine Herausforderung, die klinisch wichtigsten Punkte in einer möglichst einfachen, jedoch aussagekräftigen Weise darzustellen. Bewußt wurde eine prägnante, stark gegliederte Form gewählt und besonders wichtige Punkte der dargestellten Problematik in Merksätzen hervorgehoben. Auf eine wissenschaftlich erschöpfende Bearbeitung wurde absichtlich verzichtet, um dadurch die für die praktische Arbeit wichtigsten Bereiche besser hervorheben zu können.

Erlangen, im März 1983   H. Böhles

Inhaltsverzeichnis

Physiologie des Wasser- und Elektrolyt-
haushaltes 1
Verteilungsräume des kindlichen Organismus . 1
   Altersabhängige Entwicklung 2
   Elektrolytzusammensetzung der Verteilungs-
   räume 2
Wasserbedarf 2
   Berechnungsmethoden 2
   Flüssigkeitsumsatz 4
Elektrolyte 6
   Natrium 6
   Chlorid 6
   Kalium 6
   Kalzium 8
   Magnesium 9
Regulation des Wasserhaushaltes 9
   Regulation durch die Niere 9
   Hormonelle Regulation 10
Literatur 11

Physiologie des Säure-Basen-Haushaltes 12
Puffersysteme 12
   Bikarbonatpuffer 12
   Nichtbikarbonatpuffer 13
Physiologische Anpassungsvorgänge 15
   Lunge 15
   Niere 15

Störungen des Säure-Basen-Haushaltes 17
Metabolische Azidose 17
   Therapie der metabolischen Azidose 19
   Die späte metabolische Azidose des Neuge-
   borenen 19
   Laktatazidose 20
   Verdünnungsazidose 20
Renale Azidosen 21
   Die renale tubuläre Azidose vom proxima-
   len Typ 21
   Die renale tubuläre Azidose vom distalen
   Typ 21
   Therapie der renalen Azidosen 22
Respiratorische Azidose 22
Metabolische Alkalose 23
   Therapie der metabolischen Alkalose 24

Respiratorische Alkalose 24
Gemischte Störungen des Säure-Basen-Haus-
haltes 25
Literatur 25

Störungen des Wasser- und Elektrolyt-
haushaltes 26
Dehydratationszustände 26
   Allgemeines Vorgehen bei der Behandlung
   einer Dehydratation 28
   Isotone Dehydratation 29
      Therapie der isotonen Dehydratation ... 29
   Hypotone Dehydratation (Hyponatriämi-
   sche Dehydratation) 29
      Therapie der hypotonen Dehydratation .. 30
   Hypertone Dehydratation (Hypernatriämi-
   sche Dehydratation, Hyperosmolares Syn-
   drom) 30
      Therapie der hypertonen Dehydratation .. 31
Der akute Volumenmangel (Schock) 32
   Therapie des Schocks 33
   Schock durch Gefäßregulationsversagen
   (Septischer Schock) 34
   Kardiogener Schock (low output syndrome) 34
Durchfallerkrankungen 34
   Pathophysiologie der Durchfallerkrankung . 34
   Diätetische Behandlung unkomplizierter
   Durchfallerkrankungen 35
   Symptomatisch wirkende Substanzen zur
   adjuvanten Behandlung von Durchfaller-
   krankungen 36
Kongenitale Chloriddiarrhoe 37
   Therapie 38
Nekrotisierende Enterokolitits 38
   Therapie 39
Hypertrophische Pylorusstenose 39
   Therapie 40
Azetonämisches Erbrechen 41
   Therapie 41
   Allgemeine Pathophysiologie der Ketonurie 41
Periodische Lähmungen durch Störungen der
Kaliumhomöostase 42
   Hypokaliämische Lähmungen 42
      Therapie 42

Hyperkaliämische Lähmung (Adynamia episodica Gamstorp) 42
Therapie 43
Mineralokortikoidmangelzustände........... 43
Therapie 44
Adrenogenitales Syndrom mit Salzverlust..... 44
Therapie des AGS 45
Diabetes insipidus centralis (D. i. c.) 46
Diabetes insipidus nach operativen Eingriffen an der Hypophyse................... 47
Therapie des Diabetes insipidus centralis ... 48
Diabetes insipidus renalis 48
Therapie des Diabetes insipidus renalis..... 49
Hyperhydratationszustände beim Schwartz-Bartter-Syndrom 50
Therapie des SIADH 50
Literatur 51

Störungen des Kalzium-, Magnesium- und Phosphorstoffwechsels..................... 53
Hypokalzämiesyndrome.................. 53
Hypokalzämie des Neugeborenen 53
Therapieformen der Hypokalzämie 54
Hyperkalzämiesyndrome 55
Therapie der Hyperkalzämie 55
Hypomagnesiämie....................... 55
Therapie der Hypomagnesiämie 56
Hypophosphatämie...................... 56
Fanconi-Syndrom 56
Phosphatdiabetes...................... 57
Therapieformen bei Hypophosphatämie.... 57
Literatur 58

Störungen der Niere 59
Akute Niereninsuffizienz 59
Therapie des akuten Nierenversagens 60
Komplikationen im Rahmen der akuten Niereninsuffizienz...................... 60
Chronische Niereninsuffizienz 61
Pathophysiologie der chronischen Niereninsuffizienz............................. 61
Therapeutische Grundsätze 62
Eiweiß- und Kalorienzufuhr bei chronischer Niereninsuffizienz...................... 63
Das nephrotische Syndrom 63
Therapie des nephrotischen Syndroms 63
Nierensteine 64
Struvitsteine 64
Zystinsteine 65
Kalziumoxalatsteine 65
Literatur 66

Störungen des Stoffwechsels der Spurenelemente............................... 67
Zink 67
Zinkmangelzustände................... 67

Therapie des Zinkmangels 68
Eisen 68
Therapie des Eisenmangels 69
Kupfer 69
Kupfermangelzustände 70
M. Wilson 70
Therapie des M. Wilson 71
Literatur 72

Störungen des Vitaminstoffwechsels 73
Vitamin B_1 (Thiamin) 73
Vitamin-B_1-Mangel 73
Vitamin-B_1-abhängige Stoffwechselstörungen 73
Screening-Tests zur Erkennung der Ahornsiruperkrankung....................... 74
Akutbehandlung der Ahornsiruperkrankung 74
Vitamin B_6 (Pyridoxin, Pyridoxal, Pyridoxamin) 75
Vitamin-B_6-Mangel 75
Vitamin-B_6-Abhängigkeit 75
Vitamin B_{12} (Cobalamin) 75
Ursachen des Vitamin-B_{12}-Mangels im Kindesalter 75
Folsäure 76
Folsäuremangel 76
Niacin (Nikotinsäureamid) 77
Biotin (Vitamin H) 77
Biotinmangel 77
Biotinsensitiver multipler Carboxylasemangel 77
Tocopherol (Vitamin E) 78
Vitamin-E-Mangel im Kindesalter 78
Therapeutischer Einsatz von Vitamin E in der Kinderheilkunde 78
Vitamin K (Phyllochinon) 78
Phyllochinonmangel 78
Vitamin D 79
Vitamin-D-Bedarf 79
Rachitisprophylaxe 79
Vitamin-D-Mangelzustände 79
Therapie der Vitamin-D-Mangelrachitis .. 79
Therapie der Pseudo-Vitamin-D-Mangelrachitis................................ 80
Urämische Osteopathie 80
Rachitis bedingt durch Antikonvulsivtherapie 80
Literatur 80

Störungen des Kohlenhydratstoffwechsels 82
Hypoglykämien 82
Abklärung der Hypoglykämien im Kindesalter 82
Die postnatale Hypoglykämie 83
Definition der Hypoglykämie 83
Glykogenosen 83

Therapie der Glykogenosen	85
Galaktosämie	86
Diagnostik der Galaktosämie	87
Therapie der Galaktosämie	88
Fruktoseintoleranz	90
Diagnose der Fruktoseintoleranz	90
Therapie der Fruktoseintoleranz	91
Literatur	93

Störungen des Aminosäurestoffwechsels ... 95

Phenylketonurie (PKU)	95
Diagnostik der PKU	96
Therapie der PKU	96
Die maternale Phenylketonurie	101
Coma hepaticum	101
Therapie des Coma hepaticum	101
Hyperammoniämien	103
Therapie des hyperammoniämischen Koma	104
Therapie bei definierten Störungen der Harnstoffsynthese	105
Literatur	106

Störungen des Pankreas ... 107

Die cystische Fibrose des Pankreas (CF, Mukoviszidose)	107
Pathophysiologie der CF	107
Diagnostik der CF	107
Ernährungstherapie bei CF	107
Diabetes mellitus	109
Coma diabeticum	109
Labordiagnostik	109
Differentialdiagnose	111
Therapie	111
Das diabetische Kind bei Operationen	112
Literatur	113

Störungen des Darmes ... 115

Nahrungsproteinintoleranzen	115
Kuhmilchproteinintoleranz	115
Therapie der Kuhmilchproteintoleranz	116
Zöliakie	116
Therapie der Zöliakie	119
Transistorische Glutenintoleranz	119
Morbus Crohn (Ileitis terminalis)	119
Therapieformen bei M. Crohn	120
Literatur	121

Flüssigkeitstherapie bei Hyperbilirubinämie ... 122

Therapie	122
Literatur	124

Störungen des Herz-Kreislauf-Systems	125
Angeborene Herzfehler	125
Azidose	125
Herzinsuffizienz	125
Therapie der Herzinsuffizienz	125
Herzoperationen	126
Postoperative therapeutische Maßnahmen	126
Literatur	127

Onkologische Erkrankungen ... 128

Hyperurikämie unter Chemotherapie	128
Prophylaxe	128
Ernährungstherapie	128
Literatur	129

Schädel-Hirn-Trauma und Hirnödem ... 130

Therapie des Schädel-Hirn-Trauma	131

Die Verbrennungskrankheit ... 132

Schweregrad von Verbrennungen	132
Therapie bei Verbrennungen	133
Literatur	134

Grundprinzipien der enteralen Ernährungstherapie ... 135

Definition des Ernährungszustandes	135
Beurteilung der Qualität von Nahrungseiweiß	136
Abschätzung des Energiebedarfs	137
Formen der enteralen Ernährungstherapie	137
Milchernährung des Säuglings	140
Kuhmilchernährung	140
Muttermilchernährung	142
Säuglingsmilchnahrungen	143
Literatur	146

Grundprinzipien der parenteralen Ernährung im Kindesalter ... 147

Formen der parenteralen Ernährung	147
Infusionskonzepte	147
Komponenten der parenteralen Ernährung	148
Aminosäuren	148
Kohlenhydrate	148
Fett	149
Überwachung der parenteralen Ernährung	151
Empfehlungen zur parenteralen Infusions- und Ernährungstherapie im Kindesalter	151
Literatur	154

Physiologie des Wasser- und Elektrolythaushaltes[1]

Verteilungsräume des kindlichen Organismus

Die Körperflüssigkeit ist in Kompartimenten verteilt. Zwischen diesen ist das Gesamtkörperwasser frei diffundibel. Die Körperräume können durch das Verdünnungsprinzip mit Substanzen definiert werden, deren Verteilungseigenschaften in den Körperräumen bekannt sind (Abb. 1).

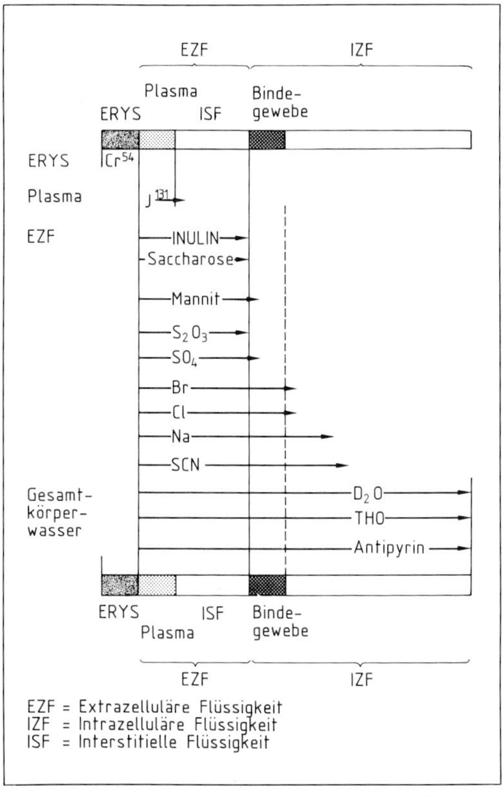

Extrazellulärraum

Dieser Flüssigkeitsraum außerhalb der Zellen schließt das intravasal und interstitiell gelegene Volumen ein. Der Extrazellulärraum macht zur Zeit der Geburt ca. 40% des Gesamtflüssigkeitsraumes aus und sinkt im Verlauf des ersten Lebensjahres auf unter 30% ab. Im Erwachsenenalter beträgt er nur noch 20% (Abb. 2).

Abb. 1. Die Verteilungseigenschaften verschiedener Substanzen. Nach *Elkinton und Danowski*, 1955 [4].

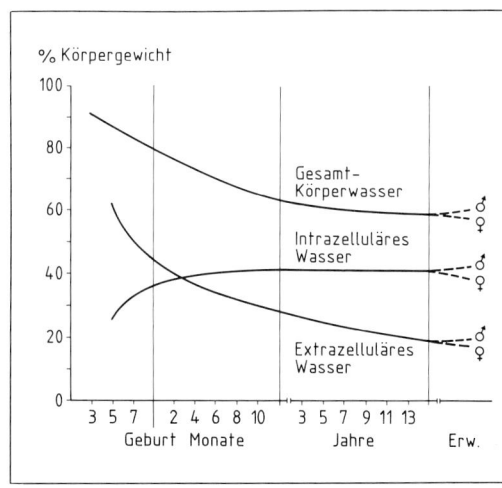

Abb. 2. Veränderung der Flüssigkeitsräume im Laufe der Entwicklung. Nach *Friis-Hansen*, 1961 [5].

---

[1] Siehe auch Band I dieses Handbuches

»Third Space«

Der »Third Space« wird dem extrazellulären Raum zugeordnet. Dazu zählen der Wassergehalt von: Magen-Darm-Trakt, Galle, Liquor cerebrospinalis und Urin in den ableitenden Harnwegen. Von pathophysiologischer Bedeutung sind vor allem Körperhöhlen, in denen es bei verschiedenen Krankheitsprozessen zu erheblichen Flüssigkeitsansammlungen (Flüssigkeitssequester) kommen kann (z. B. bei Aszites, Pleuritis, Ileus).

Intrazellulärraum

Der Intrazellulärraum ist das größte Flüssigkeitskompartiment des Körpers. Er variiert in den einzelnen Körperorganen und ist altersabhängig (Abb. 2).
Der Intrazellulärraum vergrößert sich von ca. 35% bei der Geburt auf ca. 50% im Erwachsenenalter. Dies ist durch die Zunahme der Zellmasse, vor allem der Muskulatur, bedingt.

> Das Verhältnis extrazellulärer zu intrazellulärer Flüssigkeit ist im Säuglingsalter ca. 1:1 und verschiebt sich mit zunehmenden Alter auf ca. 1:2.

Altersabhängige Entwicklung

Der Wassergehalt des Körpers ist altersabhängig (Abb. 2). Beim Neugeborenen beträgt das Gesamtkörperwasser ca. 75% des Körpergewichtes. Bedingt durch die starke Abnahme der extrazellulären Flüssigkeit nimmt das Gesamtkörperwasser innerhalb des 1. Lebensjahres auf ca. 65% ab. Im Verlauf der Kindheit erfolgt ein weiterer leichter Abfall mit Annäherung an die Werte des Erwachsenen (ca. 60%). Ab der Pubertät treten geschlechtsspezifische Unterschiede auf, die im unterschiedlichen Fettgehalt des Körpers begründet sind.

Elektrolytzusammensetzung der Verteilungsräume (Abb. 3)

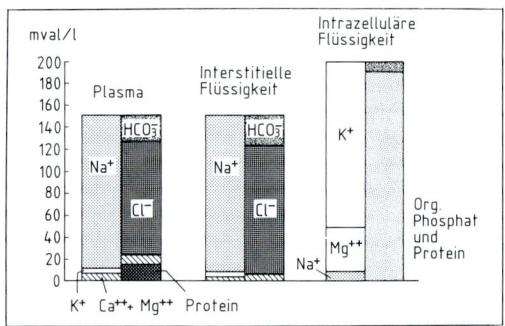

Abb. 3. Elektrolytzusammensetzung der Verteilungsräume.

Natrium ist das wesentliche Kation des Extrazellulärraumes (ca. 140 mmol/l). Seine wichtigsten Anionen sind Chlorid (ca. 105 mmol/l) und Bikarbonat (ca. 26 mmol/l).
Die interstitielle Flüssigkeit entspricht bis auf das Fehlen von Protein, in bezug auf die Elektrolytverteilung, dem Plasma. Die intrazelluläre Flüssigkeit enthält als Kationen große Mengen Kalium (150 mmol/l) und Magnesium (19 mmol/l). Im Gegensatz zum Extrazellulärraum enthalten die Zellen wenig Bikarbonat und Chlor. Die wichtigsten Anionen des Intrazellulärraumes sind Phosphate und Proteine.

Wasserbedarf

Berechnungsmethoden

Zur Beurteilung des täglichen Basisbedarfes an Wasser haben sich 3 Bezugssysteme bewährt:

1. Körperoberfläche (Tab. 1)

Basisbedarf 1500–1800 ml Wasser/m² Körperoberfläche (KOF).
Vorteil: Für alle Altersgruppen nur ein Grundbedarf einzuprägen.
Nachteil: Notwendigkeit eines Nomogramms zur Berechnung der Körperoberfläche (s. Abbildung 4).

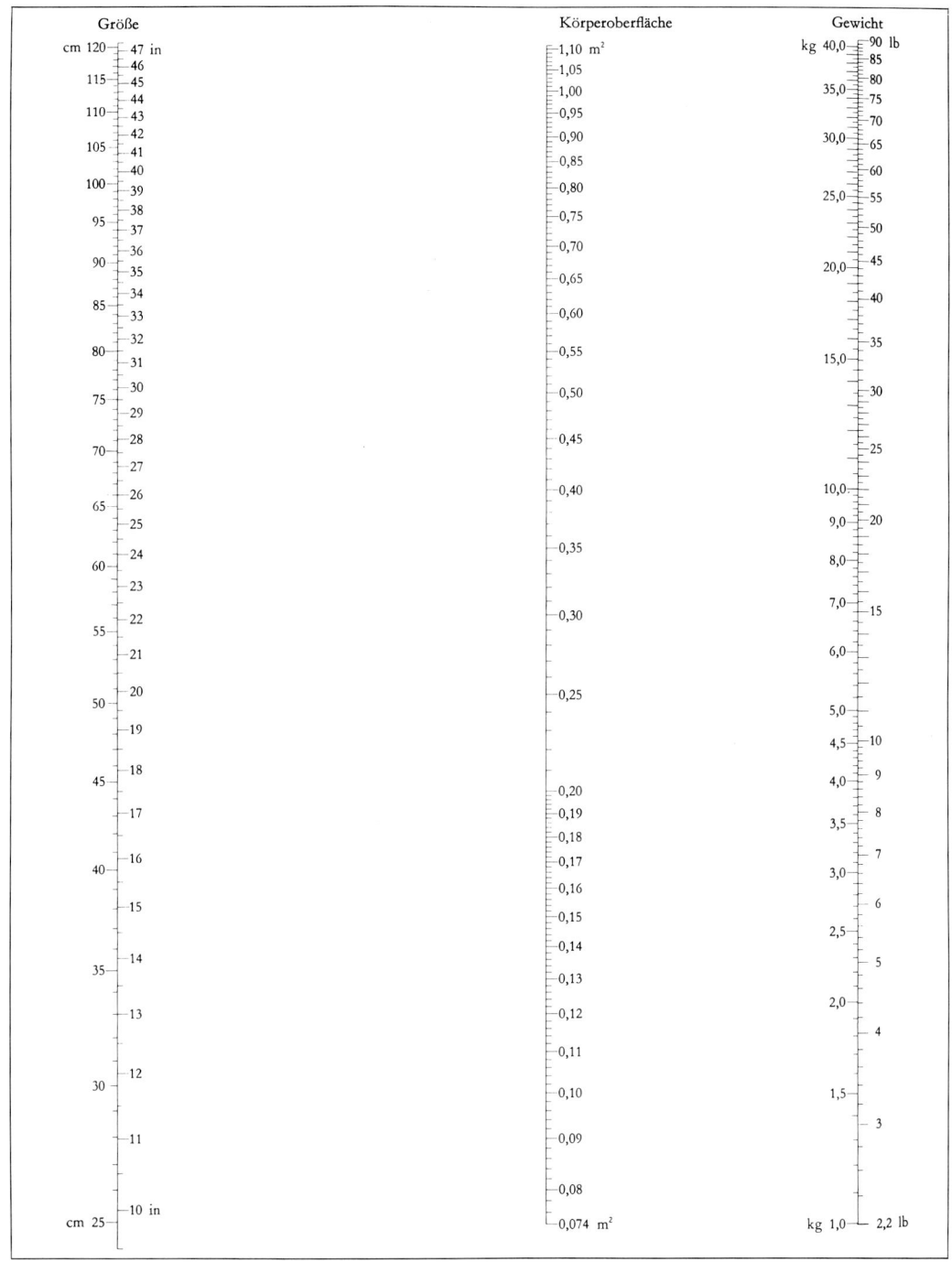

Abb. 4. Nomogramm zur Bestimmung der Körperoberfläche aus Größe und Gewicht: [Nach der Formel von *Du Bois und Du Bois,* Arch. intern. Med. *17:*863 (1916)]: $O = G^{0,425} \times H^{0,725} \times 71{,}84$, oder: $\log O = \log G \times 0{,}425 + \log H \times 0{,}725 + 1{,}8564$ (O = Körperoberfläche in Quadratzentimeter, G = Gewicht in Kilogramm, H = Größe in Zentimeter).

Tabelle 1. Körperoberfläche in verschiedenen Altersstufen

	Körperoberfläche (m^2)
Neugeborene	0,2
Säugling 5 Monate	0,3
Kleinkind 1 Jahr	0,45
Schulkind 9 Jahre	1,0
Jugendlicher 14 Jahre	1,5
Erwachsener	1,73

Tabelle 3. Perspiratio insensibilis in verschiedenen Lebensaltern

	ml/kg/h	ml/m^2/24 h	Autor
Frühgeborene	0,7 – 2,7	170 – 650	[13]
Reife NG	0,4 – 0,5	150 – 180	[6]
Säuglinge	2,0 – 3,0	1150	[6]
Kinder 3 – 8 J.	1,3 – 2,3	950	[6]
Jugendliche	1,0 – 2,5	700	[6]
Erwachsene	0,5 – 0,7	470	[6]

2. Kalorienbedarf

Pro umgesetzte 100 Kalorien besteht ein Wasserbedarf von 100 ml.
Vorteil: Sehr genau.
Nachteil: Bestimmung des Kalorienverbrauches.

1 ml Wasser entfernt 0,6 Kalorien
(30 – 50 ml H$_2$O/kg/Tag).

3. Körpergewicht (Tab. 2)

Diese Methode ist bei einem Körpergewicht über 10 kg ungenau. Für Kinder bis 10 kg kann ein Wasserbedarf von 100–150 ml/kg angenommen werden. Bei einem Gewicht über 10 kg hat sich der Bezug auf die Körperoberfläche bewährt.

Schweißverluste

In einer Umgebungstemperatur von 26,5 – 29,5 °C besteht bei einer ruhenden Person Thermoneutralität. Bei einem Temperaturanstieg über 30 °C tritt Schweißabsonderung auf, um über die Verdunstungskälte die Temperaturbilanz wieder auszugleichen. Damit Schweiß im Sinne eines Wärmeverlustes wirksam werden kann, muß er verdampfen können.

Flüssigkeitsumsatz

Perspiratio insensibilis (Tab. 3)

Als Perspiratio insensibilis werden die Wasserverluste über die Atemluft und durch die Haut bezeichnet. Diese Verluste sind wesentlich an der Thermoregulation des Körpers beteiligt.

Da der Wasserverlust eine Resultante aus dem Dampfdruck an der Haut und dem der Umgebungsluft ist, hat die Luftfeuchtigkeit einen großen Einfluß auf die Perspiratio insensibilis. Die Wasserverluste sind z. B. bei erhöhter Luftfeuchtigkeit in einem Inkubator verringert.

Beim Schwitzen sind vor allem die damit verknüpften NaCl-Verluste zu berücksichtigen.

Tabelle 2. Täglicher Flüssigkeitsbedarf bei Bezug auf Körpergewicht

Alter	ml/kg
1. Lebensjahr	150
1. – 3. Jahr	115 – 135
4. – 6. Jahr	90 – 110
7. – 9. Jahr	70 – 90
10. – 12. Jahr	60 – 85
13. – 15. Jahr	50 – 65
Erwachsener	40 – 50

Schweiß: Ca. 3,0 g NaCl/l H$_2$O; entsprechend ca. 50 mmol Na$^+$/l; ca. $^1/_3$ isoton.
Der NaCl-Gehalt des Schweißes ist erhöht bei:
1. Nebennierenrindeninsuffizienz;
2. Mukoviszidose.

Renale Wasserverluste

Das Urinvolumen ist abhängig von:
1. Zustand der Wasserbilanz;

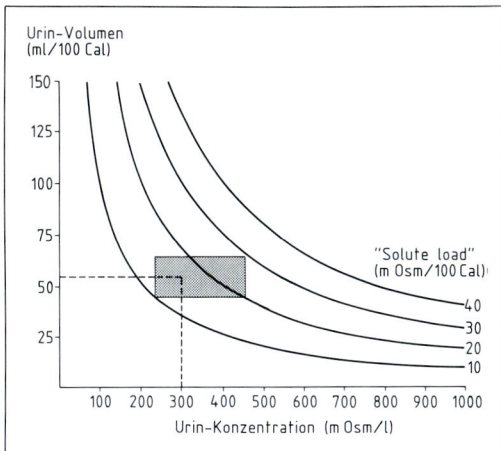

Abb. 5. Bei einer Urinmenge von ca. 55 ml/100 Kalorien ist es möglich, eine Molenlast von 15 mOsm/100 Kalorien in einer Konzentration von 220–290 mOsm/l Urin auszuscheiden [12].

2. Belastung durch Festbestandteile (solute load oder Molenlast), vor allem Harnstoff und Elektrolyte;
3. Konzentrationsvermögen der Niere.

Zusammensetzung der Molenlast

Die Belastung durch Harnstoff beträgt ca. 4 mOsm/100 Kalorien. Elektrolyte sind vor allem Natrium, Kalium und Chlor. Die Belastung durch Elektrolyte beträgt ca. 10 mOsm/100 Kalorien.
Die Belastung der Niere durch Festbestandteile beträgt ca. 15 mOsm/100 Kalorien (Abb. 5).

Die Säuglingsniere kann maximal nur bis 700 mOsm/l H_2O konzentrieren.

Die täglichen Umsatzraten für Wasser (ml/kg/Tag) sind in Tabelle 4 zusammengefaßt.

Im Vergleich zum Erwachsenen setzt der Säugling in bezug auf das Körpergewicht 3–4mal soviel Wasser pro Zeiteinheit um. Dem Säugling fehlt die Fähigkeit, einen akuten Wasserentzug bzw. eine akute osmotische Belastung schnell zu kompensieren. Ein Säugling gelangt deshalb im Vergleich zu älteren Kindern schnell in eine Dehydratation.

Versteckte Wasserzufuhr (Oxydationswasser)

Aus Kenntnis der Nahrungszufuhr kann die anfallende Menge von Oxydationswasser berechnet werden. Es entstehen bei Verbrennung von:

1 g Kohlenhydrate: 0,6 ml Wasser
1 g Eiweiß: 0,4 ml Wasser
1 g Fett: 1,0 ml Wasser

H_2O = 0,6 (Kohlenhydrate) ml/g/Tag
+ 0,43 (Protein) ml/g/Tag + 1,07 (Fett) ml/g/Tag

Fett, als Hauptenergielieferant, liefert $^2/_3$–$^3/_4$ des Oxydationswassers.
Eine weitere Quelle der versteckten Wasseraufnahme entsteht bei der Zellkatabolie. Der Verlust von 1 g Zelleiweiß ist von 3 g Wasser-

Tabelle 4. Tägliche Umsatzraten für Wasser (ml/kg/Tag) nach *Brodehl* (1978) [2]

	Gewicht kg	Körperoberfläche m²	Perspiratio insensibilis	Urin	Stuhl	Total
Neugeborenes	3	0,2	30	40–60	10	80–100
Säugling 5 Monate	6	0,32	50	60–80	10	120–140
Kleinkind 1 Jahr	10	0,45	40	40–60	8	90–110
Schulkind 9 Jahre	30	1,0	25	30–50	4	60–80
Jugendlicher 14 Jahre	50	1,5	20	20–40	3	40–60
Erwachsene	70	1,73	15	10–20	2	20–40

freisetzung begleitet. Die Berechnung kann aus der N-Bilanz erfolgen:

H_2O = (neg. N-Bilanz) × 6,25 [g Protein/gN] × 3 [ml/g Protein]

> Pro 1 Grad Fieber erfolgt eine Stoffwechselsteigerung um ca. 12% [11].
> Bei Fieber erfolgt eine Steigerung des Wasserbedarfes:
> Bis 38 °C: 200 ml/m² Körperoberfläche/Tag;
> 38–39 °C: 400 ml/m² Körperoberfläche/Tag;
> über 39 °C: 600 ml/m² Körperoberfläche/Tag.
>
> Oder allgemein:
> Pro 1 °C: +20% des Basisbedarfs an Wasser.

Elektrolyte

Natrium

Na^+: 1 mmol (= mval) = 23 mg. Normale Serumkonzentration: 140 mmol/l.
Natriumbedarf: 3–4 mmol/kgKG/Tag;
5 mmol/kgKG/Tag bei Frühgeborenen (hohe Natriumverluste!)

Natrium ist das wesentlichste Kation des Extrazellulärraumes und dient hauptsächlich der Aufrechterhaltung seiner Osmolarität. Somit wird der Natriumbedarf wesentlich durch die Veränderungen des extrazellulären Volumens bestimmt. Der Extrazellulärraum wird bei Natriumverlusten verkleinert und bei verstärkter Natriumzufuhr vergrößert. Der Intrazellulärraum wird sekundär über einen Anstieg bzw. ein Absenken der extrazellulären Osmolarität beeinflußt.

Unter normalen Umständen ist die im Urin ausgeschiedene Natriummenge eine Funktion der Natriumaufnahme.

Beim Neugeborenen ist die Funktion der natrium- und wasserregulierenden Mechanismen begrenzt. Die Niere des jungen Säuglings hat nur ein begrenztes Konzentrationsvermögen. Die Ausscheidung der Festbestandteile ist nur über eine entsprechend große Wassermenge möglich.

Chlorid

Cl^-: 1 mmol (= mval) = 35,5 mg. Normale Serumkonzentration: 99–105 mmol/l.

Chlorid ist ein überwiegend extrazelluläres Anion. Zusammen mit Natrium bestimmt es die osmotischen Verhältnisse im Extrazellulärraum.

Chloridaufnahme und -ausscheidung erfolgen parallel zu der von Natrium.

Chloridverluste beim Erbrechen erfolgen zusammen mit H^+-Verlusten und führen zur metabolischen Alkalose.

Chloridüberschuß führt über Verschiebungen und Verluste von HCO_3^- zur metabolischen Azidose.

Für die Chloridmessungen ist von Bedeutung, daß nach der Blutentnahme das Serum schnell von den zellulären Bestandteilen abgetrennt wird, da im Vollblut Chlorid-Ionen im Austausch gegen Bikarbonat in die Erythrozyten wandern. Daher können nach längerem Stehen der Blutprobe zu geringe Chloridwerte gemessen werden.

Die Chloridmessung wird durch bromhaltige Medikamente beeinflußt.

Kalium

K^+: 1 mmol (= mval) = 39,1 mg. Normale Serumkonzentration: 5 mmol/l.
Kaliumbedarf: 1–2 mmol/kgKG/Tag.

Kalium ist das wichtigste intrazelluläre Kation und ist für die Aufrechterhaltung der intrazellulären Osmolarität verantwortlich. Die mittlere intrazelluläre Kaliumkonzentration beträgt ca. 150 mmol/l.

Verdauungssekrete geben mit der transzellulären Flüssigkeit vorübergehend größere Mengen an Kalium an das Darmlumen ab, die bei ungestörter intestinaler Funktion nahezu vollständig wieder resorbiert werden (Beachte: Kaliumverluste in den Darm bei Ileus).

Kalium liegt im Körper zu 0,012% als natürliches, radioaktives Isotop ^{40}K vor, das Gamma-Strahlen abgibt. Damit ist eine Möglichkeit der

Bestimmung des Gesamtkörperkaliumbestandes gegeben.

Die wesentlichen Aufgaben von Kalium sind:
- Beteiligung an der zellulären Glukoseaufnahme (mittlere Akkumulationsrate von 0,45 mmol K^+/g Glykogen);
- Beteiligung an der Eiweißsynthese (mit 1 g Stickstoff werden ca. 3 mmol K^+ gebunden. Bei Eiweißkatabolie wird K^+ freigesetzt);
- Beteiligung an der neuromuskulären Erregbarkeit.

Kaliummangel

Herzarrhythmie bis Blockierung der Erregungsleitung. Verstärkung durch Digitalis.
EKG: Niedrige T-Welle, Auftreten einer U-Welle, Verlängerung der QT-Dauer (Abb. 6).

Kaliumüberschuß

Vorkommen: M. Addison, Niereninsuffizienz, Hämolyse, Überdosierung.
Abfall der Herzfrequenz mit steigender Kaliumkonzentration. Atrioventrikuläre Überleitungsstörung, Kammerflimmern.

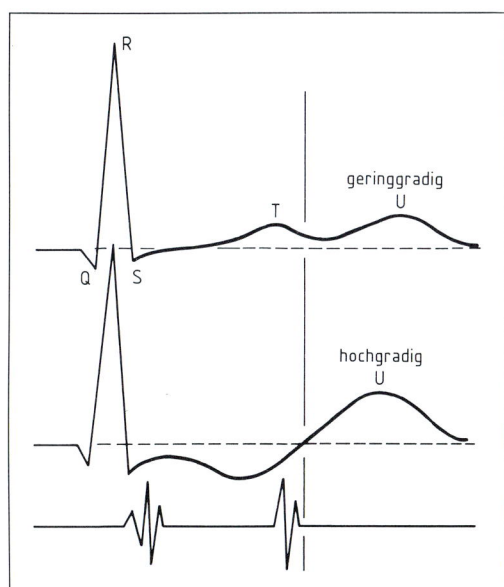

Abb. 6. Veränderungen des EKG bei Kaliummangel.

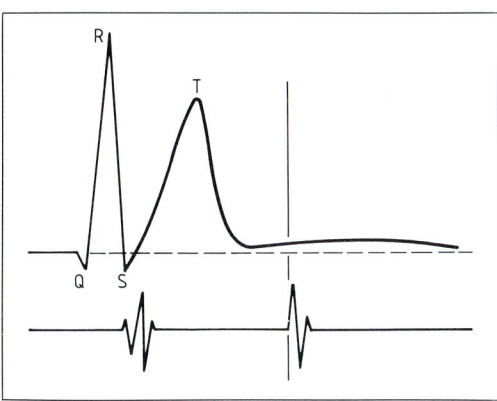

Abb. 7. Veränderungen des EKG bei Kaliumüberschuß.

EKG: ST-Absenkung, zeltförmiges T (Abb. 7).
Einfluß des pH-Wertes auf die Serumkaliumkonzentration: Bei einem Abfall des pH-Wertes kommt es zu einem Austausch von H^+ gegen K^+ aus den Erythrozyten. Bei einem Anstieg des pH-Wertes erfolgt der Austausch in entgegengesetzter Richtung und führt somit zu einem Abfall der Serumkaliumkonzentration.

> Ein normales Serumkalium zeigt bei bestehender Azidose bereits ein zelluläres Kaliumdefizit an.
> Anabole Stoffwechselvorgänge führen zu einem Abfall und katabole Vorgänge zu einem Anstieg der Serumkaliumkonzentration.

Regulation des Kaliumhaushaltes

Der Kaliumhaushalt unterliegt hauptsächlich einer renalen Regulation. Die Regulation erfolgt über:
1. Mineralokortikoide (Aldosteron),
2. Säure-Basen-Haushalt und
3. Strömungsabhängigkeit im Lumen des distalen Tubulus.

Die Regulation ist weitgehend unabhängig von der glomerulären Filtration. Mineralokortikoidmangel senkt, Mineralokortikoidüberschuß steigert die Kaliumausscheidung. Mineralokortikoide greifen am distalen Nephron

an und beeinflussen die proximal tubuläre Kaliumresorption nicht.
Bereits geringe Schwankungen der extrazellulären Kaliumkonzentration können in vivo die Aldosteronsekretion beeinflussen: Kaliumanstieg steigert, Kaliumabfall senkt die Produktion der Mineralokortikoide.
Bei Änderungen des Säure-Basenhaushaltes erfolgt eine adaptive Beeinflussung der Kaliumausscheidung. Eine Alkalose stimuliert, eine akute Azidose unterdrückt die tubuläre Kaliumsekretion. Bei normalem Kaliumbestand ist die Kaliumsekretion von der Strömungsgeschwindigkeit im Lumen des distalen Tubulus abhängig. Die Kaliumsekretion ist somit direkt zur Flußrate korreliert und kann als »Auswascheffekt« bezeichnet werden. Diese strömungsabhängige Kaliurese besteht nicht im Kaliummangelzustand.

Kalzium

Ca^{2+}: 1 mmol (= 2 mval) = 40 mg. Normale Serumkonzentration: 10 mg/dl = 2,5 mmol/l = 5 mval/l
Kalziumbedarf: 0,5 mmol/kg KG/Tag.
Bei hypotrophen Frühgeborenen: 1,0–1,2 mmol/kgKG/Tag (in Form eines Zusatzes von 10%iger Kalziumlactat-Lösung zur Milch; Zusatz soll zur besseren Bioverfügbarkeit erst kurz vor Gebrauch erfolgen).
Kalzium ist beteiligt an der Blutgerinnung, der Knochen- und Zahnbildung und der neuromuskulären Erregbarkeit. 99% des Kalziums im menschlichen Körper finden sich im knöchernen Skelett in Form von Hydroxylapatit [3 $Ca_3(PO_4)_2 \cdot Ca(OH)_2$]. Im Muskel ist das intrazelluläre Kalzium entscheidend für die Umsetzung von Erregung in Kontraktion, in den exo- und endokrinen Drüsen für die Vermittlung von Stimulation und Sekretion. Im Intermediärstoffwechsel hemmt Kalzium eine Anzahl intra- und extramitochondrialer Enzyme.
Serumkalzium liegt in drei verschiedenen Formen vor:
46% proteingebunden,
10% an organische Ionen gebunden (Zitrat, Bikarbonat),
44% in freier, ionisierter Form.
Nur der ionisierte Teil des Kalziums wird endokrin geregelt. Nur das ionisierte Kalzium ist biologisch aktiv.
Die Serumkalziumkonzentration wird durch den Hydrierungszustand sowie den Proteingehalt beeinflußt.
Postprandial wird ein Anstieg des Serumkalziums um ca. 0,5 mg/dl beobachtet.

> Die Ionisation des Kalziums nimmt bei Azidose zu und bei Alkalose ab.

Zur Schätzung des ionisierten Kalziums hat sich das Nomogramm nach *Mac Lean und Hastings bewährt* [8]. Normalwert des ionisierten Kalziums: 4,2–4,8 mg/dl (Abb. 8).
Oral aufgenommenes Kalzium wird mit Hilfe von Vitamin D im Duodenum resorbiert.
Kalziummangel: Die häufigsten Ursachen des Kalziummangels sind Hypoparathyreoidismus, Corticoidmedikation, Vitamin-D-Mangel, Hypoproteinämie.

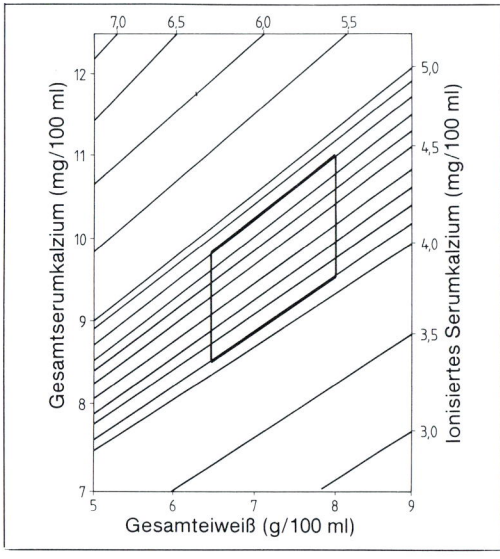

Abb. 8. Nomogramm nach *Mac Lean und Hastings* zur Abschätzung des ionisierten Kalziums.

Bei Neugeborenen führt eine überhöhte Phosphatzufuhr durch Kuhmilchernährung bei gleichzeitiger verminderter renaler Phosphatelimination zu einer Absenkung der Serumkalziumkonzentration.

Kuhmilch: 1220 mg Kalzium/l; 900 mg Phosphor/l ≙ Ca/P = 1,35/1;
Frauenmilch: 342 mg Kalzium/l; 150 mg Phosphor/l ≙ Ca/P = 2,25/1.

Therapie: Umsetzen auf Frauenmilch oder adaptierte Milch.

Magnesium

Mg^{2+}: 1 mmol (= 2 mval) = 24 mg. Normale Serumkonzentration: 2,0 mg/dl = 0,8 mmol/l = 1,6 mval/l.
Magnesiumbedarf: 0,5 mmol/kg/Tag.
Magnesium ist neben Kalium das wichtigste intrazelluläre Ion. Intrazelluläre Konzentration: 19 mmol/l. Magnesiumkonzentration in den Erythrozyten: 2–2,5 mmol/l. Innerhalb der Zellen ist der Magnesiumgehalt besonders hoch in Mitochondrien und Zellkernen.
Serummagnesium liegt in 3 verschiedenen Formen vor:
60% ionisiert, 30% proteingebunden, 10% komplexgebunden (Phosphat, Zitrat).
Mg^{2+} und Ca^{2+} beeinflussen die Erregbarkeit des neuromuskulären Apparates synergistisch. Eine starke Erhöhung der extrazellulären Magnesiumkonzentration hat curareähnliche Wirkung, indem die Freisetzung von Acetylcholin herabgesetzt wird. Dieser Effekt kann durch die gleichzeitige Erhöhung der Kalziumkonzentration wieder aufgehoben werden.
Magnesiummangel kann einen Kalziummangel vortäuschen.
Die Magnesiumresorption erfolgt wie die von Kalzium im oberen Dünndarm. Hypomagnesiämie stimuliert die Parathormonsekretion. Parathormon steigert die intestinale Magnesiumresorption, die Magnesiummobilisation aus dem Skelett sowie die tubuläre Magnesiumrückresorption [3].

Hypermagnesiämie: Eine Hypermagnesiämie wird bei Neugeborenen nach Magnesiumsulfat-Behandlung der Mutter beobachtet. Symptome werden bei Serumkonzentrationen über 2 mmol/l beobachtet. Allgemeine Hypotonie und eine verminderte Reaktionslage sind frühe Zeichen einer Hypermagnesiämie.
Hypomagnesiämie: s. S. 55.

Regulation des Wasserhaushaltes

Die Regulation des Wasserhaushaltes erfolgt:
1. Über die Regulation der Natriumelimination der Niere durch
   a) die glomeruläre Filtration,
   b) die Aldosteronaktivität.
2. Über die Osmoregulation unter Beteiligung hypothalamischer Zentren und des Hypophysenhinterlappens mit nachfolgender Ausschüttung des antidiuretischen Hormons (ADH, Vasopressin).

Regulation durch die Niere

Die Entwicklung der Regulationsfunktion der Niere

Im Laufe der Fetalzeit besteht ein generationsweiser Aufbau von Funktionseinheiten der Niere (Nephrone). Zum Zeitpunkt der Geburt liegen die ältesten persistierenden Nephrone an der Grenze zum Nierenmark, die jüngsten an der Nierenperipherie. Während des fetalen Lebens gewährleistet die Niere die Produktion der Amnionflüssigkeit [1]. Fehlt diese Leistung, z. B. bei Nierenagenesie, so entwickelt sich ein Oligohydramnion [10]. Der Urin des Feten ist hypoton und sauer [7, 9]. Während der Fetus im Uterus »hämodialysiert« wird und die fetale Niere nur wenig zur Regulation der Körperhomöostase beitragen muß, muß sie sofort nach der Geburt die Regulation des internen Milieus übernehmen. Die Niere des Neugeborenen filtriert ca. 30 ml/min/1,73 m². Die Leistung des Erwachsenen wird mit ca. 12–14 Monaten erreicht.

Frühgeborene weisen ein geringeres Glomerulumfiltrat auf als termingerecht geborene Säuglinge.

Spezifisches Gewicht und Osmolarität des Urins

Zwischen den Resultaten der Osmometrie und der Aärometrie (Spezifisches Gewicht) bestehen häufig Unterschiede. Dies ergibt sich aus der Tatsache, daß für die *Osmolarität* des Urins in erster Linie Harnstoff, Ammoniak und die einwertigen Ionen verantwortlich sind. Das *spezifische Gewicht* ist hauptsächlich eine Funktion der Konzentration der Glukose, der Phosphate und der Karbonate. Alkalische Urine haben bei gleicher Osmolarität meist ein niedrigeres spezifisches Gewicht und eine hellere Farbe als saure Urine.

> Bei einer Glukosurie hat der Urin eine niedrige Osmolarität, jedoch ein hohes spezifisches Gewicht.

Einfache diagnostische Maßnahmen zur Beurteilung der Nierenfunktion

1. Bei Plasmakreatininspiegeln unter 1,2 mg/dl liegt bei Kindern eine Filtrationsleistung von mindestens 50 ml/min/1,73 m² KOF vor. Im Säuglingsalter stellen Kreatininspiegel über 1,0 mg/dl bereits eine insuffiziente Nierenleistung dar.
2. Die Osmolarität in Urin und Plasma zeigt, ob eine adäquate Konzentrations- oder Verdünnungsleistung der Niere stattfindet.
3. Vergleich der Plasmabikarbonatkonzentration mit dem pH eines simultan produzierten Urins, ermöglicht eine Aussage über den renalen Beitrag zum Säure-Basen-Gleichgewicht.

Hormonelle Regulation

Regulation durch die Aldosteronaktivität

Die Regulation des Renin-, Angiotensin- und Aldosteronsystems ist in Abbildung 9 dargestellt.

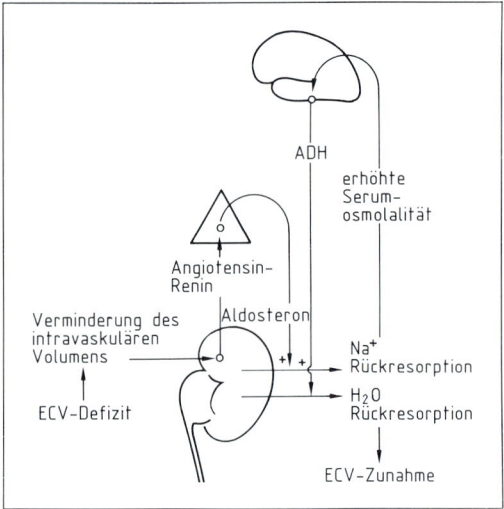

Abb. 9. Regulation des Natrium- und Wasserhaushaltes im Renin-, Angiotensin-, Aldosteronsystem.

Eine negative Natriumbilanz führt über die Stimulation des Renin-Angiotensin-Systems zu einer gesteigerten Aldosteronproduktion und damit zu einer vermehrten Natriumrückresorption am distalen Tubulus der Niere. Mit einer vermehrten Natriumrückresorption folgt eine vermehrte Wasserretention. Die Natrium-Ionen werden im Austausch gegen Kalium-, Wasserstoff- und Magnesiumionen rückresorbiert.

Bei länger bestehendem Hyperaldosteronismus erfolgt:
1. Nieren entziehen sich dem natriumretinierenden Effekt (»escape Phänomen«).
2. Kaliopenische Tubulopathie mit nachfolgender Störung der Wasserstoffionenausscheidung.

Osmoregulation unter Beteiligung hypothalamischer Zentren

Die Hauptregulation der renalen Wasserexkretion erfolgt durch das antidiuretische Hormon (ADH, Synonym: Vasopressin). ADH ist ein Oktapeptid, welches im Hypophysenhinterlappen gespeichert wird. Die Sekretion erfolgt nach Stimulation von Osmorezeptoren im Hypothalamus. ADH kontrolliert die Wasserpermeabilität am distalen Nephron. Der Wirkmechanismus greift über Vermittlung von c-AMP an den Sammelrohren der Niere an.

Literatur

1 Alexander, D. P.; Nixon, D. A.: The foetal kidney. Br. med. Bull. *17:*112–115 (1961).
2 Brodehl, J.: Die Therapie der akuten Dehydratation. Mschr. Kinderheilk. *126:*531–539 (1978).
3 Buckle, R. M.; Care, A. D.; Cooper, C. W.: Influence of magnesium concentration on parathyroid hormone secretion. J. Endocr. *32:*529–531 (1968).
4 Elkinton, J. R.; Danowski, T. S.: The body fluids: Basic physiology and practical therapeutics (Williams & Wilkins, Baltimore 1955).
5 Friis-Hansen, B.: Body water compartments in children: Changes during growth and related changes in body composition. Pediatrics *28:* 169–173 (1961).
6 Heeley, A. M.; Talbot, N. B.: Insensible water losses per day by hospitalized infants and children. Am. J. Dis. Child. *90:*251–254 (1955).
7 Lind, T.; Billewicz, W. Z.; Cheyne, G. A.: Composition of amniotic fluid and maternal blood through pregnancy. J. Obstet. Gynaec. Br. Commonw. *78:*505–508 (1971).
8 MacLean, F. C.; Hastings, A. B.: Clincial estimation and significance of calcium ion concentration in the blood. Am. J. med. Sci. *189:*601–606 (1935).
9 McCance, R. A.; Widdowson, E. M.: Renal aspects of acid-base control in the newly born. Acta paediat. *49:*409–411 (1960).
10 Potter, E. L.: Bilateral renal agenesis. J. Pediat. *29:*68–70 (1946).
11 Winters, R. W.: Principles of Pediatric Fluid Therapy. North Chicago, Abbott Laboratories (1970).
12 Winters, R. W.: The body fluids in pediatrics, p. 123 (Little, Brown & Co., Boston 1973).
13 Wu, P. Y. K.; Hodgman, I. E.: Insensible water loss in preterm infants: Changes with postnatal development and non-ionizing energy. Pediatrics *54:*704–706 (1974).
14 Zweymüller, E.; Preining, O.: The insensible water loss of the newborn infant. Acta paediat. scand. (Suppl.) *205:*1–5 (1970).

Physiologie des Säure-Basen-Haushaltes[1]

Die H$^+$-Ionenkonzentration ist streng auf einen Bereich zwischen pH 7,35 und 7,45 eingestellt. Dies entspricht einer realen H$^+$-Ionenkonzentration zwischen 44,7 und 35,5 nmol/l. Der noch mit dem Leben vereinbare pH-Bereich liegt zwischen 7,0 und 7,8. Dank der Wirkung von Regulationsmechanismen sind die pH-Schwankungen geringer, als dies dem wechselnden Anfall an H$^+$-Ionen entspräche. Diese Regulation wird erzielt durch die Wirkung von:
1. Puffermechanismen (sofortige Wirkung);
2. Physiologischen Anpassungsvorgängen (langsamere Wirkung):
   a) Lunge (kurzfristige Kompensation);
   b) Niere (langfristige Korrektur).

Puffersysteme

Die Unterteilung kann in Bikarbonat- und Nichtbikarbonatpuffer erfolgen, die im Plasma und in den Erythrozyten lokalisiert sind. Das meiste extrazelluläre Bikarbonat befindet sich in der interstitiellen Flüssigkeit, die mit 150 ml/kg KG gegenüber Plasma mit 50 ml/kg KG einen größeren Anteil hat.

Puffersysteme, die *nur in den Erythrozyten* gefunden werden:
Hämoglobin, Oxyhämoglobin und organische Phosphate.

Puffersysteme, die *nur im Plasma* gefunden werden:
Plasmaproteine.

Puffersysteme, die *in den Erythrozyten und im Plasma* gefunden werden:
Bikarbonat und anorganische Phosphate.

Der prozentuale Anteil der unterschiedlichen Puffersysteme an der Gesamtpufferkapazität:

a) Nichtbikarbonatpuffer　　　　　　47%:
　– Hämoglobin und Oxyhämoglobin　35%
　– Organische Phosphate　　　　　　3%
　– Anorganische Phosphate　　　　　2%
　– Plasmaproteine　　　　　　　　　7%

b) Bikarbonatpuffer　　　　　　　　53%:
　– Plasma Bikarbonat　　　　　　　35%
　– Erythrozyten Bikarbonat　　　　18%

Hämoglobin und Oxyhämoglobin haben mit 75% den bedeutendsten Anteil am Nichtbikarbonatpuffersystem. Das Nichtbikarbonatpuffersystem ist vor allem in den Erythrozyten lokalisiert.

Bikarbonatpuffer

Eigenschaften des Bikarbonatpuffersystems

Die Wechselwirkung der am Bikarbonatpuffersystem beteiligten Faktoren kann durch die nachstehende Gleichung charakterisiert werden:

$$CO_2 + H_2O \leftrightharpoons H_2CO_3 \leftrightharpoons H^+ + HCO_3^-$$
$$600 \quad : \quad 1 \quad : \quad 0{,}03$$

Bei Gleichgewichtsverhältnissen liegt die o. a. zahlenmäßige molare Verteilung vor.
Entsprechend dem Massenwirkungsgesetz können diese Verteilungsverhältnisse über eine Konstante K dargestellt werden.

---
[1] Siehe auch Band I dieses Handbuches

$$K = \frac{[H^+] \cdot [HCO_3^-]}{[CO_2 + H_2CO_3]}$$

Die Auflösung nach H^+ liefert die Gleichung nach *Henderson*:

$$H^+ = K \cdot \frac{[CO_2 + H_2CO_3]}{[HCO_3^-]}$$

Nach der logarithmischen Umwandlung ergibt sich die Gleichung nach *Henderson-Hasselbalch*, wobei pH als der negative Logarithmus der H^+-Ionenkonzentration definiert ist.

$$pH = pK + \log\frac{[HCO_3^-]}{[CO_2 + H_2CO_3]}$$

Entsprechend dem *Henry*'schen Gesetz ist die Konzentration eines in einer Flüssigkeit gelösten Gases gleich dem Produkt aus Gaspartialdruck und einer Löslichkeitskonstanten (S). Das im Blut gelöste CO_2 steht somit in einem Gleichgewicht mit dem CO_2 der Alveolarluft. Für unsere Plasmaverhältnisse bedeutet dies:

$$CO_2 + H_2CO_3 = S \cdot P_{CO_2}$$

Die *Henderson-Hasselbalch*-Gleichung kann somit umgeformt werden:

$$pH = pK + \log\frac{[HCO_3^-]}{[S \cdot P_{CO_2}]}$$

Diese Gleichung kann veranschaulicht werden, wenn die physiologischen Verhältnisse und Konzentrationen eingesetzt werden:

$$pH = 6{,}10 + \log\frac{24}{0{,}03 \cdot 40}$$

$$pH = 6{,}10 + \log\frac{24}{1{,}2}$$

$$pH = 6{,}10 + \log 20$$
$$pH = 6{,}10 + 1{,}30$$
$$pH = 7{,}40$$

Aus der Gleichung geht hervor, daß bei einem pH von 7,40 ein $HCO_3^- : H_2CO_3$-Verhältnis von 20:1 vorliegt. Die Gleichung zeigt, daß der pH-Wert durch das Verhältnis von Plasmabikarbonat und pCO_2 festgelegt wird.

Nichtbikarbonatpuffer

Verhältnis von Bikarbonat und Nichtbikarbonatpuffersystem

Das Nichtbikarbonatpuffersystem ist hauptsächlich durch Hämoglobin und Oxyhämoglobin in den Erythrozyten repräsentiert. Das Bikarbonatsystem innerhalb der Erythrozyten ist das Verbindungsglied zwischen Hämoglobinpuffer in den Erythrozyten und Bikarbonatsystem im Plasma. Dies ist möglich, weil die Erythrozytenmembran für CO_2 und HCO_3^- frei permeabel ist.

Werden z. B. 10 mmol H^+ oder OH^--Ionen zu 1 Liter Vollblut gegeben, so reagieren beide Puffersysteme anteilmäßig. Das Bikarbonatsystem verändert sich um 6 mmol/l, das Nichtbikarbonatsystem um 4 mmol/l. Die Gesamtveränderung der Pufferbasen entspricht der zugegebenen Menge H^+ oder OH^-.

Die resultierende Veränderung der Pufferbasen vom Normwert wird als Basenüberschuß bezeichnet.

> Der Basenüberschuß (BE) ist bei Kindern normalerweise −3,3 mmol/l [1]. Ist durch eine Störreaktion ein Teil des Bikarbonatsystems selbst betroffen (CO_2; HCO_3^-), so erfolgt die Pufferreaktion durch das Nichtbikarbonatpuffersystem.

Die Pufferwirkung von Hämoglobin und Oxyhämoglobin

Bezüglich der Puffereigenschaft von Hämoglobin und Oxyhämoglobin ist die unterschiedliche Affinität des Imidazolrings gegenüber H^+ in Abhängigkeit der Sauerstoffbindung von größter Bedeutung. Oxyhämoglobin ist im Vergleich zu reduziertem Hämoglobin die stärkere Säure. Reduziertes Hämoglobin ist die stärkere konjugierte Base (Abb. 10).

In der Lunge wird bei der Oxygenierung von Hämoglobin H^+ vom Hämoglobinmolekül abgegeben. In den Geweben, bei der Abgabe

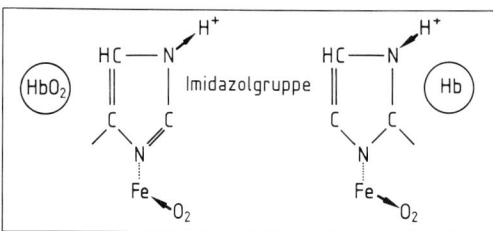

Abb. 10. Die H$^+$-Affinität von Hämoglobin und Oxyhämoglobin.

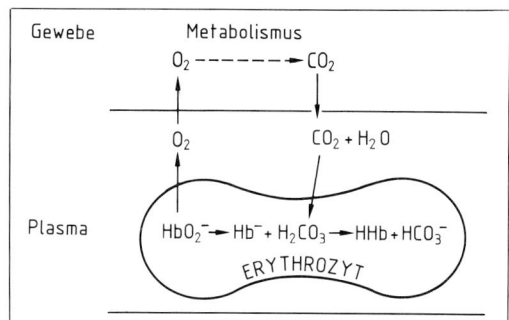

Abb. 11. Die Pufferwirkung von Hämoglobin und Oxyhämoglobin.

von Sauerstoff, wird H$^+$ durch Hämoglobin gebunden.

Das im Intermediärstoffwechsel produzierte CO_2 wird hauptsächlich in den Erythrozyten, wegen der hier reichlich vorhandenen Carboanhydrase, zu H_2CO_3 hydriert (Abb. 11). Carboanhydrase ist im Plasma nicht vorhanden. Durch diese Reaktion wird CO_2 in den Erythrozyten zu HCO_3^- umgewandelt und diffundiert ins Plasma. Bikarbonat verläßt die Erythrozyten im Gewebe. Die Plasmabikarbonatkonzentration ist deshalb in venösem Blut höher. In der Lunge erfolgt die umgekehrte Reaktion. Aus den Geweben werden an das arterielle Blut 3 mmol CO_2/min abgegeben.

Wenn das arterielle Blut als ein reines Bikarbonatpuffersystem betrachtet würde, ergäbe sich auf Grund der *Henderson-Hasselbalch*-Formel folgender pH-Wert:

$$pH = 6{,}10 + \log\frac{24}{1{,}2 + 3}$$

$$pH = 6{,}10 + 0{,}80 = 6{,}90$$

In Wirklichkeit wird dieser Effekt durch die Wirkung des Nichtbikarbonat-Puffersystems abgemildert. (Wirkung von Hämoglobin und Oxyhämoglobin)

Mit dem Anstieg von CO_2 in den Geweben wird somit die intraerythrozytäre HCO_3-Konzentration ansteigen. Zum gleichen Zeitpunkt ist durch die O_2-Abgabe an das Gewebe die Pufferkapazität von Hämoglobin gesteigert. Ein Teil des Bikarbonats, das auf diese Weise

in den Erythrozyten entstanden ist, diffundiert ins Plasma. Um jedoch die Elektroneutralität über die Erythrozytenmembran zu erhalten, muß ein anderes Anion als Bikarbonat aus dem Plasma in die Erythrozyten diffundieren. Dieses Anion ist das im Plasma überreichlich vorhandene Chlorid. Dieser Anionentransfer wird »Chlorid-Shift« genannt (Abb. 12). In der Lunge laufen die Reaktionen in umgekehrter Richtung ab. Lediglich eine kleine Fraktion des CO_2 geht im Plasma in Lösung. Der größte Teil des anfallenden CO_2 (ca. 86%) wird im Rahmen der Pufferwirkung von Hämoglobin transportiert.

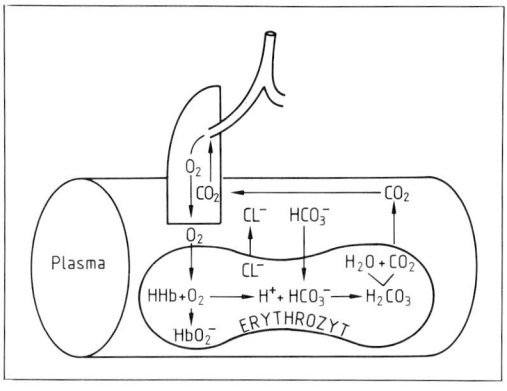

Abb. 12. »Chlorid-Shift«.

Physiologische Anpassungsvorgänge

Die physiologischen Anpassungsvorgänge sind langsamer und laufen in Lunge und Niere ab.

> Die Anpassung der Lunge braucht Minuten bis Stunden, die der Niere Stunden bis Tage.
> Die Lunge reguliert den pCO_2 (Nenner der Henderson-Hasselbalch-Gleichung). Die Niere reguliert die Plasmabikarbonatkonzentration (Zähler der Henderson-Hasselbalch-Gleichung).

Lunge

Das Atemzentrum wird durch pCO_2-Anstieg und pH-Abfall und bei chronischer Ateminsuffizienz auch über den pO_2-Abfall stimuliert.

Einfluß des Liquor-pH auf das Atemzentrum

Bei einer akuten metabolischen Azidose ist der Hauptstimulus für das Atemzentrum der erniedrigte Blut-pH. Da es im Liquor zu einem sofortigen Abfall des pCO_2, aber nur zu einem verzögerten Abfall des HCO_3^- kommt, kann der Liquor zu Beginn einer akuten metabolischen Azidose alkalisch sein. Diese Alkalität ist zunächst noch eine Hemmung für das Atemzentrum, die erst mit dem Absinken des HCO_3^- aufgehoben wird. Die umgekehrte Verzögerung tritt nach Normalisierung des Säure-Basenhaushaltes auf. Dies führt zu einem Anhalten der Hyperventilation noch zum Zeitpunkt der Normalisierung [10]. Diese Vorgänge sind bei der Pufferbehandlung mit Bikarbonat von praktischer Bedeutung (s. Behandlung des Coma diabeticum).

Niere

Der Einfluß der Niere auf den Säure-Basenhaushalt zeigt sich an der Ansäuerung bzw. Alkalisierung des Urins. Die renalen Kompensationsmechanismen sind jedoch langsamer und unvollständiger als die respiratorische Kompensation. Ist die auslösende Störung inkonstant und rasch wechselnd, so bringt die Trägheit der renalen Kompensation die Gefahr überschießender Korrektur und sekundärer Störungen (z. B. eine manifeste metabolische Alkalose, die nach erfolgreicher und rascher Respiratorbehandlung eines Atemnotsyndroms zu beobachten ist).

> Nach therapiebedingter Behebung der respiratorischen Azidose bleibt lediglich der nun sinnlose renale Kompensationsversuch bestehen.

Die Ansäuerung des Urins durch H^+-Ionenausscheidung ist gleichbedeutend mit der Bikarbonatneusynthese in den Nierentubuli.
CO_2 wird unter der katalytischen Wirkung der Carboanhydrase zu Kohlensäure hydriert. Diese disoziiert in H^+ und HCO_3^-. H^+-Ionen werden mit dem Urin ausgeschieden und HCO_3^- kehrt ins Plasma zurück. Somit wird für jedes ausgeschiedene H^+-Ion ein HCO_3^- retiniert. H^+-Ionen werden in freier Form jedoch nur bis zu einem Urin-pH von 4,5 ausgeschieden. Die H^+-Ionenausscheidung erfolgt hauptsächlich durch:

1. Ammoniogenese: $H^+ + NH_3 \rightarrow NH_4^+$
   H^+-Ionen verbinden sich mit Ammoniak unter Bildung von Ammoniumionen.

2. Phosphatpufferung:
   $H^+ + HPO_4^{2-} \rightarrow H_2PO_4^-$
   Ausscheidung von H^+-Ionen als saure Phosphate oder titrierbare Säure (TA). Titrierbare Säure wird durch Rücktitration auf den Blut-pH bestimmt.

Die gesamte renale Säureausscheidung kann somit wie folgt berechnet werden:

$$H^+_{(excr.)} = TA + NH_4^+ - HCO_3^-$$

Die Alkalisierung des Urins ist im Vergleich zur Ansäuerung eine einfachere Aufgabe, da lediglich von der großen Menge an täglich filtriertem Bikarbonat ein Teil nicht rückresorbiert zu werden braucht. Durch eine vermehrte Bikarbonatausscheidung im Urin wird die

Plasmabikarbonatkonzentration abgesenkt. Die Bikarbonatausscheidung kann jedoch nur in Begleitung eines Kations erfolgen. Ein Na^+-oder K^+-Mangel kann somit die Bikarbonatausscheidung limitieren. Dies hat praktische Bedeutung bei der metabolischen Alkalose. Die Korrektur der metabolischen Alkalose erfordert die Ausscheidung überschüssigen Bikarbonates im Urin.

Besteht nun neben der metabolischen Alkalose gleichzeitig eine Na^+-oder K^+-Verarmung (z. B. Erbrechen bei Pylorusstenose), so ist die Niere vor folgende Entscheidung gestellt:
1. Weiterer Elektrolytverlust und gleichzeitige Korrektur der Alkalose durch Ausscheidung überschüssigen Bikarbonates oder
2. Verhinderung eines weiteren Na^+- und K^+-Verlustes bei unkorrigierter Alkalose.

Die Niere entscheidet sich immer für Möglichkeit 2, d. h. die Konservierung der Na^+- und K^+-Vorräte. Da nun im Austausch mit Na^+, H^+-Ionen ausgeschieden werden, wird der Urin sauer [9]. Durch die H^+-Ionenausscheidung wird die Alkalose verschlechtert. Ein saurer Urin bei metabolischer Alkalose heißt »paradoxe Azidurie« und zeigt immer einen Na^+- und K^+-Mangel an.

Eine adäquate Versorgung mit Na^+ und K^+ als Cl^--Salz hilft der Niere aus dem Entscheidungszwiespalt und ermöglicht die Korrektur der Alkalose durch Bikarbonatausscheidung (s. Behandlung der metabolischen Alkalose bei Pylorusstenose mit NaCl).

Literatur

hinter Kapitel »Störungen des Säure-Basen-Haushalts« (S. 25)

Störungen des Säure-Basen-Haushaltes

Übersicht

A. Metabolische Azidose

Ätiologie:
1. Zugewinn einer starken Säure
a) Ketonkörper: Diabetes mellitus, Hungerzustand
b) Schwefel- und Phosphorsäuren: Niereninsuffizienz
c) Milchsäure: Primäre Störungen oder O_2-Mangel (Herzfehler)
d) Salzsäure: Ammoniumchlorid
e) Organische Säuren des Intermediärstoffwechsels:
Organazidurien.

2. Verlust von HCO_3^-
a) Renal: Renal tubuläre Azidose
b) Gastrointestinal: Durchfall.

B. Metabolische Alkalose

Ätiologie:
1. Zugewinn einer starken Base (OH^-)
a) HCl-Verlust: Erbrechen
b) H^+-Verlust in die Muskulatur oder in den Urin: K^+-Mangel.
2. Zugewinn an exogenem HCO_3^-: $NaHCO_3$-Therapie.

C. Respiratorische Azidose

Ätiologie:
Anstieg des pCO_2

a) Lungenerkrankungen
b) Einschränkung der Atemexkursionen: Muskelerkrankungen, Nervenerkrankungen, mechanische Behinderung
c) Störung der Regulation: ZNS-Erkrankungen.

D. Respiratorische Alkalose

Ätiologie:
Verminderung des pCO_2
a) Lungenerkrankungen
b) Störungen der Regulation: Enzephalitis, psychisch bedingte Hyperventilation.

Metabolische Azidose

Der Weg der diagnostischen Abklärung einer metabolischen Azidose im Kindesalter ist aus Abbildung 13a ersichtlich.

1. *Ketonkörper,* wie β-Hydroxybuttersäure und Acetessigsäure stammen aus der unvollständigen Oxydation von Fettsäuren und werden
a) im Hungerzustand,
b) bei der diabetischen Ketoazidose,
c) bei Glykogenosen
gefunden.

2. Die *Laktatazidose* (s. u.) ist Folge einer unvollständigen Kohlenhydratoxydation, entweder auf Grund einer ungenügenden Gewebsoxygenierung oder einer primären Stoffwechselstörung im Rahmen des Pyruvatstoffwechsels.

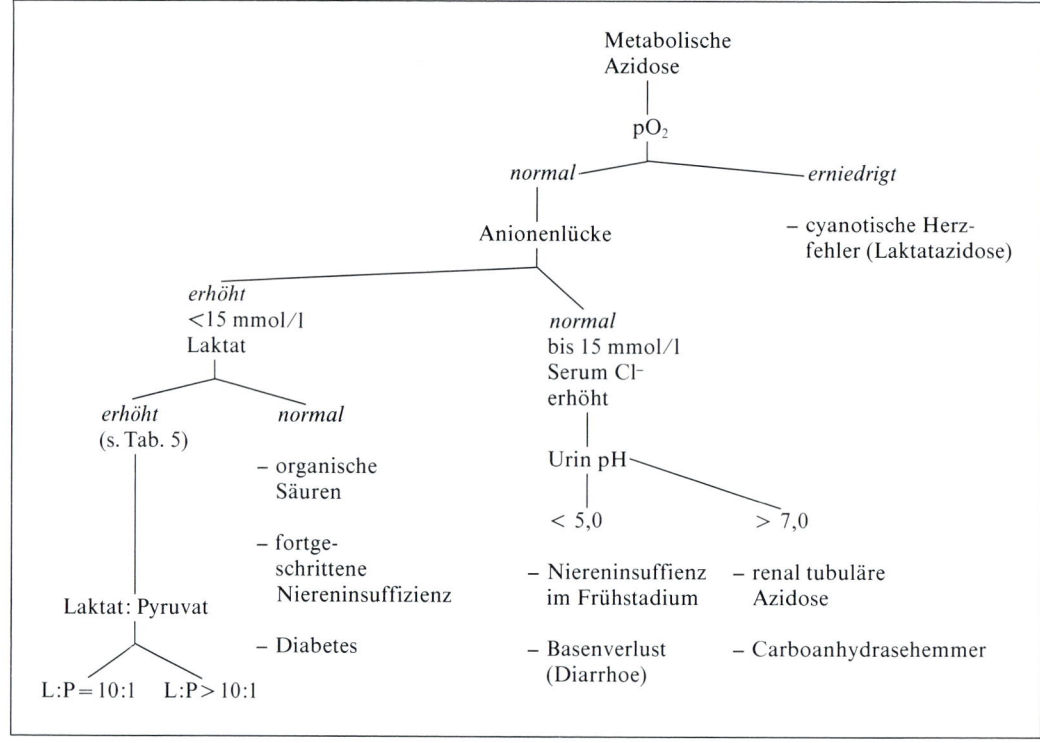

Abb. 13a. Diagnostische Abklärung der metabolischen Azidose.

3. Die im Rahmen des normalen Intermediärstoffwechsels anfallenden *anorganischen Säuren (Schwefel- und Phosphorsäure)* werden im Urin ausgeschieden und sind für die normalerweise saure Reaktion des Urins verantwortlich. Bei fortgeschrittener Niereninsuffizienz werden sie angehäuft und führen zur metabolischen Azidose.

4. *Bikarbonatverluste* entstehen vor allem bei Darmsekretverlusten distal des Pylorus. Vor allem die Pankreassekrete enthalten große Bikarbonatmengen (bis 100 mmol/l).

5. *Renale Bikarbonatverluste* entstehen vorzugsweise bei der proximalen Form der renal tubulären Azidose (s. u.).

6. Auf die eingetretenen Veränderungen im Rahmen einer metabolischen Azidose reagiert das Bikarbonat-, wie auch das Nichtbikarbonatpuffersystem. Die Folge der *Pufferreaktion* ist ein Absinken der Plasmabikarbonatkonzentration, der Gesamtpufferbasen sowie des Basenüberschusses.

Die diagnostische Bedeutung der *Anionenlücke:* Um die Elektroneutralität aufrecht zu erhalten, sind Kationen durch Anionen bilanziert.

Na^+ entspricht 90% der extrazellulären Kationen. Cl^- und HCO_3^- entsprechen 85% der extrazellulären Anionen.

Anionenlücke (nicht näher definierte Anionen):
$Na^+ - (Cl^- + HCO_3^-)$
(normal bis 15 mmol/l).

Ist eine metabolische Azidose durch einen vermehrten Anfall organischer Säuren bedingt, so ist die Anionenlücke durch den Bikarbonatverbrauch vergrößert.

Metabolische Azidose und normale Anionenlücke:
- Bei Bikarbonatverlusten im Rahmen von Durchfallerkrankungen besteht ein gleichzeitiger Natriumverlust, so daß die Anionenlücke normal bleibt.
- Bikarbonatverluste mit konstanter relativer Hyperchlorämie:
   a) renal tubuläre Azidose
   b) Ureterosigmoidostomie
   c) Carboanhydrasehemmer.

Beurteilung der metabolischen Azidose
a) Die Diagnose der metabolischen Azidose ergibt sich primär aus der Bikarbonatabsenkung.
b) Solange sich der pH-Wert im Normbereich bewegt, ist die metabolische Azidose kompensiert. Sie gilt als dekompensiert, wenn der pH-Normalwert unterschritten wird.
c) Eine Verminderung des pCO_2 (normal: 35–45 mm Hg) zeigt den Versuch der respiratorischen Kompensation an.

Therapie der metabolischen Azidose

Bei pH-Werten unter 7,2 (oder über 7,6) muß umgehend für eine Korrektur gesorgt werden, da die Störung des Säure-Basen-Haushaltes sonst eigengesetzlich den weiteren Verlauf bestimmt.
Die Behandlung der metabolischen Azidose erfolgt durch alkalisierende Substanzen.

1. *Bikarbonat*
Eine Pufferung mit Natriumbikarbonat setzt eine ungestörte ventilatorische Funktion voraus.

> 8,4% $NaHCO_3$ = 1 mmol/ml
> *Dosisberechnung:* 8,4% $NaHCO_3$ (ml) = Basenüberschuß (mmol/l) × kg × 0,3

Beachte:
- 8,4% $NaHCO_3$ hat eine Osmolarität von 2000 mOsm/l. Es ist somit ca. 7fach isoton und sollte immer in möglichst großer Verdünnung verabreicht werden.

> Grundsätzlich keine Pufferung über die Nabelvene

- Um Überkorrekturen zu vermeiden sollte zunächst nur die Hälfte des errechneten Bedarfes gegeben werden.
- Bei wiederholter Gabe von $NaHCO_3$ ist auf die entstehende Natriumakkumulation zu achten.

2. *Salze organischer Säuren* (Laktat, Acetat, Zitrat), z. B. Acetolyt®
Sie eignen sich zur langdauernden oralen Therapie einer metabolischen Azidose. Voraussetzung ist ein funktionierender Intermediärstoffwechsel.

Beachte:
- Kein Laktat bei Laktatazidose.
- Bei der Wahl des Kations (Natrium, Kalium, Kalzium) ist der Elektrolythaushalt zu berücksichtigen

Dosisberechnung: Wie bei Natriumbikarbonat.

Die späte metabolische Azidose des Neugeborenen

Sie entsteht durch Auftreten einer hyperchlorämischen metabolischen Azidose, meist in der 2.–3. Lebenswoche. Es wird eine Häufigkeit, bei meist Frühgeborenen, von 8,6% [11] bis 41,8% [14] angegeben.
Die metabolische Azidose ist meist mittelgradig mit einem Basenüberschuß von maximal 14 mmol/l. Charakteristischerweise ist eine respiratorische Kompensation nur geringfügig, was zu leichten pH-Absenkungen auf Werte um 7,20–7,25 führt [13]. Der Stoffwechselbefund steht in krassem Mißverhältnis zum klinischen Wohlbefinden des Kindes. Jedoch besteht zur Zeit der Stoffwechselstörung ein Gewichtsstillstand.
Ursächlich besteht ein zeitweiliges Mißverhältnis zwischen endogener Säureproduktion und renaler Ausscheidungsfähigkeit von H^+. Die endogene Säurebildung ist wesentlich vom Proteingehalt und von der Proteinzusam-

mensetzung der verfütterten Milchen abhängig. Gestillte Kinder bilden nur ca. ⅓ der Menge an endogener Säure, die von Kindern mit einer teiladaptierten Milch gebildet wird [12].

Das Abklingen der späten metabolischen Azidose fällt mit einer raschen Gewichtszunahme zusammen.

Therapie der späten metabolischen Azidose

1. Aussetzen der Proteinzufuhr für ca. 48 Stunden;
2. Umsetzen auf eine adaptierte Säuglingsmilch;
3. Orale Gabe von 2–4 mmol/kg Natriumbikarbonat.

Laktatazidose

Milchsäure-(Laktat)-Azidosen entstehen durch eine Vermehrung der Milchsäure im Blut über den Normalwert von 1 mmol/l (= 12 mg/dl). Eine Milchsäurevermehrung im Blut kommt bei einer Anzahl physiologischer und pathologischer Zustände vor. Schon durch Hyperventilation und Muskelarbeit sind erhebliche Laktaterhöhungen zu erzielen. Im allgemeinen ist dabei neben der Milchsäure auch die Brenztraubensäure (Pyruvat) erhöht. Diese beiden Stoffwechselprodukte der Glykolyse stehen normalerweise in einem konstanten Verhältnis von L:P = 10:1. Systematisch wurde die Laktatazidose von *Huckabee* [6, 7, 8] untersucht und verschiedene Formen voneinander abgegrenzt (Tab. 5):

Die Laktatazidose mit einer überwiegenden Vermehrung des Laktats (Überschußlaktat) wird einer Form mit proportionaler Erhöhung von Laktat und Pyruvat gegenübergestellt. Als Ursache der Überschußlaktatbildung wird eine Hypoxämie des Gewebes mit verstärkter anaerober Glykolyse angenommen. Das Gleichgewicht zwischen Laktat und Pyruvat wird in Gegenwart einer Laktatdehydrogenase durch

1. das Verhältnis von $NAD/NADH_2$ und
2. den pH-Wert

bestimmt. Bei Mangel an molekularem Sauerstoff verschiebt sich das Redoxgleichgewicht und es kommt zu einem Anstau von $NADH_2$, wodurch eine Reduktion des Pyruvats zu Laktat eintritt. Die arterielle Sauerstoffsättigung muß 65% bzw. der pO_2 30 mm Hg unterschreiten, bis eine anaerobe Glykolyse auftritt [5].

Verdünnungsazidose

Sie entsteht durch Verdünnung des Extrazellulärraumes mit einer nicht bikarbonathaltigen Flüssigkeit, z. B., wenn das Extrazellularvolu-

Tabelle 5. Ursachen der Laktatazidosen im Kindesalter

Milchsäure (L) und Brenztraubensäure (P) proportional erhöht: L:P = 10:1	Milchsäure stärker erhöht als Brenztraubensäure L:P > 10:1 Überschußlaktat
Mitochondriale Myopathie Muskelarbeit Angeborene Störungen des Muskelstoffwechsels Herzinsuffizienz Glykogenspeichererkrankungen	Schock Akute Anoxämie Leberzirrhose Leberinsuffizienz Leukosen Gram-negative Sepsis
Angeborene Laktatazidosen [15] a) Pyruvatcarboxylasemangel b) Pyruvatdehydrogenasemangel c) Phosphoenolpyruvat-Carboxykinasemangel d) Fruktosediphosphatasemangel	

men durch eine Infusion mit 0,9% NaCl schnell expandiert wird. Bei einer derartigen Verdünnung ist das Verhältnis von pCO_2 zu HCO_3^- primär nicht verändert und somit besteht auch keine pH-Änderung. Aus dem Metabolismus wird diesem verdünnten System wieder CO_2 zugeführt und auf pCO_2 40 mm Hg einreguliert. Entsprechend der Henderson-Hasselbalch'schen Gleichung resultiert eine Azidose.

> Das Problem der Verdünnungsazidose kann sich praktisch bei der schnellen Rehydrierung dehydrierter Patienten ergeben.

Renale Azidosen

Renale tubuläre Azidose

Klinisches Bild: Säugling mit Gedeihstörung, Dehydratation und hyperchlorämischer Azidose.

Die renale tubuläre Azidose vom proximalen Typ

Bikarbonat wird im proximalen renalen Tubulusapparat reabsorbiert. Dies ist bis zu einer Schwellenkonzentration von 27 mmol/l Glomerulumfiltrat bei Erwachsenen und bis 22 mmol/l Glomerulumfiltrat bei Säuglingen möglich. Liegt die Plasmakonzentration darüber, kann der Überschuß nicht reabsorbiert werden und gelangt in den distalen Tubulus.

Problem bei proximaler tubulärer Azidose:
Die Rückresorptionskapazität von HCO_3^- im proximalen Tubulus ist auf maximal 12 bis 15 mmol/l Glomerulumfiltrat reduziert. Vermehrt gelangt HCO_3^- in den distalen Tubulusapparat und überschreitet auch dort die Reabsorptionsfähigkeit.
Weitere Folge:
– HCO_3^--Verlust in den Urin
– Absenkung des Serum-HCO_3^-
– Verminderung von HCO_3^- im Glomerulumfiltrat
– weniger HCO_3^- im distalen Tubulus.

> Im Gegensatz zur distalen Form kann beim proximalen Typ bis zu einem gewissen Ausmaß saurer Urin produziert werden.

Transitorische proximale renale tubuläre Azidose

1. Unreife des proximalen Tubulusapparates.
2. Gelegentlich nach schweren Dehydratationszuständen (Toxikose).

Klinik: Nach Rehydratation und Zufuhr normaler Milchnahrung tritt eine hyperchlorämische Azidose auf.
Therapie: Oral $NaHCO_3$, Zitrat, Laktat, Azetat, Dosis meist über 6 mmol/kg/Tag.
Die Dosierung orientiert sich am Erreichen normaler Serumbikarbonatkonzentrationen.

Persistierende proximale tubuläre Azidose

Labordiagnostik: Hyperchlorämische Azidose, Bikarbonatmangel, Urin-pH alkalisch. Der Urin-pH kann bei Serumbikarbonatkonzentrationen unter 15 mmol/l, bei hoher Proteinzufuhr, sowie durch einen Belastungsversuch mit NH_4Cl (0,1 g/kg) in den leicht sauren Bereich abgesenkt werden.
Therapie: Zur Normalisierung der Serumbikarbonatkonzentration sind bei der proximalen renalen tubulären Azidose große Bikarbonatmengen notwendig.
Dosierung: Bis über 10 mmol/kg/Tag.

Die renale tubuläre Azidose vom distalen Typ

Klinisches Bild: Hyperchlorämische Azidose, Urin pH alkalisch (nie unter 6,5), rachitische Zeichen (besonders ab 2. Lebensjahr), Nephrokalzinose (ca. 70%), Hyperkalziurie, Hypozitraturie, Polyurie, Enuresis, Muskelschwäche und Gedeihstörung.

> Bei rezidivierender Phosphatsteinbildung bei sterilem Urin muß an eine renale tubuläre Azidose gedacht werden.

Problem bei distaler tubulärer Azidose:

Der distale Tubulusapparat kann keine H^+ ausscheiden.
Weitere Störungen der Tubulusfunktion:
1. Gestörte Urinkonzentration: Polyurie ohne Ansprechen auf ADH.
2. Starker Kaliumverlust: Hypokaliämie; Muskelschwäche.
3. Gestörte tubuläre Phosphatresorption: Hypophosphatämische Rachitis.
4. Nephrokalzinose: Kalziumphosphatausfällung in den Nierentubuli oft bereits bei Neugeborenen. Bei Hyperkalzämien entsteht die Nephrokalzinose durch Verkalkung des Interstitiums.
Ursache: Hyperkalziurie, Phosphaturie, Hypozitraturie begünstigen bei alkalischem Urin die Ausfällung von Kalziumphosphat.

Therapie der distalen tubulären Azidose
a) Verminderung der Proteinzufuhr. Aus dem Stoffwechsel der S-haltigen Aminosäuren entstehen 1–3 mmol H^+/kg.
b) $NaHCO_3$, Laktat, Azetat, Zitrat.
Dosierung: 1–2 mmol/kg/Tag (Zitrat 0,5–1 mmol).

> Durch den Azidoseausgleich normalisieren sich gleichzeitig: Hypokaliämie, Hypophosphatämie, Hyperkalziurie. Die Ausbildung der Nephrokalzinose kann durch eine konsequente Puffertherapie beeinflußt werden.

Unterscheidungsmöglichkeiten der proximalen von der distalen renalen tubulären Azidose

1. Normalisierung der Serumbikarbonatkonzentration erfolgt
 - bei der distalen Form durch geringe HCO_3^--Mengen,
 - bei der proximalen Form durch große HCO_3^--Mengen.

2. Messung des Urin-pH bei Serum HCO_3^--Konzentrationen unter 15 mmol/l
 - bei der distalen Form: Urin pH über 7,0,
 - bei der proximalen Form: Urin-pH bis in den leicht sauren Bereich möglich.

Respiratorische Azidose

Die Ursache der respiratorischen Azidose ist eine Verminderung der alveolären Ventilation. Die Störmechanismen können betreffen:
1. Lunge,
2. Atemexkursion,
3. Atemregulation.
Bei der Pufferreaktion des CO_2-Anstieges entsteht HCO_3^-.

> Die metabolische Azidose ist am HCO_3^--Verbrauch, die respiratorische Azidose am HCO_3^--Anstieg zu erkennen.

Der zu verzeichnende HCO_3^--Anstieg ist vom HCO_3^--Verteilungsraum abhängig. Der HCO_3^--Verteilungsraum ist der Extrazellulärraum (einschließlich interstitieller Raum).

Auswirkung für die Kinderheilkunde

Früh- und Neugeborene mit ihrem anteilmäßig großen, sowie ödematöse Kinder mit ihrem expandierten Extrazellulärraum zeigen bei einem akuten pCO_2-Anstieg einen im Vollblut meßbaren geringeren HCO_3^--Anstieg, als man dies bei Erwachsenen beobachten würde [15].
Die respiratorische Azidose wird durch renale Mechanismen kompensiert. Die vollständige Anpassungsreaktion der Niere dauert jedoch Stunden bis Tage. H^+ wird als titrierbare Säure und als Ammoniumion im Urin ausgeschieden. Für jedes ausgeschiedene H^+ wird 1 HCO_3^- retiniert.
Nach einer akuten pCO_2-Anhebung, z. B. bei einem akuten Asthmaanfall oder bei pulmonaler Verschlechterung eines Kindes mit cysti-

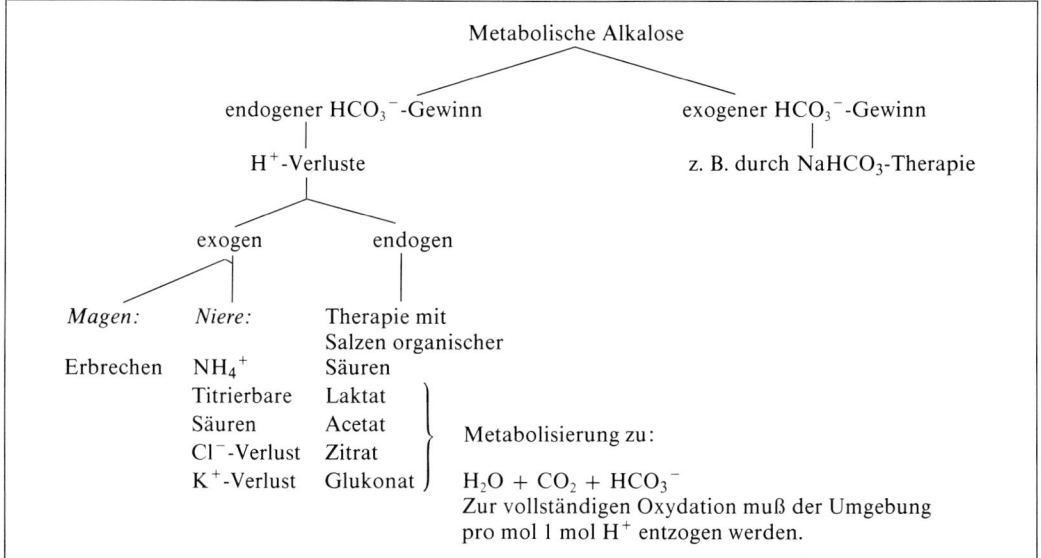

Abb. 13b. Pathogenese der metabolischen Alkalose

scher Fibrose kommt es zu einem prompten, aber geringer ausgeprägten Anstieg der Serumbikarbonatkonzentration als Folge der Pufferreaktion.
Innerhalb der nächsten 6–12 Stunden erfolgt ein nochmaliger und stärker ausgeprägter Serumbikarbonatanstieg, der das Anlaufen der renalen Kompensationsmechanismen signalisiert.

Therapie der respiratorischen Azidose
Behandlung der ventilatorischen Störung.

Metabolische Alkalose

Im Vergleich zu den Azidosen treten Alkalosen im klinischen Alltag seltener auf. Die Ursache besteht entweder in einem H^+-Verlust oder einem übermäßigen HCO_3^- Zugewinn (Abb. 13b).
Der H^+-Verlust hat dabei die größere praktische Bedeutung, z. B. durch Erbrechen (Pylorusstenose s. u.)
Die metabolische Alkalose führt zu einem durch die HCO_3^--Ausscheidung im Urin be-

Tabelle 6. Differentialdiagnose der metabolischen Alkalose (m. A.)

Chlorreaktive m. A.	*Chlorresistente m. A.*
Urin Cl^- niedrig $\leq 10-20$ mmol/l	Urin Cl^- hoch $\geq 10-20$ mmol/l
Ursache Chloridverlust Magensaft (Erbrechen) Diuretika kongenitale Chloriddiarrhoe	*Ursache* 1. *Distal-tubulärer Austausch von Na^+ gegen H^+ und K^+* Hyperaldosteronismus Bartter Syndrom Lakritz-Ingestion 2. *Verminderte tubuläre Cl-Reabsorption* chronischer Kaliumverlust 3. HCO_3^--*Zufuhr überschreitet die renale Exkretionsfähigkeit*

dingten K$^+$-Verlust. Die K$^+$-Verarmung wiederum führt über eine gesteigerte H$^+$-Ionenausscheidung im Urin zu einer Verstärkung der Alkalose [13].
Die Chloridausscheidung im Urin bietet eine weitere Möglichkeit der ätiologischen Zuordnung einer metabolischen Alkalose (Tab. 6).
Urin-Cl$^-$-Bestimmungen sind eine therapeutische Hilfe bei Patienten mit Cl$^-$-reaktiver metabolischer Alkalose zur Beurteilung des Cl$^-$-Ersatzes. Die Exkretion normaler Mengen (60–100 mmol/24 Stunden) zeigt an, daß die Cl$^-$-Speicher wieder gefüllt sind.

Kontraktionsalkalose

Diese Störung ist bei einer »Schrumpfung« des Extrazellulärraumes zu erwarten, wenn gleichzeitig kein Bikarbonatverlust vorliegt [4]. Die Störung tritt vor allem auf, wenn ödematöse Patienten durch starke Diurese ausgeschwemmt werden.

Respiratorische Kompensation bei metabolischer Alkalose

Die metabolische Alkalose führt über eine Einschränkung der alveolären Ventilation zu einem kompensatorischen pCO$_2$-Anstieg (bis über 45 mm Hg).

Therapie der metabolischen Alkalose

1. Grundsätzliche Orientierung über einen bestehenden Na$^+$ oder K$^+$-Mangel.
Untersuchung: Urin pH bei bestehender Alkalose

> Saurer Urin bei bestehender Alkalose = Elektrolytmangel.

Infusionslösung: 0,9% NaCl i. v. (vgl. Kapitel »Therapie der Pylorusstenose«, S. 40).
2. In schweren Fällen einer metabolischen Alkalose (Orientierung: pCO$_2$-Anstieg), besonders, wenn gleichzeitig die klinischen Zeichen einer Tetanie oder einer Krampfbereitschaft auftreten, sind ansäuernde Substanzen indiziert, wie z. B.
L-Lysin-HCl oder L-Arginin-HCl
Dosierung: ml 18,2% Lysin-HCl = Basenüberschuß × kg × 0,3.

> Die Behandlung der metabolischen Alkalose mit ansäuernden Substanzen ist in der Regel nur erfolgreich, wenn die häufig begleitende Hypokaliämie ausgeglichen wird.

Jede Alkalose führt bei längerem Bestehen über transzelluläre Kaliumverschiebungen und renale Ausscheidung von K$^+$ zu einem Kaliummangel mit den nachteiligen Wirkungen auf Herz, Darm, Skelettmuskulatur.

Respiratorische Alkalose

Die Ursache der respiratorischen Alkalose ist eine gesteigerte alveoläre Ventilation (pCO$_2$ < 35 mm Hg).

Ursachen
1. Stimulation des Atemzentrum:
a) Emotional,
b) Medikamente (Salicylatvergiftung),
c) Toxine gramnegativer Erreger.
2. Reflektorische Stimulation des Atemzentrums durch Hypoxämie (Höhenaufenthalt).
3. Stimulation der intrathorakalen Dehnungsrezeptoren. Erklärung für respiratorische Alkalose bei Lungenerkrankungen.
Die Kompensation der respiratorischen Alkalose ist renal und erfolgt wie bei der metabolischen Alkalose durch eine vermehrte Ausscheidung von HCO$_3^-$. Die Ausscheidungsfähigkeit kann ebenfalls durch Na$^+$ bzw. K$^+$-Mangel limitiert sein (s. paradoxe Azidurie).

Therapie
Behandlung der Grunderkrankung: Sedierung, evtl. Beatmung bei Relaxation.

> *Beachte:* Eine Hyperventilation kann ebenso gut eine Störung (respiratorische Alkalose), wie auch Ausdruck eines respiratorischen Kompensationsversuches (Kussmaul-Atmung) einer metabolischen Azidose sein.

Gemischte Störungen des Säure-Basen-Haushaltes

Gemischte Störungen treten auf, wenn zwei ätiologische Momente, metabolisch und respiratorisch, die Störung bewirken. Die häufigste Störung ist die gemischte, metabolisch-respiratorische Azidose. Sie ist z. B. bei einem Atemnotsyndrom mit nachfolgender Hypoxämie und Laktatanstieg zu erwarten.

Literatur

1 Albert, M. S.; Winters, R. W.: Acid-base equilibrium of blood in normal infants. Pediatrics *37:* 728–731 (1966).
2 Berliner, R. W.; Kennedy, T. J., jr.; Orloff, J.: Relationship between acidification of the urine and potassium metabolism. Effect of carbonic anhydrase inhibition on potassium excretion. Am. J. Med. *11:* 274–276 (1951).
3 Brackett, N. C., jr.; Cohen, J. J.; Schwartz, W. B.: Carbon dioxide titration curve of normal man. Effect of increasing degrees of acute hypercapnea on acid-base equilibrium. New Engl. J. Med. *272:* 6–9 (1965).
4 Cannon, P. J.; Heinemann, H. O.; Albert, M. S.; Laragh, J. H.; Winters, R. W.: „Contraction" alkalosis after diuresis of edematous patients with ethacrynic acid. Ann. intern. Med. *62:* 979–982 (1965).
5 Dissmann, W.; Thimme, W.: Die Milchsäureazidose. Internist *10:* 408–411 (1969).
6 Huckabee, W. E.: Relationships of pyruvate and lactate during anaerobic metabolism I. Effects of infusion of pyruvate or glucose and of hyperventilation. J. clin. Invest. *37:* 244–249 (1958).
7 Huckabee, W. E.: Abnormal resting blood lactate. I. The significance of hyperlactatemia in hospitalized patients. Am. J. Med. *30:* 833–839 (1961).
8 Huckabee, W. E.: Abnormal resting blood lactate. II. Lactic acidosis. Am. J. Med. *30:* 840–850 (1961).
9 Kassirer, J. P.; Schwartz, W. B.: The response of normal man to selective depletion of hydrochloric acid. Factors in the genesis of persistent gastric alkalosis. Am. J. Med. *40:* 10–13 (1966).
10 Kappy, M. S.; Morrow III, G.: A diagnostic approach to metabolic acidosis in children. Pediatrics *65:* 351–356 (1980).
11 Kildeberg, P.: Disturbances of hydrogen ion balance occurring in premature infants: II. Late metabolic acidosis. Acta paediat. scand. *53:* 517–520 (1964).
12 Kildeberg, P.: Clinical acid – base physiology: Studies in neonates, infants and young children. (Williams & Wilkins, Baltimore 1968).
13 Kildeberg, P.; Engel, K.; Winters, R. W.: Balance of net acid in growing infants. Endogenous and transintestinal aspects. Acta paediat. scand. *58:* 321–325 (1969).
14 Ranløv, P.; Siggaard-Andersen, O.: Late metabolic acidosis in preterm infants. Acta paediat. scand. *54:* 531–534 (1965).
15 Robinson, B. H., Taylor, J.; Sherwood, W. G.: The genetic heterogenety of lactic acidosis: Occurrence of recognizable inborn errors of metabolism in a pediatric population with lactic acidosis. Pediatr. Res. *14:* 956–960 (1980).

Störungen des Wasser- und Elektrolythaushaltes

Dehydratationszustände

> Das Wesen eines Dehydratationszustandes wird von der Höhe des Salzverlustes im Verhältnis zum Wasserverlust bestimmt.

Zur Klärung eines Dehydratationszustandes sollte dem Ausmaß und Typ der Dehydratation, sowie dem Zustand des Gesamtkörper-Kaliums und Störungen des Säure-Basen-Haushaltes Beachtung geschenkt werden.

Ausmaß der Dehydratation

a) Abnahme des Körpergewichtes;
b) Abschätzung des Schweregrades an klinischen Parametern.

Das Ausmaß der Dehydratation läßt sich am besten beim Vergleich des Körpergewichtes vor und nach Erkrankungsbeginn abschätzen. Akute Gewichtsverluste können mit akuten Wasserverlusten gleichgesetzt werden.
Fehlen vergleichbare Gewichtsangaben, so muß das Ausmaß der Dehydratation an klinischen Parametern abgeschätzt werden (Tab. 7).

> Beim hyperosmolaren Syndrom (hypernatriämische Dehydratation) können die klinischen Parameter trügerisch sein (z. B. teigige, warme Haut).

Die Serumharnstoffkonzentration ist ein wertvoller Parameter zur Beurteilung einer vorliegenden Dehydratation. Eine Einschränkung des Extrazellulärvolumens führt zu einer Verminderung der glomerulären Filtration und zu einem nachfolgenden Anstieg der Serumharnstoffkonzentration.

Tabelle 7. Klinische Zeichen einer Dehydratation in Abhängigkeit vom Schweregrad

	Leicht	Mittel	Schwer
Gewichtsverlust:			
Säugling	≦ 5%	5–10%	10–15%
Kleinkind	≦ 3%	3– 6%	6– 9%
Haut: Turgor	↓	↓↓	↓↓↓
Farbe	Blaß	Grau-blaß	Marmoriert
Schleimhaut	Trocken	Spröde	Brüchig
Blutdruck	Normal	Fast normal	↓
Puls	(↑)	↑	Tachykard
Urin	Niedriges Volumen	Oligurie	Oligo-Anurie, Azotämie

- Bei fehlender Nierenerkrankung zeigt ein Anstieg der Serumharnstoffkonzentration immer ein gewisses Ausmaß einer Dehydratation an.
- *Beachte:* Es sind noch nebeneinander gebräuchlich:
  Die Konzentrationsangabe als Harnstoff (U) oder als Harnstoff-Stickstoff (UN) (U : UN ≙ 2 : 1).
- Eine Dehydratation von 15% (Wasserverlust: 150 ml/kg KG) stellt die oberste Grenze der Überlebensfähigkeit dar.
- Im Säuglings- und Kleinkindesalter sind Gastroenteritiden mit Erbrechen und Durchfall (Toxikose) und mangelnde Flüssigkeitsaufnahme die häufigsten Ursachen einer akuten Dehydratation.
- Anamnestisch müssen geklärt werden: Stuhlfrequenz, Stuhlmenge, Stuhlkonsistenz (Wasserhof!), Nahrungsaufnahme, Art der Flüssigkeitszufuhr, Menge und Häufigkeit des Erbrechens, Urinausscheidung, Urinfarbe, Körpertemperatur, Gewichtsveränderungen.

(*Beachte:* Hypertone Dehydratationen entstehen häufig durch Nachfütterung von Milch bei jungen Säuglingen mit Durchfall und Erbrechen).

Typ der Dehydratation (Tab. 8)

a) Pathophysiologie der spezifischen Erkrankung;
b) Serumnatriumkonzentration
   Isoton: Na^+ 130–150 mmol/l;
   hypoton: Na^+ unter 130 mmol/l;
   hyperton: Na^+ über 150 mmol/l.

Für die Beurteilung der Tonizität des Extrazellulärraumes eignet sich die Natriumkonzentration besser als die Gesamtosmolarität.

Gesamtosmolarität (mOsm/l) =

$$2 Na^+ (mmol/l) + \frac{Harnstoff\text{-}N\ (mg/dl)}{2,8} + \frac{Glukose\ (mg/dl)}{18}$$

In die Gesamtosmolarität gehen auch Harnstoff und Glukose ein, die vollständig bzw. teilweise in den intrazellulären Raum eindringen und somit keinen Gradienten aufbauen.

Beachte: Beim Coma diabeticum liegt eine, durch die hohe Blutzuckerkonzentration bedingte, hypertone Dehydratation vor. Die Se-

Tabelle 8. Formen der Dehydratation

	Isotone	Hypertone	Hypotone
P_{Na} (mmol/l)	130–150	>150	<130
P (mosmol/kg H_2O)	270–300	>300	<270
Häufigkeit	≈65%	≈25%	≈10%
Pathomechanismus			
Verluste	Salz = H_2O	Salz < H_2O	Salz > H_2O
Erkrankungen	Durchfall	Mangelhafte Flüssigkeitszufuhr	Cholera
	Erbrechen	Hyperventilation	Ekzessives Schwitzen b. Mucoviscidose
		Diarrhoe	Salzverlust-Syndrome
		Diabetes insipidus	
Symptome			
Haut-Turgor	↓	± Teigig	↓↓
Haut-Temperatur	Kühl	Warm	Kalt-marmoriert
Schleimhaut	Trocken	Trocken	Borkig
Herzfrequenz	Tachykard	Wenig beschleunigt	Hochgradig tachycard
Puls	Weich	Fast normal	Kaum fühlbar
Blutdruck	↓	Zunächst normal	↓↓
ZNS	Lethargie	Unruhe, Irritabilität Rigor, Meningismus, Krampf	Koma, Krämpfe

rumnatriumkonzentration ist jedoch meist, bedingt durch die Natriumverluste bei der osmotischen Diurese, vermindert.

Zustand des Gesamtkörperkaliums

Der Gesamtbestand an Körperkalium beträgt ca. 50 mmol/kg. 98% des Bestandes liegen intrazellulär. Zur diagnostischen Aussage stehen nur 2% in Form des Serumkaliums zur Verfügung.

Verminderungen des Gesamtkörperkaliumbestandes können angenommen werden bei:
a) Dehydratation durch gastrointestinale Verluste:
   Durchfall, Erbrechen, Ileus, Kolostomie, länger liegende Magensonde, Fisteln;
b) Dehydratation, begleitet von einer metabolischen Azidose bei fehlender Nierenpathologie (z. B. diabetische Ketoazidose);
c) Dehydratation mit renalen Kaliumverlusten:
   Polyurische Phase nach akuter tubulärer Nekrose, Hyperaldosteronismus.

Dehydratationszustände, die normalerweise nicht mit Kaliumverlusten einhergehen, sind: Diabetes insipidus, Niereninsuffizienz, Nebennierenrindeninsuffizienz.

Klinik des Kaliummangels
– Störungen der Reizleitung des Herzens, Schwäche der Skelettmuskulatur bis zur Ausbildung von Paresen; Darmatonien bis Ileus; Alkalose.
– Niere: Konzentrationsschwäche, vermindertes Ansäuerungsvermögen, vakuoläre Veränderungen der distalen Tubulusabschnitte.

Störung des Säure-Basen-Haushaltes

a) Pathophysiologie der spezifischen Erkrankung;
b) Astrup;
c) Anionenlücke.

Allgemeines Vorgehen bei der Behandlung einer Dehydratation

Der Korrekturbedarf muß hinsichtlich folgender Punkte geklärt werden:
– Extrazelluläres Volumen;
– Osmolarität;
– Säure-Basen-Gleichgewicht;
– Kalium.

Extrazelluläres Volumen

Flüssigkeitsbedarf = (Basisbedarf + Defizit + anhaltende Verluste)
Reine Störungen des extrazellulären Volumens sind primäre Störungen des Natriumbestandes.
Natriumdefizit (mmol/l) = (Natrium$_{(soll)}$ – Natrium$_{(ist)}$) $\times$ kg $\times$ 0,5.
0,5 bezieht sich auf den Gesamtkörperwassergehalt, der bei einem dehydrierten Patienten ca. 50% des Körpergewichtes ausmacht (normal ca. 60%). Obwohl Natrium ein im Prinzip extrazelluläres Kation ist, wird der Berechnung des Natriumdefizits der Gesamtkörperwasserhaushalt zugrunde gelegt.

Osmolarität

S. Typ der Dehydratation

Säure-Basen-Haushalt

Bei der Elektrolytsubstitution wird die Frage der Anionenwahl durch den Zustand des Säure-Basen-Haushaltes bestimmt.
Bei Azidose: Anion als Laktat, Acetat, Citrat usw.
Bei Alkalose: Anion als Chlorid

Kalium

Die Beurteilung von Kaliumverlusten erfolgt unter Berücksichtigung
– des Säure-Basen-Haushaltes;
– der Nierenfunktion.

Grundsätzlich ist bei der Kaliumsubstitution Zurückhaltung geboten. *Ausnahme:* Hypokaliämie bei diabetischer Ketoazidose.

> Ein Kaliumdefizit sollte langsam, d. h. in ca. 24 Stunden, ausgeglichen werden. Eine orale Substitution ist einer parenteralen Substitution vorzuziehen.
> Möglichkeiten:
> – Kalinor®-Dragees
>   (1 Drg. = 13,4 mmol K^+);
> – Kalinor®-Brausetabletten
>   (1 Tbl. = 40 mmol K^+);
> – Liquisorb K®
>   (1 Btl. = 30 mmol K);
> – Kaliumzitrat 10,8%
>   (1 ml = 1 mmol K^+);
> – Fruchtsäfte (Orangen, Grapefruit, Tomaten) 3–6 mmol K^+/100 ml.

Isotone Dehydratation

Die isotone Dehydratation ist die häufigste Exsikkoseform. Sie macht ⅔ aller Störungen des Flüssigkeitshaushaltes im Kindesalter aus. Wasser und Natrium werden in der anteilmäßigen Zusammensetzung des Extrazellulärraumes verloren. Der Flüssigkeitsverlust betrifft somit auch nur den extrazellulären Raum. Es finden keine Netto-Wasserbewegungen statt.
Klinik: Die häufigste Ursache ist die Gastroenteritis des Säuglings und Kleinkindes.
Symptome: Verlust des Hautturgors, eingesunkene Fontanelle, eingesunkene Bulbi, Blässe und Marmorierung der Haut, Zentralisation des Kreislaufes, zentrale Hyperthermie bei mangelnder Wärmeabgabe in der Peripherie.

Therapie der isotonen Dehydratation

Da die Flüssigkeitsverluste isoton sind und in ihrer Zusammensetzung dem Extrazellulärraum entsprechen, sollte die therapeutische Lösung der Extrazellulärflüssigkeit angeglichen sein:
Die 0,9% NaCl-Lösung enthält 154 mmol Na^+/l (3,51 g/l) und 154 mmol Cl^-/l (5,46 g/l) und hat somit in bezug auf die Zusammensetzung der Extrazellulärflüssigkeit einen Cl^--Überschuß. Bei einer gleichzeitig bestehenden metabolischen Azidose würde diese durch eine 0,9% NaCl-Lösung begünstigt. Zusätzlich würde der Extrazellulärraum um einen konstanten Bikarbonatpool herum expandiert werden, woraus eine Verdünnungsazidose resultieren würde (s. u.).
Eine zur Substitution des Extrazellulärraumes geeignete Lösung sollte somit Bikarbonat enthalten.

Zusammensetzung einer Lösung zur Therapie der isotonen Dehydratation:
128 mmol/l Na^+, 25 mmol HCO_3^-/l, 103 mmol/l Cl^-.
Das entspricht: 0,9% NaCl 500 ml, 8,4% NaHCO₃ 19 ml, 5% Glukose 250 ml (zur Zufuhr freien Wassers).

Praktisches Vorgehen:
1. Berechnung des Gesamtflüssigkeitsbedarfes:
a) Basisbedarf: 1500–2000 ml/m²/Tag oder 100 ml/kg/Tag (Kinder unter 10 kg);
b) Defizit entsprechend dem prozentualen Ausmaß der Dehydratation
5% = 50 ml/kg, 10% = 100 ml/kg, 15% = 150 ml/kg;
c) Abschätzung von eventuell anhaltenden Verlusten.
2. Dosierung:
20–30 ml/kg/Stunde der Rehydratationslösung. Die Hälfte des Gesamtbedarfes wird in den ersten 8 Stunden und der Rest in den folgenden 16 Stunden verabreicht.

Hypotone Dehydratation (Hyponatriämische Dehydratation)

Der Salzverlust ist hier relativ größer als der Wasserverlust. Da intrazellulär die normale osmotische Konzentration bestehen bleibt, kommt es zu einer Nettowasserbewegung aus dem Extrazellulär- in den Intrazellulärraum.
Klinik: Schwere Zeichen der extrazellulären Exsikkose mit Turgorverlust und frühzeitigem hypovolämischen Schock und Anurie.

> *Hypotone Dehydratation:* Extrazellulärraum verkleinert und Zellen überwässert. Kein Durstgefühl.
> Ausgeprägte Schockneigung, da
> 1. Flüssigkeitsverluste aus dem Körper und
> 2. Flüsigkeitsverluste in den Intrazellulärraum hinein.

Die hypotone Dehydratation ist typisch für:
- Adrenogenitales Syndrom mit Salzverlust;
- Mukoviszidose;
- Salzverluste bei chronischer Niereninsuffizienz.

> Beurteilung der Hyponatriämie:
> leicht   120–130 mmol Na^+/l;
> mittel   114–120 mmol Na^+/l;
> schwer   unter 114 mmol Na^+/l.

Klinische Symptome sind meist ab einer Serumnatriumkonzentration unter 120 mmol/l zu erwarten. Für das therapeutische Vorgehen hat es sich bewährt, zwischen einer asymptomatischen und einer symptomatischen Hyponatriämie zu unterscheiden. Das Auftreten von Symptomen (z. B. Krampfbereitschaft) ist mit der Geschwindigkeit der Entwicklung der Hyponatriämie korreliert. So kann ein Patient mit akut einsetzender Hyponatriämie bereits bei Serumnatriumkonzentrationen um 130 mmol/l klinisch auffällig werden.

Therapie der hypotonen Dehydratation

Zur Korrektur der symptomatischen Hyponatriämie, sei sie durch Natriumverlust oder durch Wasserüberschuß bedingt, wird eine hypertone NaCl-Lösung infundiert:
3% NaCl = 513 mmol Na^+/l;
5% NaCl = 856 mmol Na^+/l.
Infusionsgeschwindigkeit:
8 mmol Na^+/kg/Stunde, d. h.

3% NaCl: 16 ml/kg/Stunde
5% NaCl: 10 ml/kg/Stunde.

> Die hypotone Dehydratation wird durch eine hypertone NaCl-Lösung zuerst in eine isotone Dehydratation umgewandelt. Der Ausgleich der isotonen Dehydratation erfolgt durch weitere isotone Expansion des Extrazellulärraumes.

Asymptomatische Hyponatriämien können langsamer ausgeglichen werden.

Berechnungsbeispiel

Ein 10 kg schweres Kind hat eine 10%ige Dehydratation, Serumnatrium 130 mmol/l.

1. Flüssigkeitsbedarf
– Basisbedarf: 100 ml × 10 kg = 1000 ml
– Bestehende Verluste:
                   10% × 10 kg =   1000 ml
Gesamtflüssigkeit: 2000 ml

2. Natriumbedarf
– Natriumdefizit:
  (140–130) × 10 kg × 0,5 =   50 mmol
– Natriumerhaltungsbedarf:
  4 mmol/kg × 10 =   40 mmol
– Natriumgehalt in dem auszugleichenden Flüssigkeitsvolumen der 10%igen Dehydratation: 140 mmol/l (= Natriumgehalt des Extrazellulärraumes)
  10% × 10 kg = 1000 ml d. h.   140 mmol Na^+
Gesamtnatriumbedarf zur Korrektur:
50 + 40 + 140 = 230 mmol/2000 ml/24 Std.

Die Hälfte dieses Elektrolyt- und Flüssigkeitsbedarfs wird in den ersten 8 Stunden und der Rest in den folgenden 16 Stunden verabreicht.

Hypertone Dehydratation (Hypernatriämische Dehydratation, Hyperosmolares Syndrom)

Durch einen überproportionalen Wasserverlust entsteht eine hypertone Dehydratation mit Serumnatriumkonzentrationen über 150 mmol/l und einer Serumosmolarität von über 310 mosm/l.
Klinik: Es besteht eine Präferenz des 1. Lebensjahres. Nur selten tritt ein hyperosmola-

res Syndrom nach dem 2. Lebensjahr auf. Die Vorerkrankungen sind uncharakteristisch, gelegentlich besteht ein Infekt der oberen Luftwege mit Husten, Schnupfen, Fieber und einer Durchfallerkrankung. Eine gewisse Prädisposition scheint bei ehemaligen Frühgeborenen und pastösen Säuglingen zu bestehen. Das Vollbild der Erkrankung tritt meist *schlagartig* in Erscheinung. Die Kinder können bei der Aufnahme alle Vigilanzstadien zeigen, meist sind sie jedoch soporös oder bewußtlos. Die Atmung ist verlangsamt mit drohendem Atemstillstand. Bei allen Patienten besteht ein Schockzustand, der als »low output« Schock imponiert. Die Haut ist teigig, blaß und schlecht durchblutet. (Test: Füllungszeit der Kapillaren unter den Fingernägeln). Bei jungen Säuglingen bestehen auch gehäuft Untertemperaturen. Das Reflexverhalten ist immer gestört. Die Augen sind haloniert mit seltenem Lidschlag.

> Die schwere Dehydratation, die immer vorhanden ist, zeigt sich beim hyperosmolaren Syndrom *nicht* in einem reduzierten Hautturgor wie bei der isotonen- oder der hypotonen Dehydratation.

Diagnostik: Natrium, Chlor, Kalium und Osmolarität sind im Serum stark erhöht, bei gleichzeitig bestehender metabolischer Azidose. Häufig wird eine Hyperglykämie mäßigen oder starken Ausmaßes beobachtet. Als Besonderheit liegt bei der hypertonen Dehydratation oft eine Hypokalzämie vor. Die Hämokonzentration verdeckt die meist bestehende Anämie. Ähnliches gilt für das Gesamteiweiß, das in einem Großteil der Fälle unter 50 g/l (5 g%) absinkt. Es ist wichtig, daß bereits in der Initialphase der Behandlung die Hypoproteinämie mindestens teilweise behoben wird, um einen ausreichenden kolloidosmotischen Druck aufzubauen und eine ausreichende Zirkulation zu gewährleisten.

Therapie der hypertonen Dehydratation

> Das größte therapeutische Problem liegt in der Vermeidung einer osmotischen Dysequilibrierung zwischen Blut- und Gehirngewebe; Symptome der osmotischen Dysequilibrierung sind: Hirnödem und Krampfanfälle.
> Die Rehydrierung und die Korrektur der Transmineralisation muß langsam erfolgen (nicht schneller als in 48 Stunden).

Praktisches Vorgehen: Kommt ein Patient im Schock zur Aufnahme, muß folgende Notfalltherapie sofort durchgeführt werden:
1. Respiratorische und zirkulatorische Reanimation;
2. Wiederaufbau eines ausreichenden Kreislaufes mit Öffnung der Peripherie;
3. Ausgleich der Azidose;
4. Fiebersenkung mit physikalischen Mitteln.

Das bestehende Flüssigkeitsdefizit kann berechnet werden:

$$\text{Defizit (ml)} = \frac{\text{Osmolarität (mOsm/l)} \times 0{,}6 \times (\text{kg KG})}{290 \text{ (mOsm/l)}} - 0{,}6 \times (\text{kg KG})$$

Ein osmotisches Dysequilibrium kann durch die frühzeitige und ausreichende Zufuhr von Albumin, Natrium und Kalium verhindert werden. Zur primären Behandlung sollte eine Lösung verwendet werden, die mindestens 75 mmol Na^+/l enthält (z. B. 0,9% NaCl + 5% Glukose = 1:1):

Infusionslösungen

– 5% Humanalbumin: 15 ml/kg;
– 0,9% NaCl + 5% Glukose = 1:1
  (1500 ml/m^2 + Defizit auf 24 Stunden verteilt);
– Dextran 40: 5 ml/kg
  (Indiziert beim „low output" Schock mit peripherer Zirkulationsstörung und sludge Phänomen).

> Die Domäne von Dextran 40 ist die Wiederherstellung der Mikrozirkulation. Der Wiederaufbau eines stabilen Kreislaufs geschieht besser mit Dextran 60, Albumin oder Hydroxyäthylstärke.

Ist der Patient im Schock, dann können 20% des errechneten Volumendefizits in den ersten beiden Stunden verabreicht werden.

> 1. Der anzustrebende Abfall der Serumosmolarität beträgt 2 mOsm/Stunde.
> 2. Der Gewichtsanstieg sollte in den ersten 24 Stunden 8% des Körpergewichtes nicht übersteigen (wünschenswert 5%).
> 3. Eine Normalisierung von Natrium und Osmolarität sollte nicht vor 48 Stunden angestrebt werden.
> 4. Die größte Gefahr bei der Therapie des hyperosmolaren Syndroms entsteht durch die Verwendung zu hypotoner Elektrolytlösungen.
> 5. Treten in der Rehydrierungsphase Krampfanfälle auf, so können diese durch Bolusinjektion einer 3%igen NaCl-Lösung schlagartig durchbrochen werden.

Dexamethasonbehandlung des hyperosmolaren Syndroms

Dexamethason wird zur Prophylaxe bzw. Therapie eines Hirnödems verwendet. Dabei werden Dexamethason folgende Angriffspunkte zugeschrieben:
1. Beeinflussung des Plasmawasserabstroms bei gestörter Blut-Liquorschranke;
2. Aldosteronantagonismus;
3. Hemmung des Natriumfluxes in die Zelle.
Dosierung: 15 mg/m^2 Körperoberfläche für ca. 3–4 Tage.

Der akute Volumenmangel (Schock)

Der akute Volumenmangel ist das Hauptkennzeichen aller klinischen Formen des Schocks.
Absoluter Volumenmangel: Extrakorporale Verluste von Blut, Blutbestandteilen und Körperflüssigkeit.
Relativer Volumenmangel: Verschiebung von Extrazellulärflüssigkeit in funktionsfremde Räume (z. B. Interstitium, Intrazellulärraum, 3. Raum)

Die Störung der Makrozirkulation ist die unmittelbare kurzfristige Folge des Volumenmangels. Als Gegenregulation wird durch Katecholaminausschüttung eine α-Rezeptoren-Stimulation hervorgerufen. Die Herzfrequenz steigt an, periphere Arteriolen und Venolen werden enggestellt. Dieser Kompensationsvorgang dient der Versorgung lebenswichtiger Körperorgane unter Vernachlässigung von Haut, Darm und Muskulatur, Haut und Darm sind besonders reich an α-Rezeptoren. Nach der ersten Schockphase machen sich Vorgänge bemerkbar, welche durch Stagnation des Blutes im kapillären Bereich ausgelöst werden: Aggregation der Blutbestandteile und Flüssigkeitspermeation in die Gewebe führen zum Anstieg der Blutviskosität. Zugleich entstehen Sauerstoffmangel und Laktatazidose im Gewebe. Organfunktionen werden direkt gestört.

Mikrozirkulationsstörungen der Lunge verursachen Exsudation von Plasma in die Alveolen, Ödem des Interstitiums und eine veränderte Gefäßregulation. Ventilations- und Perfusionsstörungen sind die Folge (Schocklunge).

Beurteilung des Schockzustandes

Charakteristische Symptome des Schocksyndroms beim Kind sind:

Atmung:	Tachypnoe, flache Atmung
Puls:	schnell, klein, frequent
Hautfarbe:	marmoriert, zyanotisch, Blutungen
Hautturgor:	vermindert oder pastös
Kapillarfüllungszeit:	über 1 Sekunde
Bewußtsein:	erhalten, getrübt, Angst, Unruhe
Blutdruck:	normal oder unter 85 mmHg systolisch
Urinausscheidung:	sistiert.

Typische Temperaturdifferenz zwischen kalten Extremitäten und warmem Stamm.

Therapie des Schocks

Erste therapeutische Maßnahmen vor der Volumensubstitution

- Flachlagerung
- Anheben von Armen und Beinen gegen den Körperstamm (»Volumensubstitution aus eigenen Mitteln«)
- Vermeiden von Wärmeverlusten
- Schmerz- und Fieberdämpfung
- Beruhigung
- Magensonde: Entlastet den luftgefüllten Magen und erlaubt tiefere Atmung.

Behebung der Zirkulationsstörung

Zum Volumenersatz geeignete Lösungen sind:
- Blut;
- Plasmaproteinlösung;
- 5% Albumin;
- Kristalline Lösungen (0,9% NaCl + 5% Glukose, Ringer-Laktat);
- Kolloidale Lösungen (Dextran, Hydroxyäthylstärke).

Das Haupteinsatzgebiet kristalliner Lösungen ist der Dehydratationsschock des Kleinkindes. Isotone, kristalline Infusionslösungen mit Glukose und/oder NaCl verteilen sich rasch im gesamten Flüssigkeitsraum des Organismus. Die intravaskuläre Verweildauer ist kurz. Sie müssen deshalb in bis zu sechsfacher Menge zugeführt werden, wenn sie die gleiche Volumenwirksamkeit haben sollen wie kolloidale Lösungen. Es besteht bei ihrer Anwendung vor allem die Gefahr eines sich rasch ausbildenden zellulären Ödems.

Besser verwendbar sind kolloidale Volumenersatzlösungen, welche Dextrane enthalten. Dextran 60 ist ein durch bakteriellen Zuckerabbau entstandenes Polysaccharid.
1 Gramm Dextran bindet etwa doppelt soviel Wasser (25 ml) wie die gleiche Menge Albumin (14 ml).
Die Lösungen werden mit 6–10% Dextran in isotoner NaCl- oder Elektrolytlösung hergestellt, so daß der osmotische Druck des Serums erreicht wird.
Dextran wird nicht gespeichert und verläßt den Körper über Niere und Darm.
Die verwendeten Dextrane haben ein mittleres Molekulargewicht zwischen 40 000 (Dextran 40) und 60 000 (Dextran 60).
Dextran 60 mit einem mittleren Molekulargewicht in der Größenordnung des Albuminmoleküls bewirkt eine lange mittlere Verweilzeit der Lösung im Gefäßsystem von ca. 6 Stunden. Es kann über diese Zeitdauer eine isovolämische Blutmenge ergeben.
Dextran 40 hat eine kürzere Verweilzeit von ca. 4 Stunden. Seine spezifische Wirkung auf die Mikrozirkulationsstörung steht bei der therapeutischen Anwendung im Vordergrund.

Unter Dextraninfusionen kann es zu allergischen (anaphylaktischen) Reaktionen kommen. Cave: Anwendung bei Allergikern.
Schutz: i.v. Vorgabe von Promit® (Hapten zur Bindung von ev. vorliegenden dextran-reaktiven Antikörpern. (siehe Band III dieses Handbuches)

> Die obere Grenze der Zufuhr von Dextran 60 beim Kind liegt bei 15 ml/kg/Tag. Das niedermolekulare Dextran 40 hat seine Indikation bei Mikrozirkulationsstörungen. Es ist ein wirksames Mittel gegen die Erythrozyten-Aggregation in der zweiten Schockphase.

Praktische Durchführung der Volumensubstitution

Je nach Schockphase werden die Behandlungsstufen 1 und 2 unterschieden (22). Sie sind der Makrozirkulationsstörung (Phase 1) und der Mikrozirkulationsstörung (Phase 2) angepaßt (Tab. 9). In der Behandlungsstufe 1 werden das Dextran 60 oder Humanalbumin 5% zum Volumenersatz verwendet.
In der Behandlungsstufe 2 erfolgt vor allem die Beeinflussung der Mikrozirkulation durch das Dextran 40.

Tabelle 9. Behandlungsgrundlage der Makro- und Mikrozirkulationsstörungen

Behandlungsstufe 1 (Makrozirkulationsstörung)
– Sauerstoff;
– Volumensubstitution: Humanalbumin 5% 10–20 ml/kg i.v. sofort;
– Azidoseausgleich: Natriumbikarbonat 8,4% (1 ml = 1 mmol).

Behandlungsstufe 2 (Mikrozirkulationsstörung)
– Dextran 40   5–10 ml/kg/24 Stunden;
– Heparin   2–5 E/kg/Stunde;
– Hydergin® 5–15 µg/kg i.v. (Cave: Blutdruckabfall).

Schock durch Gefäßregulationsversagen (Septischer Schock)

Beachte: Besonders in der ersten Phase dieser Schockform wird eine warme, trockene, rosige Haut vorgefunden.

Gerinnungsstörungen treten bereits in einem frühen Schockstadium auf, deshalb ist bereits in der 1. Schockphase der Einsatz von Dextran 40 indiziert. Der septische Schock selbst ist aber an sich eine Spätphase einer septischen, entzündlichen Erkrankung (Perforation, Peritonitis, Ileus usw.)

Dosierung: Dextran 40:5 ml/kg KG

Da bei allen Schockzuständen Gerinnungsstörungen ablaufen, hat sich vor allem beim schweren Schock die Gabe von fresh frozen plasma (10 ml/kg) an Stelle von Albumin 5% bewährt. Gleichzeitig sollte eine low dose Heparinisierung (Heparin 2–5 E/kg/Stunde) erfolgen. Hierdurch wird der im fresh frozen plasma enthaltene Antithrombin-III-Komplex von einem langsamen in einen schnell wirksamen Inaktivator der Gerinnung umgewandelt. Bezüglich der Heparindosierung sind die notwendigen Mengen um so geringer, desto kleiner das Kind ist [40].

Kardiogener Schock (»low output syndrome«)

Beim kardiogenen Schock besteht ein relativer Volumenmangel, der in seinem Ausmaß schwer abschätzbar ist. Volumengaben müssen mit größter Vorsicht unter Kontrolle des zentralen Venendrucks erfolgen. (Zentraler Venendruck normal: 3–8 cm H_2O)
Bei Bradykardie: Alupent®. Vorsichtige Volumengabe.
Lasix® 1–2 mg/kg i.v.

Durchfallerkrankungen

Akute Durchfallerkrankungen sind die häufigste Ursache akuter Störungen des Wasser- und Elektrolyt-Haushaltes bei Säuglingen und Kleinkindern.

Schwere Durchfälle und die sie begleitende Dehydratation führen zum Krankheitsbild der Toxikose (Klinik: Exsikkose, schrilles Schreien, Somnolenz, Koma, Krampfanfälle).

In der Regel handelt es sich aber bei den akuten Enteritiden um gutartige, kurzdauernde Erkrankungen, die spontan heilen und lediglich einer diätetischen Behandlung bedürfen.

Pathophysiologie der Durchfallerkrankung

Mehrere pathophysiologische Prozesse können isoliert oder gemeinsam zu einem erhöhten Wasser- und Elektrolytverlust im Stuhl führen:

1. *Enterotoxische Schädigung der Dünndarmschleimhaut* durch Keime im Rahmen von endogenen oder exogenen Infektionen. Im Säuglingsalter spielen dabei »parenterale Durchfälle« bei akuten Infekten der Atemwege, bei Otitis media oder einer Harnwegsinfektion eine große Rolle. Eine Reihe von Toxinen kann über die Stimulation der c-AMP-Produktion der Mukosazelle zu einem vermehrten Wasser- und Elektrolytverlust führen [20].
2. *Entstehung von Schleimhautulzera und Pseudomembranen* unter dem Einfluß enteroinvasiver Keime mit nachfolgender Transsudation und Exsudation aus den Läsionen, sowie Störungen der Wasserrückresorption z. B. bei Shigellose [23].

Tabelle 10. Oligosaccharidasen des Bürstensaums

Enzym	Substrat	Produkt
β-*Galaktosidase:*		
Laktase	Laktose	Glukose + Galaktose
α-*Glukosidasen:*		
Glukoamylase (»Maltase«)	Malto-Oligosaccharide	Glukose
Saccharase-α-Dextrinase	Saccharose	Glukose + Fruktose
(»Saccharase-Isomaltase«)	α-Dextrine	
Trehalase	Trehalose	Glukose

3. *Disaccharidasemangel, primär oder sekundär* durch bakterielle, toxische oder medikamentöse Schädigung der Dünndarmmukosa [24]. Die Laktaseaktivität ist besonders störanfällig.

Physiologie der Kohlenhydrat-Spaltung

Der Ort der Kohlenhydratdigestion und -absorption ist der obere Dünndarm. Die Oligosaccharide und Disaccharide spaltenden Enzyme sind am Bürstensaum der Mukosa lokalisiert. Die Tabellen 10 und 11 zeigen die Oligosaccharidasen des Bürstensaums auf.

Fetalentwicklung der Oligosaccharidasen: Saccharase und Maltase sind ab der 10. Embryonalwoche nachweisbar. Die Laktaseaktivität steigt erst ab etwa der 28. Embryonalwoche an. (Relative Laktaseinsuffizienz bei unreifen Frühgeborenen!).

Pathophysiologie der Kohlenhydrat-Spaltung

Bei mangelnder Aktivität der Oligosaccharidasen gelangen die Disaccharide in die unteren Darmabschnitte:
a) Direkter osmotischer Effekt: Osmotische Diarrhoe; hieraus resultieren:
– Flüssigkeitsretention im Darm;
– Darmwanddehnung;
– Hypermotilität des Gastrointestinaltraktes.
b) Bakterieller Abbau: Gärungsdyspepsie; hieraus entstehen:

– osmotisch aktive, niedermolekulare Stoffe;
– Milchsäure aus dem Laktoseabbau (pH-Abfall);
– H_2 (vermehrte H_2-Ausscheidung mit der Atemluft)
– Meteorismus.

Muttermilch ist wegen des hohen Laktosegehaltes (7 g Laktose/100 ml) bei Durchfall kontraindiziert.

4. *Enzymatische Dekonjugation und Dehydroxylierung konjugierter Gallensäuren* durch anaerobe Bakterien, woraus eine Steigerung der aktiven Sekretion von Wasser und Elektrolyten im Jejunum und Ileum und eine Hemmung der Wasserresorption im Kolon resultieren [12].
5. *Bakterielle Hydroxylierung langkettiger Fettsäuren* zu 10-OH-Fettsäuren. Diese hemmen die Wasserabsorption des Dick- und Dünndarms und verändern die intestinale Motilität [38].

Tabelle 11. Disaccharidasenaktivität im Dünndarmbiopsiehomogenisat. Normalwerte nach *Lücking* [25]

Enzym	Glukose (µmol/min/g Protein)
Laktase	51 ± 21
Saccharase	101 ± 36
Maltase	347 ± 103

Diätetische Behandlung unkomplizierter Durchfallerkrankungen

1. *Leichte Dyspepsien* (keine Dehydratation, breiige Stühle)
- Reduktion des Milchanteils: Milch stärker verdünnen (mit Wasser oder Elektrolytlösung), etwa 7%ig statt normal 14%ig bei Pulvermilchen;
- Umsetzen auf Heilnahrung (Aledin®, Aponti® Heilnahrung, Humana® Heilnahrung, Milupa® Heilnahrung);
- Ersatz von 1–2 Milchmahlzeiten durch fettarme Karottenbreie oder Reisschleim (Trockenschleim »Bessau« instant®, Trockenschleim »Bessau«® Töpfer, Karottenreisschleim »Bessau« instant®).
Behandlungsdauer 2–3 Tage.

2. *Mittelgradige Dyspepsien* (keine wesentliche Dehydratation, häufige breiige oder wäßrige Stühle).

a) 8–12stündige Nahrungspause.
Die Kinder bekommen ein Glukose-Elektrolyt-Gemisch; ca. 100 ml/kg Körpergewicht in 12 Stunden.
Elektrolyt-Glukose-Gemisch nach *Hirschhorn* [14].

KCl	1,25 g	Na Cl	3,0 g
Glukose	25,0 g	NaHCO$_3$	2,5 g

Wird diese Mischung in 1000 ml Wasser gelöst, ergibt sich eine trinkfertige Lösung folgender Zusammensetzung:
80 mmol/l Natrium; 18 mmol/l Kalium; 64 mmol/l Chlorid; 30 mmol/l Bikarbonat; 140 mmol/l Glukose.
Die Herstellung dieser Glukose-Elektrolytlösung ist auch zu Hause einfach durchzuführen:
2 Teelöffel Traubenzucker, ½ Teelöffel Kochsalz, ¼ Teelöffel Kaliumchlorid und ½ Teelöffel Natriumbikarbonat in 1 Liter Wasser auflösen [14].
Nalin et al. [28] empfehlen ein orales Glukose-Elektrolytgemisch anderer Zusammensetzung, das sich vor allem durch einen höheren Kochsalzgehalt auszeichnet.
Für den Gebrauch in der Klinik hat sich auch die Verwendung von Ringer-Tee bewährt (1 Teil Ringer-Lösung, 2 Teile Tee; 5 g Glukose auf 100 ml).

b) Nahrungsaufbau mit Übergangsdiäten
Als Übergangsdiäten werden bei jungen Säuglingen Ringer-Schleim (1 Teil Ringerlösung, 2 Teile 6–8%iger Reisschleim, evtl. 5 g Glukose auf 100 ml) verwendet.
Bei Säuglingen jenseits des 2.–3. Lebensmonats sind pektinhaltige Früchte- und Gemüsesuppen gebräuchlich. Eine Karottensuppe kann aus Karottenkonserven (z. B. 200 g Karotten, 100 ml Wasser, 1 Messerspitze Kochsalz) oder aus dem Fertigpräparat Daucaron® (Karottenpulver) hergestellt werden. Weitere Trockenpräparate sind Aplona® (Apfelpulver) und Arobon® (Johannesbrotmehl). Wegen der Gefahr eines Ileus sollten in den ersten 8 Lebenswochen diese Früchte- und Gemüsesuppen nicht, oder nur 1:1 mit einer Elektrolytlösung verdünnt, verwendet werden.
Stufenweise kann bei Säuglingen nach 24–48 Stunden auf eine Heilnahrung übergegangen werden. Heilnahrungen haben einen herabgesetzten Fett- und Laktosegehalt; sie sind häufig eiweißangereichert und mineralsalzreich. Als Adsorbentien sind Bananen-, Karottenbzw. Apfeltrockenpulver zugesetzt.

3. *Schwere Dyspepsien* bedürfen in der Regel parenteraler Zufuhr von Wasser und Elektrolyten (s. Kapitel Dehydratation)

Symptomatisch wirkende Substanzen zur adjuvanten Behandlung von Durchfallerkrankungen

(Adsorbentien, Quellmittel, Antiperistaltika)

Aktivkohle (Carbo medicinalis) bindet zahlreiche Substanzen (Medikamente, Toxine, Flüssigkeiten) und hat einen obstipierenden Effekt.
Bedarf bei Kindern: 1–2 Gramm.

Kaolin ist ein hydriertes Aluminiumsilikat mit adsorbierender Wirkung wie Kohle. Die Verwendung erfolgt u. a. in der Vorstellung, der Bindung von Bakterien und Toxinen.
Dosierung bei Kindern: 1–2 g/kg/Tag.

Pektin besteht aus methoxylierter Polygalakturonsäure, einem Kohlenhydrat, das im Verhältnis 1:20 Wasser bindet und eine visköse, opaleszente, sauer reagierende kolloidale Lösung bildet. Es ist in der Schale von Zitrusfrüchten, in rohen Äpfeln und in Karotten enthalten.

Antiperistaltika

Zur symptomatischen Behandlung von Durchfallserkrankungen wurde früher Tinctura opii (Kinderdosierung: täglich 2 Tropfen pro Lebensjahr) verabreicht. Ebenso wie diese sollte Loperamid (Imodium®) wegen beobachteter Ileuszustände nicht in den ersten 2 Lebensjahren verwendet werden. [4].
Beide Präparate wirken über eine Hemmung der autonomen Zentren in der Darmwand.

Kongenitale Chloriddiarrhoe

Die kongenitale Chloriddiarrhoe wurde erstmals 1945 von *Gamble et al.* [11] beschrieben. Die Erkrankung ist charakterisiert durch:
– chronische wäßrige Durchfälle;
– Hypochlorämie;
– metabolische Alkalose.

Es besteht eine Störung der aktiven Chloridresorption im unteren Ileum und Kolon im Austausch gegen Bikarbonat.

Diagnostik

Anamnestische Hinweise:
1. Mekoniumhaltiges Fruchtwasser;
2. Hydramnion (2–6 l) und fehlender Mekoniumabgang beim Patienten als Hinweis auf eine bereits intrauterin bestehende Diarrhoe;
3. Frühgeburt;
4. von Geburt an wäßrige, »urinartige«, therapieresistente Durchfälle;
5. geblähtes Abdomen (Gefahr: paralytischer Ileus, Volvulus),
6. Hyperbilirubinämie;
7. Gedeihstörung.

Zu Beginn der Erkrankung bestehen hauptsächlich Cl^- und Na^+-Verluste. Die Dehydratation ist in den ersten Lebenstagen isoton mit zunehmendem Übergang zur Hypotonie.

Gefahren der diagnostischen Fehlleitung

1. In der Neugeborenenperiode kann eine Azidose bestehen: Exsikkose → periphere Gewebshypoxie → Laktatazidose.
2. Hyponatriämie meist nur in den ersten 2–3 Lebensmonaten, dann Kompensation durch sekundären Hyperaldosteronismus.
3. Stühle müssen nicht unbedingt wäßrig sein.

Tabelle 12. Pathomechanismus der kongenitalen Chloriddiarrhoe

Hohe Chloridkonzentration im Stuhl	Fehlendes Bikarbonat
Erhöhte Stuhlosmolarität	Saueres Stuhl-pH (pH 4–6)
Zusätzliche Elektrolytverluste. Großes Stuhlvolumen	Na^+-Resorption gehemmt
	K^+-Sektretion

Hypochlorämie
Hypokaliämie
Alkalose
Hypovolämie

(Hyponatriämie in den ersten 2–3 Monaten, dann bei unbehandelten Fällen Übergang zu Normalwerten bei sekundärem Hyperaldosteronismus. Gleichzeitige Zunahme von Hypokaliämie und Alkalose)

Tabelle 13. Stuhlzusammensetzung bei Chloriddiarrhoe (mmol/l Stuhlwasser)

Stuhl-konsistenz	Na	K	Cl	% Trockensubstanz
Normal	36	100	16	25
Flüssig	42	57	30	10
Wässrig	69	59	27	7
Chloriddiarrhoe	61	45	120	3

Die Chlorid-Konzentration im Stuhl ist normalerweise 10–20 mmol/l.
Bei der Chlorid-Diarrhoe: 100–150 mmol/l bei gut hydrierten Patienten, kann aber beim dehydrierten Patienten bis unter 90 mmol/l betragen [16].
Für die Chlorid-Diarrhoe ist zu fordern:
Stuhl- Cl^- > Stuhl-$(Na^+ + K^+)$

Renale Veränderungen bei Chloriddiarrhoe [17]

1. Juxtaglomeruläre Hyperplasie:
   Hypovolämie – Anregung des Renin-Angiotensin-Systems;
2. Gefäßveränderungen: Wandverdickung, Zellvermehrung, Muskularisverdickung;
3. Nephrocalcinose;
4. Harnwegsinfektionen: Werden durch alkalischen Urin und Nierenverkalkungen unterhalten;
5. Hyperurikämie: Angiotensin vermindert Harnsäureclearance.

Nierenveränderungen sind nur bei Substitution mit NaCl ausgleichbar.

Therapie der Chloriddiarrhoe

a) Parenterale Substitution
Neugeborene: Nach Korrektur des extrazellulären Defizits braucht der Säugling zusätzlich zum Basisbedarf ca. 10 mmol Cl^-/kg/24 Stunden, 1–2 mmol als KCl, den Rest als NaCl (Reduktion der Dosis bei Entwicklung einer Azidose). Nach 3–4 Tagen kann meist mit der oralen Elektrolytsubstitution begonnen werden. Steigerung der oralen und Abbau der intravenösen Substitution:

b) Orale Substitutionslösung [16]
0,7% NaCl + 0,3% KCl (1:1)
Bei Neigung zu Hyponatriämie und Hyperkaliämie:
0,9% NaCl + 0,2% KCl (1:1)
Ab ca. dem 4. Lebensjahr kann NaCl + KCl zu gleichen Teilen verabreicht werden.

Die Cl^--Ausscheidung ist von der Zufuhr abhängig. Cl^--freier Urin, wenn Serum-Cl^- unter 95 mmol/l = Zeichen für inadäquate Therapie.

Kriterien für eine gute Einstellung [2]

1. Normalisierung der Serumelektrolyte;
2. Normalisierung des Renin- und Aldosteronspiegels;
3. Erzielung einer leichten Chloridurie.

Nekrotisierende Enterokolitits

Die nekrotisierende Enterokolitis ist eine Form der ischämischen Nekrose des Gastrointestinaltraktes, welche besonders bei Neugeborenen mit niedrigem Geburtsgewicht beobachtet wird [34].

Pathophysiologie

Perinatale Streß- und Hypoxämiesituationen (Schock, Hypothermie, Atemnotsyndrom, Sepsis).
Durch die Hypoxämie wird eine Engstellung der darmversorgenden Gefäße verursacht. Die Beeinträchtigung der intestinalen Stoffwechselaktivität ermöglicht die Invasion von Bakterien in die Darmwand. Die bakterielle Gasbildung führt zur Pneumatosis intestini mit nachfolgender Darmnekrose.

Klinik

Typische Symptome für die beginnende nekrotisierende Enterokolitis sind: Verzögerte Magenentleerung (Magenrest), aufgetriebenes

Abdomen, galliges Erbrechen, Berührungsempfindlichkeit des Abdomens, grau-blasses Hautkolorit, Schocksymptomatik, Verbrauchskoagulopathie, Azidose.

Diagnostik

Labordiagnostik Leukopenie oder Leukozytose, Thrombozytopenie, Verbrauchskoagulopathie.
Röntgendiagnostik [6]: Dilatierte Darmschlingen, intramurale Gasansammlung, Gasansammlung im Portalvenensystem.

Operationsindikation
Freie intraperitoneale Gasansammlung, freie intraperitoneale Flüssigkeit, Wechsel von allgemeiner Dilatation der Darmschlingen zu einer asymmetrischen Luftverteilung. Peritonitis.

Therapie der nekrotischen Enterokolitis [39]

1. Absetzen der oralen Nahrungszufuhr;
2. Schockbehandlung (Warmbluttransfusion 10 ml/kg);
3. Behandlung der Mikrozirkulationsstörung mit Dextran 40 (5 ml/kg/Tag;
4. parenterale Ernährung (Vorsicht mit Fettinfusion!);
5. Antibiose (z. B. Cefalosporin 100 mg/kg/Tag; Tobramycin 5 mg/kg/Tag; Metronidazol 10 mg/kg/Tag);
6. der Wiederbeginn der oralen Ernährung sollte mit Muttermilch erfolgen. (Bakterizide Wirkung frischer Muttermilch) [30].

Hypertrophische Pylorusstenose

Die hypertrophische Pylorusstenose beruht auf:
1. Hypertrophie der Pylorusringmuskulatur sowie der Muskulatur der pylorusnahen Antrumanteile;
2. Spasmus dieser Muskulatur.

Klinik

In der 2.–6. Lebenswoche tritt explosionsartiges, nichtgalliges Erbrechen im Schwall auf. Es ist mit einer Häufigkeit von ca. 3 Säuglingen auf 1000 Lebendgeborene zu rechnen. Bei 10–20% der Kinder finden sich Hämatinbeimengungen als Zeichen einer erosiven Gastritis. Bei der Kombination mit einer Hiatushernie (Roviralta-Syndrom) entsteht eine Refluxösophagitis. Das Erbrechen erfolgt während oder unmittelbar nach einer Mahlzeit. Die Stenoseperistaltik des dilatierten Magens ist durch die dünnen Bauchdecken erkennbar. Die peristaltischen Wellen ziehen vom linken Rippenbogen nach rechts abwärts in Richtung des Nabels. Die Pylorusmuskulatur ist als 2–3 cm langer Tumor, rechts neben dem Nabel tastbar. Die Kinder haben einen chrakteristischen gequälten Gesichtsausdruck.
Es besteht eine Pseudoobstipation; bei längerer Krankheitsdauer werden grün-braune Hungerstühle entleert.

Komplikationen der hypertrophischen Pylorusstenose

– Peptische Ulzera;
– Aspirationspneumonie;
– Metabolische Alkalose;
– mitunter gleichzeitig auftretender Ikterus prolongatus.

Differentialdiagnose der hypertrophischen Pylorustenose

– Einfacher Pylorospasmus;
– Erbrechen bei Aerophagie;
– Kardiainsuffizienz (Chalasie);
– Hiatushernie;
– AGS mit Salzverlust;
– Kuhmilchallergie;
– Meningitis;
– Ileus;
– Sepsis.

Pathophysiologie

Schwallartiges Erbrechen durch Obstruktion des Pyloruskanals.
Hypoventilation ist ein primärer respiratorischer Kompensationsversuch der Alkalose (metabolisch nicht sehr effektiv).
Gefahr durch die bestehende Alkalose:
1. Hypoventilation: Atelektase, Pneumonie.
2. Verminderte Gehirndurchblutung: Apnoe.

Diagnostik

Anamnese: Alter 2–6 Wochen, Knabenwendigkeit, Erbrechen im Schwall.
Untersuchungsbefund: Probefütterung mit Tee („Teeversuch"):
– Erbrechen im Schwall;
– Sichtbare Peristaltik;
– Tastbarer Pylorustumor;
– gieriges Trinken;
– gequälter Gesichtsausdruck.
Laborparameter: Hyponatriämie, Hypochlorämie, metabolische Alkalose.

Therapie der hypertrophischen Pylorusstenose

1. Allgemeine Maßnahmen:
– Absetzen der oralen Nahrung;
– Regelmäßiges Absaugen des Mageninhaltes (Magenablaufsonde);
– Hochlagerung des Körpers zur Aspirationsprophylaxe.

2. Korrektur der metabolischen Störung:
a) Bilanzierung von Flüssigkeit und Elektrolyten;
– Inital 5–10 ml/kg 0,9% NaCl in 1 Stunde + 5% Humanalbumin 10 ml/kg;
– Infusion 0,9% NaCl und 5% Glukose (1:1);
– Ansäuernde Substanzen (Lysin-HCl, Arginin-HCl) können meist vermieden werden, da nach Zufuhr von Cl^- und Korrektur der Hypoelektrotämie die körpereigenen Mechanismen zur Ausscheidung des überschüssigen HCO_3^- meist ausreichend sind.
b) Nach ausreichender Urinproduktion erfolgt der Zusatz von Kalium (30–40 mmol/l) zur Korrektur der in vielen Fällen bestehenden Hypokaliämie.

3. Nach Korrektur der metabolischen Störung erfolgt die Pylorotomie nach *Weber-Ramstedt*. Nach dem operativen Eingriff hat sich folgender Nahrungsaufbau bewährt (berechnet für einen ca. 4 kg schweren Säugling):

Nach Erwachen aus der Narkose:
– bis zur 6. Stunde
 alle 2 Stunden   5 g Tee
– von der 6. Std.
 bis zur 24. Std.
 alle 2 Std.   5 g Tee +
                   5 g Milchnahrung

1. Postoperativer Tag:
– bis zur 6. Stunde
 alle 2 Std.   10 g Milchnahrung
– von der 6. bis zur
 12. Std. alle 2 Std. 15 g Milchnahrung
– von der 12. bis zur
 18. Stunde alle 2 Std. 15 g Milchnahrung
                   + 5 g Tee
– von der 18. bis zur
 24. Std.   20 g Milchnahrung

2. Postoperativer Tag: 12×25 g Milchnahrung
3. Postoperativer Tag: 12×30 g Milchnahrung
4. Postoperativer Tag: 12×35 g Milchnahrung

Je nach Gewicht und Alter können die Mengen variiert werden. Fehlende orale Nahrungsmengen werden durch Infusionen ergänzt.

Tabelle 14. Metabolische Störungen bei Pylorusstenose

Verlust von	Folge
H^+	Alkalose
Cl^-	Hypochlorämie; Alkalose
Na^+	Hyponatriämie
K^+	Hypokaliämie
H_2O	Dehydratation

Azetonämisches Erbrechen

Unter Mitwirkung dispositioneller Faktoren führen äußere und innere Ursachen zu einer Stoffwechselentgleisung, die mit unstillbarem Erbrechen verbunden ist. Es besteht eine Disposition für das weibliche Geschlecht sowie für die Altersgruppe zwischen 2 und 10 Jahren. Konstitutionell handelt es sich um neuropatisch-vasolabile Kinder mit Infektanfälligkeit und exsudativer bzw. allergischer Diathese.

Pathophysiologie

Eine zentral bedingte, gesteigerte Fettverbrennung führt zu einem vermehrten Anfall von Ketonkörpern. Ketonkörper hemmen die Aktivität der Pyruvatdehydrogenase und somit die Verfügbarkeit von Pyruvat (*Randle*-Mechanismus).

Klinik

Die Erkrankung tritt meist im Rahmen von allgemeinen Infekten auf. Die Patienten klagen über Kopf- und Bauchschmerzen sowie Übelkeit. Das Erbrechen ist fortlaufend und kann durch die Zufuhr schon geringer Flüssigkeitsmengen erneut ausgelöst werden.

Diagnostik

Acetongeruch, starke Ketonkörperausscheidung im Urin. Meist besteht eine leichte metabolische Azidose.

Therapie (Prinzip: Kohlenhydratzufuhr)

- Dauertropfinfusion mit Glukose 10%;
- Thiaminpyrophosphat (Berolase®) i. v. Die Anwendung von Berolase erfolgt in seiner Funktion als Koenzym der Pyruvatdehydrogenase;
- Traubenzuckertee; Coca Cola.

Allgemeine Pathophysiologie der Ketonurie

Biochemie der Ketogenese

Beim physiologischen Fettsäure-Abbau entsteht als Endprodukt Acetyl-CoA. Acetyl-CoA wird anschließend unter Mitwirkung von Oxalacetat im Zitronensäurezyklus metabolisiert. Kommt es zu einer verminderten Utilisation von Acetyl-CoA, so kondensieren 2 Moleküle zu Acetoacetyl-CoA.

Ketonurie

Ketonurien können als Folge einer Verwertungsstörung von Glukose und aufgrund spezifischer Enzymdefekte im Intermediärstoffwechsel der Aminosäuren und Fettsäuren auftreten.
Als Ketonkörper werden bezeichnet: Acetoacetat, β-Hydroxybutyrat und Aceton. Eine Ketonurie tritt auf, wenn die Konzentration der Acetessigsäure im Blut 0,09 mmol/l und die der β-Hydroxybuttersäure 1 mmol/l überschreitet. Die Schüsselsubstanz bei der Entstehung einer Ketose ist das Acetoacetat. Es ist in sterilem Urin stabil. Bei infiziertem Urin wird es jedoch zu Aceton abgebaut.
β-Hydroxybutyrat steht in biologischem Material zu Acetoacetat in einem konstanten Verhältnis von 2–3 : 1.

Die hauptsächlich zum Ketonkörpernachweis verwendeten Schnelltests beruhen auf der *Legal*'schen Methode: Acetessigsäure und Aceton geben mit Nitroprussidnatrium eine rote Farbe.

Tabelle 15. Beurteilung des Legal'schen Schnelltests im Urin

Ver-färbung	Resultat	Acetessigsäure	
		mg/dl	mmol/l
Keine	0	bis 10	bis 0,1
Leicht	1	10–20	0,1–0,2
Mittel	2	20–50	0,2–0,5
Stark	3	über 50	über 0,5

Eine Ketonämie kann bei folgenden Zuständen auftreten:
1. Diabetes mellitus;
2. Hungerzustände; kohlenhydratarme Diät;
3. Körperliche Anstrengung;
4. Alkalose;
5. Alkoholintoxikation;
6. Angeborene Stoffwechselstörungen des Kohlenhydratstoffwechsels
   – Glykogenose Typ I
   – Fruktose 1,6-Diphosphatasemangel
   – Laktatazidose.

Periodische Lähmungen durch Störungen der Kaliumhomöostase

Es handelt sich hierbei um periodisch auftretende, schlaffe Lähmungen vorwiegend der Gliedmaßen. Entsprechend der Änderungen der Serumkaliumkonzentration im Anfall werden eine hyper-, normo- und hypokaliämische Form unterschieden.

Hypokaliämische Lähmungen

Klinik

Die Anfälle beginnen meist im späten Kindesalter. Sie treten in Abständen von Wochen und Monaten auf. Die Lähmungen entwickeln sich aus der Ruhe heraus, meist während des Nachtschlafes. Sie werden in den frühen Morgenstunden bemerkt. Die Lähmungen steigen von den Beinen über den Rumpf zu den Armen auf. Sie bilden sich in umgekehrter Folge zurück.

Pathophysiologie

Die Kaliumkonzentration nimmt in den Körperzellen, insbesondere im Skelettmuskel, ab, während der Wasser- und Natriumgehalt zunimmt. Der Serumkaliumspiegel fällt mit zunehmender Lähmungsintensität ab.

Paresen: K^+ 3,8–3,0 mmol/l
Paralysen: K^+ unter 2 mmol/l

Als Reaktion auf eine Hypovolämie infolge intrazellulärer Wasser- und Na^+-Aufnahme entwickelt sich ein Hyperaldosteronismus [13]. Die Hypokaliämie führt zu gastrointestinalen Funktionsstörungen.

Therapie der hypokaliämischen Lähmung

1. Beseitigung des Anfalls durch Kaliumsubstitution. Es sind teilweise Kaliumdosen bis über 100 mmol notwendig. Die notwendigen Kaliummengen sind größer als zum Ausgleich der Hypokaliämie notwendig wäre. Die erhöhte Kaliumzufuhr ist zur Verdrängung des intrazellulären Natriums notwendig. Bei Rückbildung der Lähmungen steigt die Natriurese stark an.
2. NaCl-arme Diät;
3. Aldosteronantagonist.

> Kochsalzarme Ernährung und Minderung der Natriumretention durch einen Aldosteronantagonisten lassen ein Natriumdefizit entstehen, durch welches dem Pathomechanismus der Boden entzogen wird. Durch die regelmäßige Zufuhr großer Kaliummengen kann ein Abfall nicht verhindert werden.

Ein Anfall kann ausgelöst werden:
– durch starke Natriumzufuhr;
– durch Mineralokortikoide;
– durch kohlenhydratreiche Nahrung.

Hyperkaliämische Lähmung (Adynamia episodica Gamstorp)

Klinik

Beginn meist im frühen Kindesalter. Die Anfälle treten häufig, oft mehrmals wöchentlich auf. Sie treten am Tage, besonders nach körperlicher Arbeit auf. Auslösend wirken außerdem Kälte, emotionale Belastung, Hunger und Alkohol. Zu Anfallsbeginn bestehen häufig Parästhesien. Die Muskelschwäche besteht besonders an den Beinen und den Rückenmuskeln.

Pathophysiologie

Der aktive Kaliumtransport vom Extra- zum Intrazellulärraum ist gestört. Es kommt zu einem Anstieg der extrazellulären Kaliumkonzentration.
Die Patienten sind abnorm K^+-empfindlich. Im Gegensatz zu Gesunden ruft bereits die Zufuhr kleiner K^+-Mengen Lähmungen hervor. Während des Anfalls ist die Serum K^+-Konzentration oft nur geringgradig erhöht (auf maximal 6,5–7,0 mmol/l).

Diagnostik

Diagnostische Kaliumzufuhr: Bei Kindern maximal 2 g KCl/Tag.

Therapie der hypokaliämischen Lähmung

1. Anfallsverhütung durch verstärkte K^+-Diurese (Acetazolamid, Chlorothiazid);
2. Verstärkte Natriumzufuhr;
3. Mineralokortikoid: Fludrocortison (Astonin H®) 1 mg/Tag.
   Die Maßnahmen 2 und 3 haben eine K^+-verdrängende Wirkung.

Mineralokortikoidmangelzustände

Syndrome des Mineralokortikoidmangels sind aus Tabelle 16 ersichtlich. Durch Aldosteronmangel bzw. mangelnde Aldosteronwirkung besteht ein Natriumverlust im Urin mit nachfolgender Hyponatriämie und Hyperkaliämie. Beim unbehandelten M. Addison besteht ein renales Natriumverlustsyndrom [13]. Die Auswirkung auf das extrazelluläre Flüssigkeitsvolumen hängt von der Na^+-Aufnahme und den Na^+-Verlusten ab. Die bereits beim adrenogenitalen Syndrom mit Salzverlust besprochene Störung der C_{21}-Hydroxylierung kann auch isoliert die Mineralokortikoidsynthese betreffen und äußert sich als isoliertes Salzverlustsyndrom. Die Störung der Aldosteronsynthese kann wegen einer mangelnden enzymazischen Ausreifung bei Neugeborenen transitorisch sein. Das Syndrom des hyporeninämischen Hypoaldosteronismus ist die häufigste Form des isolierten Mineralokortikoidmangels im Erwachsenenalter. Bei unerklärbarer persistierender Hyperkaliämie (5,5–6,5 mmol/l) und oft nur leicht eingeschränkter Nierenfunktion sollte daran gedacht werden. Bei ca. ⅓ der Patienten liegt eine diabetische Stoffwechsellage vor.

Pseudohypoaldosteronismus [29]

Hier besteht eine Hyperkaliämie bei gleichzeitig normalen oder erhöhten Aldosteron-Konzentrationen und Resistenz gegenüber Mineralokortikoiden. Die meist männlichen Patienten werden häufig bereits in den ersten Lebenswochen durch Gedeihstörung, Elektrolytimbalanz und Dehydratation auffällig.
Die Mineralokortikoidunempfindlichkeit besteht in Niere, Kolon, Schweiß- und Speicheldrüsen.

Diagnostik

Hyponatriämie, Hypochlorämie, Hyperkaliämie
Natriumkonzentration im Urin 30–40 mmol/l
Negative Natriumbilanz
Wirkungslosigkeit von Mineralokortikoiden

Tabelle 16. Syndrome des Mineralokortikoidmangels

1. *Primärer Mineralokortikoidmangel* (niedriges Aldosteron, hohes Renin)
   a) M. Addison
   b) isolierte Mineralokortikoidsynthesestörung
      – 21-Hydroxylasemangel (s. u.).
2. *Sekundärer Mineralokortikoidmangel* (niedriges Aldosteron, niedriges Renin)
   – Syndrom des hyporeninämischen Hypoaldosteronismus.
3. *Pseudohypoaldosteronismus* (hohes Aldosteron, hohes Renin)
   a) Pseudohypoaldosteronismus des Säuglings
   b) Renales Nichtansprechen auf Mineralokortikoide.

Differentialdiagnose

Adrenogenitales Syndrom mit Salzverlust;
Salzverlustnephropathien;
IADH (= Inadäquate ADH)-Ausschüttung.

Therapie

Durch Natriumsubstitution (1–10 g NaCl/Tag) erfolgt eine Normalisierung der Aldosteron-Konzentration.
Die Menge und Dauer der Natriumsubstitution ist unterschiedlich.

Adrenogenitales Syndrom mit Salzverlust

Dem adrenogenitalen Syndrom (AGS) liegt ein autosomal rezessiv erblicher Enzymdefekt der Cortisolsynthese zugrunde (Häufigkeit 1:5000) [31]. Mit dem Mangel an Cortisol, des entscheidenden Steroids für die zentrale Rückkopplung über das Hypothalamus-Hypophysensystem, kommt es zu einer vermehrten ACTH-Sekretion und somit einer gesteigerten Nebennierenrindenstimulation und einem vermehrten Anfall der Cortisolvorstufen vor dem Enzymdefekt. Der häufigste Defekt ist der 21-Hydroxylasemangel (Mangelnde Hydroxylierung von 17-α-Hydroxyprogesteron in Position 21). 17-α-Hydroxyprogesteron wird durch Abspaltung der C_{17}-Seitenkette zu den Androgenen Androstendion und Testosteron metabolisiert. Da zur Glukokortikoidbildung (Cortisol), wie auch zur Mineralokortikoidsynthese (Aldosteron) eine Hydroxylierung in Position C_{21} erfolgen muß, können beim 21-Hydroxylasemangel beide Stoffwechselwege gleichzeitig unterbrochen sein. Die gestörte Mineralokortikoidsynthese führt zum Salzverlustsyndrom.

Pathophysiologie des Salzverlustes

Aldosteron ist das wichtigste Mineralokortikoid. Über den Renin-Angiotensin-Mechanismus wird durch Volumen- und Na^+-Konzentrationsänderungen die Synthese und Ausschüttung von Aldosteron geregelt. Aldosteron bewirkt an den distalen Nierentubuli die Rückresorption von Na^+ und Wasser im Austausch von K^+ und H^+.
Die Folgen des Aldosteronmangels sind somit:
Serum: Hyponatriämie, Hyperkaliämie, Dehydratation (hypoton), metabolische Azidose (meist nur geringgradig).
Urin: Na^+-Verlust (hypertoner Urin) über 40 mmol/l.

Klinik

Das Salzverlustsyndrom tritt typischerweise in der 2.–3. Lebenswoche auf. Die Kinder werden durch ihr schlechtes Trinken, die Schreckhaftigkeit und das häufig bestehende Erbrechen im Schwall auffällig. (DD: Pylorusstenose). Nachfolgende Exsikkose und Kreislaufinsuffizienz. Die Diagnose wird bei Mädchen wegen der typischen Genitalveränderungen (intersexuelles Genitale) erleichtert. Eventuell ergibt die Anamnese, daß Geschwister in den ersten Lebenswochen an einer „Ernährungsstörung" gestorben sind.

Differentialdiagnose:

Adrenogenitales Syndrom	*Pylorusstenose*
1. Genitalveränderungen (iso- bzw. heterosexuelle Virilisierung)	1. Unauffälliges Genitale
2. Hyperkaliämie	2. Hypokaliämie
3. Hyponatriämie	3. Normo- oder Hypernatriämie
4. Metabolische Azidose	4. Metabolische Alkalose
5. Chlorid im Urin normal bis erhöht	5. Chlorid im Urin vermindert

Tabelle 17. Normalwerte der Urinausscheidung von Pregnantriol und 17-Ketosteroide

Pregnantriol (µg/24h)			17-Ketosteroide: (mg/24h)	
Alter (Jahre)	weiblich	männlich	weiblich	männlich
0– 6	10– 100	10– 100	0,2–0,8	0,2–0,9
7–10	30– 300	30– 300	0,3–1,9	0,5–2,2
11–14	100–1000	100–1000	0,9–6,0	0,9–5,1
15–16	200–2000	100–2000	1,8–9,5	2,0–9,6
Erwachsene	200–2000	400–2000		

Labordiagnostik

Die mangelnde Hydroxylierung an C-21 führt zum Aufstau der Vorstufe 17-α-Hydroxyprogesteron. Pregnantriol ist als Auscheidungsprodukt von 17-α-Hydroxyprogesteron im Urin stark erhöht. Die verstärkt ablaufende Androgensynthese ist an der erhöhten Urinkonzentration der 17-Ketosteroide erkennbar.

Therapie des AGS

1. Schocktherapie (s. u.);
2. Therapie der Hyperkaliämie (s. u.);
3. Hormonelle Substitution.

Das Prinzip der hormonellen Substitution ist:
a) Bremsung der übermäßigen ACTH-Produktion durch Cortisolsubstitution. Diese sollte mit Hydrocortison durchgeführt werden, da es als natürliches Steroid weniger wachstumshemmend ist als das synthetische Prednison [18].

Tägliche Cortisolproduktion bei Kindern: 12 ± 3 mg/m²/24 Stunden
Bei oraler Substitutionstherapie liegt der tägliche Bedarf bei 15–25 mg Hydrocortison/m²/24 Stunden [3]. Bei der Dosisverteilung sollte der Cortisoltagesrhythmus imitiert werden (60%-30%-10%). Initial ist für Tage bis Wochen etwa die doppelte Menge notwendig. In Belastungssituationen sollte die Dosis kurzfristig auf das 3–5-fache angehoben werden.

b) Mineralokortikoidsubstitution
Astonin H®: 0,1 mg/kg/Tag p. o.

c) Natriumsubstitution
Bei der lebensbedrohlichen Salzverlustkrise muß zur angeführten Hormontherapie 0,9% NaCl in einer Dosierung von ca. 150 ml/kg infundiert werden. Außer der Mineralokortikoidsubstitution erfolgt eine orale NaCl-Zulage von ca. 3–5 g/Tag.
Die Mineralokortikoidsubstitution kann erfahrungsgemäß meist im Kleinkindesalter reduziert bzw. abgesetzt werden [33]. Eine orale NaCl-Zulage ist dann ausreichend.

Kontrolluntersuchungen

Die Kontrolluntersuchungen sollten im Säuglingsalter monatlich und danach im Abstand von 3 Monaten durchgeführt werden.

1. Längenentwicklung;
   Beschleunigtes Wachstum ist ein Indikator einer Glukokortikoidunterdosierung [5].
2. Röntgenaufnahme des Handskelettes zur Beurteilung der Ossifikation (alle 12 Monate ausreichend).
3. 24-Stundenurin: 17-Ketosteroide, Pregnantriol.
   Bei Kortikoidsubstitution anzustrebende tägliche Pregnantriolausscheidung:
   Säuglinge: 50– 200 µg/Tag
   Kinder: 200–1500 µg/Tag
   Erwachsene: 600–3000 µg/Tag.
4. Serumkonzentration: Na^+, K^+, Cl^-, Säure-Basen-Haushalt.

Diabetes insipidus centralis
(D. i. c.)

Der D. i. c. resultiert aus dem Unvermögen, eine ausreichende Menge antidiuretischen Hormons (Synonyma: Adiuretin, ADH, Vasopressin) zu bilden. ADH wird in den supraoptischen und paraventrikulären Kernen des Hypothalamus gebildet, durch Neurosekretion in den Hypophysenhinterlappen transportiert und dort gespeichert.

> Halbwertszeit von ADH ca. 10 Minuten

Ursachen des Diabetes insipidus centralis:
A. Kongenitale, familiäre Formen (ca. 50%)
   1. autosomal dominant mit imkompletter Penetranz
   2. X-chromosomal rezessiv.
B. Erworben
   1. Posthypophysektomie
   2. Schädelfrakturen
   3. Supra- und intraselläre Tumoren, Zysten, Pinealom, Leukämie Kraniopharyngeom (bei langsamem Wachstum oft erstes Symptom)
   4. Histiozytose X
   5. Granulomatöse Erkrankungen (z. B. Tuberkulose)
   6. Vaskuläre Erkrankungen (z. B. Aneurysmen)
   7. Enzephalitis bzw. Meningitis
   8. Blutungen.

Klinik

Der D. i. c. kann grundsätzlich in jedem Lebensalter auftreten. Im Neugeborenen- und frühen Säuglingsalter sollte vor allem bei unklaren Fieberzuständen und gleichzeitiger auffälliger Durchnässung der Windeln ein Diabetes insipidus ausgeschlossen werden.
Die Symptome Polyurie und Durst beginnen fast immer plötzlich und erreichen innerhalb von 1–2 Tagen maximale Intensität. Eine langsame Zunahme der Polyurie über Wochen und Monate weist auf andere Ursachen hin. Es besteht immer eine eindrucksvolle Nykturie. Patienten mit einer psychogenen Polydipsie sind dagegen kaum durch eine nächtliche Polyurie belästigt.

> Patienten mit D. i. zeigen eine auffällige Vorliebe für eiskalte Getränke.
> Charakteristischerweise führt der Flüssigkeitsverlust zu extremer Gewichtsabnahme und einer hypertonen Dehydratation. Die klinischen Begleitsymptome sind: trockene Haut, Fieber, Obstipation, Kopfschmerzen, Muskelschmerzen, Hypothermie und Tachykardie.
>
> Bei gleichzeitig bestehender Hypophysenvorderlappeninsuffizienz kommt es zu einer scheinbaren Besserung des D. i., weil die glomeruläre Filtrationsrate herabgesetzt ist.

Diagnostik des D. i.

1. Flüssigkeitsbilanzierung:
Beim D. i. liegt die Urinmenge über der Trinkmenge. Urinflußrate: 0,2–0,3 ml/kg/Minute. Der Urin ist extrem hypoton (spez. Gewicht unter 1005; Osmolarität unter 200 mOsm/l). Die Serumosmolarität liegt immer über der des Urins.

2. Durstversuch:
Der Durstversuch ist eine einfache, aber unter Umständen gefährliche, orientierende Maßnahme. Er muß bei einem Gewichtsverlust von über 3% des Ausgangsgewichtes abgebrochen werden. Der Test sollte mindestens über 6 Stunden durchgeführt und der Urin in möglichst häufigen Portionen gesammelt werden.
Testbewertung: Bei funktionierendem ADH-System kommt es innerhalb von Stunden zum Anstieg des spezifischen Gewichtes bzw. der Osmolarität im Urin.

> a) Gesunde Personen produzieren unter Flüssigkeitsentzug einen höher konzentrierten Urin als nach Gabe von ADH.
> b) Auch Patienten mit psychogener Polydipsie können über längere Zeit einen auffällig hypotonen Urin ausscheiden.

3. Hickey-Hare-Test:
a) Flüssigkeitsgabe: (0,3 ml/kg/Minute 5% Glukose i. v. über 30 Minuten);
b) nach 1 Stunde: 0,2 ml/kg/Minute 3% NaCl-Lösung i. v. über 45 Minuten;
c) der Urin wird in 15-Minuten-Portionen gesammelt. Das gesammelte Urinvolumen wird jeweils nachgetrunken.
d) Testbewertung: Normale Reaktion: Nach der NaCl-Infusion kommt es zu einem sofortigen Abfall der Urinmenge und zu einem Anstieg des spezifischen Gewichtes. Reaktion bei Diabetes insipidus: Zunahme des Urinvolumens; keine Änderung des spezifischen Gewichtes.
Ist der Test pathologisch ausgefallen, so erfolgt im Anschluß die Abgrenzung des Diabetes insipidus centralis vom Diabetes insipidus renalis im Vasopressintest.

4. Vasopressintest:
Hydrierung wie beim Hickey-Hare-Test und 5 E Pitressin-Tannat i. m. oder 5 mE/Minute einer wasserlöslichen Pitressinpräparation über 1 Stunde i. v.
Urinsammlung in 15-Minuten-Portionen.
Normale Reaktion:
a) Verminderung des Urinvolumens;
b) Anstieg des spezifischen Gewichtes.
Diagnose: Diabetes insipidus centralis.

5. Clearance des freien Wassers (Cl_{H_2O}):
Die Berechnung der Clearance des freien Wassers erlaubt eine genauere Beurteilung der Ergebnisse des Hickey-Hare-Testes und des Vasopressin-Testes. Der gleichzeitige Einfluß einer osmotisch bedingten Diurese auf das Ergebnis kann erkannt werden.
Das Urinvolumen kann hypothetisch in
1. osmotisch gebundenes Wasser und 2. in freies Wasser unterteilt werden.
Das Urinvolumen/Zeit ist die Summe der Clearance des osmotisch gebundenen und des freien Wassers ($V = Cl_{osm} + Cl_{H_2O}$)

$$Cl_{osm} = V \times \left(\frac{Urinosmolarität}{Plasmaosmolarität} \right)$$

$$Cl_{H_2O} = V \times \left(1 - \frac{Urinosmolarität}{Plasmaosmolarität} \right)$$
(V = Urinvolumen pro Minute)

Das Ergebnis ist eine negative oder eine positive Zahl. Eine negative Clearance des freien Wassers zeigt ADH Wirksamkeit an.

Durchführung: Bei gutem Urinfluß (ca. 5 ml/Minute) Messung in ¼ Stunden Portionen.

Diabetes insipidus nach operativen Eingriffen an der Hypophyse

Nach Hypophysektomien ist das Auftreten eines D. i. nicht vorhersehbar. Es besteht keine Korrelation zwischen Vollständigkeit der Hypophysektomie und Schweregrad des resultierenden D. i. Die Veränderungen nach einer Hypophysektomie laufen meist in 3 Phasen ab, die aber nicht obligatorisch durchlaufen werden müssen.
1. Sofort auftretende Polyurie;
2. intermediäre Phase mit normalen Urinmengen, welche von Stunden bis zu 3 Tagen anhalten kann;
3. Dauersituation des D. i. in unterschiedlicher Ausprägung.

Die zentrale Regulation des Wasserhaushaltes erfolgt durch die Größen ADH-Sekretion und Durstgefühl. Durch die verschiedenen Ausfallsmöglichkeiten im Bereich des 3. Ventrikels, im ventromedialen Hypothalamus (Durstzentrum) oder im Hypophysenhinterlappen ergeben sich verschiedene Ausfallsmöglichkeiten, die sich nach *Mahoney und Goodmann* [26] in 5 verschiedene Erscheinungsbilder einer gestörten Osmoregulation einteilen lassen.

Typ 1: Neurohypophysärer Diabetes insipidus. Kompensatorisch vermehrte Wasseraufnahme bei intaktem Durstzentrum. Nur geringer Anstieg der Serumosmoralität.

Typ 2: Unbeeinträchtigte ADH-Sekretion bei

aufgehobenem Durstgefühl (Adipsie). Die verminderte Flüssigkeitszufuhr führt zum Anstieg der Serumosmolarität. Die Diurese ist unauffällig.

Typ 3: (Diabetes insipidus hypersalaemicus occultus *Fanconi*) [3] Kombination von Typ 1 und 2, d. h. Fehlen der ADH-Sekretion und des Durstgefühls. Exzessive Erhöhung der Serumosmolarität. Schlechte Prognose.

Typ 4: Erhöhte Schwelle für die ADH-Ausschüttung bei normalem Durstgefühl.

Typ 5: Erhöhte Schwelle für die ADH-Ausschüttung bei Störung des Durstgefühls. Erst nach erheblichem Anstieg der Serumosmolarität wird die Schwelle für eine ADH-Ausschüttung erreicht.

Bei Säuglingen ist das Durstzentrum noch hyposensitiv. Ein regelrechtes Ansprechen des Durstzentrums ist ab dem 10. Lebensmonat zu erwarten. Bis dahin ungeklärte Dehydratations-, Fieber- oder Hyperelektrolytämiezustände können sich um diesen Zeitpunkt als D. i. demaskieren.

Therapie des Diabetes insipidus centralis

1. Behandlung der Grunderkrankung durch z. B. Bestrahlung oder Operation.

2. Hormonelle Substitution
Synthetisches Vasopressinanalog DDAVP (1-Desamino-8-D-Arginin-Vasopressin) als Schnupflösung. Diese wird in einem graduierten Röhrchen aufgezogen. Das eine Ende wird in die Nase gesteckt und durch das andere Ende wird die Flüssigkeit mit einem kräftigen Stoß eingeblasen und nachfolgend mit dem Luftstrom in die Nase hochgezogen.
0,1 ml der Graduierung entsprechen 10 µg DDAVP. Die Halbwertszeit des Medikamentes beträgt 12 Stunden, so daß es meist morgens und abends geschnupft werden muß. Die Dosierung muß individuell gefunden werden. Eine übliche Dosierung im Kleinkindes- und Schulalter beträgt 2 × 0,05 ml pro Tag. Im Säuglingsalter ist die intranasale Dosierung problematisch, da die Flüssigkeit von einer zweiten Person eingeblasen wird und dabei das Gaumensegel des Säuglings nicht reflektorisch geschlossen wird. Flüssigkeit, die hierbei gerne in den Rachen fließt, ist der Resorption entzogen.

3. Durch eine salz- und proteinarme Diät wird der durch Elektrolyte und Harnstoff bedingte Anteil der Polyurie vermindert. Begrenzung auf 2 g NaCl/Tag.

4. Saluretika
Abnahme der Natriumresorption in den distalen Nierentubuli. Über eine Absenkung des Serumnatriumspiegels bzw. der Serumosmolarität ist das Durstgefühl vermindert. Die zuzuführende Flüssigkeitsmenge wird verringert. Bei der Saluretikatherapie ist eine Einschränkung der NaCl-Zufuhr wichtig.

Nebenwirkungen durch Saluretika

a) Verschlechterung der Glukosetoleranz. Kontrolle: Blutzucker;
b) Verminderung der Harnsäureausscheidung. Kontrolle: Serumharnsäure;
c) Kaliumverluste. Kontrolle: Serumkalium.

Medikamente: Hydrochlorothiazid (Esidrix®) Dosierung: 1–2 mg/kg/Tag, Chlorothiazid (Chlotride®) Dosierung: 1–2 mg/kg/Tag.

Diabetes insipidus renalis

Pathogenese

Distale Nierentubuli sprechen nicht auf ADH an.

Ätiologie

1. Kongenitale, familiäre Form. Die Vererbung erfolgt X-chromosomal rezessiv mit variabler Expressivität.
2. Lithiumsalze [36]: Lithiumsalze können eine Unempfindlichkeit der Niere gegenüber Vaso-

pressin verursachen. Diese Form des D. i. ist reversibel. Lithiumcarbonat wird in der pädiatrischen Onkologie bei Granulozytopenien eingesetzt.
3. Zystennieren, chronische Pyelonephritis; Obstruktive Uropathien, z. B. bei männlichen Säuglingen. Sie können als mögliche Komplikation eine wasserverlierende Nephropathie, die gegenüber ADH resistent ist, entwickeln [15].
4. Eine Überhydrierung infolge einer Polydipsie, die über 3 Tage andauert, kann zu einer relativen ADH Resistenz der Niere führen.
5. Metabolische Veränderungen: Hypokaliämie (z. B. bei Hypoaldosteronismus), Hyperkalzämie (z. B. bei Hyperparathyreoidismus).

Klinik

Bei der kongenitalen Form werden die Kinder bald nach der Geburt durch Fieber (!!!), Erbrechen und auch Krampfanfälle auffällig. Die Windeln sind meist auffällig stark durchnäßt (Schwester fragen!).
Das Urinvolumen ist von der osmotischen Belastung, insbesondere von der Natriumzufuhr abhängig.
Infolge der großen Urinvolumina werden die ableitenden Harnwege mit der Zeit meist hydronephrotisch verändert.

Therapie des Diabetes insipidus renalis

1. Die wichtige Selbstregulation der Trinkmenge erfolgt über den Durst. Problematisch ist hierbei das Säuglingsalter mit dem bis zum 10. Lebensmonat hyposensitiven Durstzentrum und der noch mangelnden Ausdrucksfähigkeit des Kindes.
Bei akut auftretenden Dehydratationen im Säuglingsalter sollte eine hypotone Glukoselösung (2,5%) intravenös verabreicht werden. Bei einer höheren Glukosekonzentration bestünde bereits wieder das Problem einer osmotisch induzierten Diurese.
Eine Dauertherapie erfolgt bei fehlender Durstregulation der Flüssigkeitszufuhr durch eine intragastrale Dauertropfinfusion.
2. Salzrestriktion.
3. Saluretikatherapie.
(Hydrochlorothiazid, Chlorothiazid), siehe hierzu: Therapie des D. i. c.
Die dabei auftretenden Kaliumverluste sollten durch tägliche Gaben eines Kaliumsalzes (z. B. 3×1 g) kompensiert werden.
4. Carbamazepin (Tegretal®) ($2-3 \times$ 200 mg/Tag) [1] in einschleichender Dosierung. Antidiuretische Wirkung bei Patienten mit Diabetes insipidus renalis.
5. Clofibrat [7].
6. Indometazin.

Hyperhydratationszustände beim Schwartz-Bartter-Syndrom [35]

Die Ursache des Schwartz-Bartter-Syndroms (= Syndrom der inadäquaten ADH-Sekretion [SIADH]) ist eine gesteigerte Freisetzung des adiuretischen Hormons.

> Die häufigsten Ursachen des SIADH im Kindesalter sind postoperative Zustände und Meningitiden.

Pathophysiologie

Gesteigerte ADH-Sekretion: verstärkte Rückresorption freien Wassers (Expansion des Extrazellulärraumes). Verminderte Aldosteronproduktion führt zum Natriumverlust bei gleichzeitiger Retention von Kalium und Wasser.

Diagnose

1. Hyponatriämie und verminderte Serumosmolarität bei normalem Serumkalium.
2. Natriumverluste in den Urin.
3. Hohe Urinosmolarität.

Ätiologie des SIADH

1. Störungen des Zentralnervensystems
   – Traumen;
   – Meningitiden, Enzephalitiden;
   – Blutungen.
2. Lungenerkrankungen (verminderter venöser Rückstrom zum linken Vorhof)
3. Leukämien
4. Glukokortikoidmangel
5. Tumoren (im Bereich der Kinderheilkunde ungewöhnlich)
6. Stress (Früh- und Neugeborene unter Intensivbehandlung)
7. Medikamentenwirkung
   – Vincristin
   – Chlorpropamid
   – Tolbutamid
   – Indometacin
   – Barbiturate
   – Cyclophosphamid.

Nach *Robertson et al.* [32] können verschiedene Reaktionsmuster nach Gabe einer hypertonen Kochsalzinfusion bei Patienten mit SIADH beobachtet werden.

A-Muster: Ausgeprägte und sprunghafte Änderungen der Plasmavasopressinkonzentration ohne Bezug zur Plasmaosmolarität. Es tritt bei ca. 20% der Patienten auf, und zwar bei ADH-produzierenden Tumoren.

B-Muster: Sofortiger Plasmavasopressinanstieg in enger Korrelation zur Plasmaosmolarität. Es besteht eine qualitativ normale Vasopressinausschüttung. Der Rezeptor spricht jedoch schon bei abnorm niedrigen Osmolaritätskonzentrationen an (ca. 35% der Patienten).

C-Muster: Erhöhte Vasopressinbasiswerte. Der Vasopressinanstieg erfolgt in enger Korrelation zum Osmolaritätsanstieg. Dieses Reaktionsmuster findet sich vor allem bei Patienten mit Schädeltrauma und Meningitis. Dieses Muster läßt auf eine erhöhte Basisproduktion von Vasopressin bei regelrechter Funktion der Osmorezeptoren schließen. Dieses Muster kommt bei ca. 35% der Patienten vor.

D-Muster: Regelrechtes Verhalten der Vasopressinsekretion bei dauernd erhöhter Urinosmolarität. Es besteht vermutlich eine Überempfindlichkeit der Niere gegenüber Vasopressin.

Klinik

Kopfschmerz, Übelkeit, Erbrechen, Reizbarkeit. In fortgeschrittenen Zuständen Lethargie, Verwirrtheitszustände und Bewußtlosigkeit.

Therapie des SIADH

1. *Beeinflussung der Grunderkrankung.*
2. *Flüssigkeitsrestriktion* (Post operationem!).

Durch Flüssigkeitsrestriktion erfolgt eine Normalisierung der Serumnatriumkonzentration und der Natriumausscheidung.

3. Hypertone NaCl-Infusionen sind normalerweise nicht sinnvoll, da sie zu einer zusätzlichen Expansion des extrazellulären Flüssigkeitsraumes führen. Indiziert sind sie bei Koma und Krampfanfällen. Die Gabe einer 3%igen NaCl-Lösung ist alleine von nur kurzer Wirkung, da bei Volumenexpansion und normaler glomerulärer Filtration eine schnelle Ausscheidung des zugeführten Natriums erfolgt. Wird durch gleichzeitige Gabe von z. B. Furosemid eine negative Wasserbilanz erzeugt, und die Urinverluste durch gleichzeitige Infusion von NaCl 3% ersetzt, kann eine rasche Anhebung der Serumnatriumkonzentration erfolgen.

4. Äthanol ist ein wirksamer Hemmstoff der ADH-Sekretion (1 ml/kg p. o.) [21].

5. Diphenylhydantoin vermag die endogene ADH-Produktion zu vermindern [19, 37].

6. Lithium und Demeclocyclin hemmen die Wirkung von ADH an den Sammelrohren. Die Lithiumbehandlung hat sich wegen der auftretenden Nebenwirkungen nicht durchgesetzt [8, 27].

Literatur

1 Braunhofer, J.; Zicha, L.: Eröffnet Tegretal neue Therapiemöglichkeiten bei bestimmten neurologischen Krankheitsbildern? Med. Welt *17:* 1875–1878 (1966).
2 Bretscher, D.; Fricker, H.: Kongenitale Chloriddiarrhoe. Schweiz. med. Wschr. *108:* 995–999 (1978).
3 Brook, C. G.; Zachmann, M.; Prader, A.; Mürset, G.: Experience with long-term therapy in congenital adrenal hyperplasia. J. Pediat: *85:* 12–19 (1974).
4 Bunjes, R.; v. Mühlendahl, K. E.; Krienke, E. G.: Gefahr des Ileus durch das Antidiarrhoikum Loperamid (Imodium). Pädiat. Praxis *20:* 217–218 (1978).
5 Butenandt, O.: Gestörtes Wachstum beim behandelten kongenitalen adrenogenitalen Syndrom. Z. Kinderheilk. *97:* 209–217 (1966).
6 Daneman, A., Woodward, S., de Silva, M.: The radiology of neonatal necrotizing enterocolitis (NEC). Pediat. Radiol. *7:* 70–77 (1978).
7 Decourt, J.: Avantage du clofibrate dans un cas de diabète insipide. Ann. Endocr. (Paris) *32:* 284–287 (1971).
8 Dias, N.; Hocher, A. G.: Oliguric renal failure complicating lithium carbonate therapy. Nephron *10:* 246–249 (1972).
9 Fanconi, G.: Zur Differentialdiagnose des Diabetes insipidus. Helv. paediat. Acta *11:* 505–509 (1956).
10 Finberg, L.; Harrison, H. E.: Hypernatremia in infants. An evaluation of the clinical and biochemical findings accompanying this state. Pediatrics *16:* 1–6 (1955).
11 Gamble, J. L.; Fahey, K. R.; Appleton, J.; MacLachlan, E.: Congenital alkalosis with diarrhea. J. Pediat. *26:* 509–518 (1945).
12 Gracey, M.; Papadimitriou, J.; Burke, V.: Effects on intestinal function and structure induced by feeding a deconjugated bile salt. Gut *14:* 519–528 (1973).
13 Higgins, J. T., jr.; Mulrow, P. J.: Fluid and electrolyte disorders of endocrine disease; in Maxwell, Kleeman (eds.), Clinical disorders of fluid and electrolyte metabolism, 3rd ed. (McGraw Hill, New York 1980).
14 Hirschhorn, N.; Westley, T. A.: Oral rehydration of children with acute diarrhea. Lancet *ii:* 494 (1972).
15 Holliday, M. A., Egan, T. J.; Morris, C. R.; Jarrah, A. S.; Harrah, J. L.: Pitressin-resistant hyposthenuria in chronic renal disease. Am. J. Med. *42:* 378–382 (1967).
16 Holmberg, C.; Perheentupa, J.; Launiala, K.; Hallman, N.: Congenital chloride diarrhoea. Archs Dis. Childh. *52:* 255–267 (1977).
17 Holmberg, C.; Perheentupa, J.; Pasternack, A.: The renal lesion in congenital chloride diarrhea. J. Pediat. *91:* 738–743 (1977).
18 Horner, J. M.; Thorson, A. V.; Hintz, R. L.: Prednisone in the therapy of congenital adrenal hyperplasia. J. Pediat. *91:* 849 (1977).
19 Hostetter, T. H.; Martinez-Maldonado, M.; Syndromes of ADH excess and deficiency. Mineral Electrolyte Metab. *5:* 159–174 (1981).
20 Kimberg, D. V.; Fiele, M.; Johnson, J.: Stimulation of intestinal mucosal adenyl cyclase by cholera enterotoxin and prostaglandins. J. clin. Invest. *120:* 1218–1230 (1971).
21 Kleeman, C. R.; Rubini, M. E.; Lamdin, E.: Studies on alcohol diuresis. II. The evaluation of ethyl alcohol as an inhibitor of neurohyphysis. J. clin. Invest. *34:* 448–452 (1955).
22 Lemburg, P.: Der akute Volumenmangel und

seine Substitution. Notfallmedizin *3:* 502–507 (1977).
23 Levine, M. M.; DuPont, H. L.; Formal, S. B.: Pathogenesis of shigella dysenteriae (Shiga) dysentery. J. infect. Dis. *127:* 261–280 (1973).
24 Lloyd-Still, J.: Gastroenteritis with secondary disaccharide intolerance. Acta paediat. scand. *58:* 147–150 (1969).
25 Lücking, Th: Intestinale Aktivität von Disaccharidasen und alkalischer Phosphatase in Jejunumbiopsien bei kindlichen Dünndarmerkrankungen. Europ. J. Pediat. *121:* 263–277 (1976).
26 Mahoney, J. H.; Goodman, A. D.: Hypernatremia due to hypodipsia and elevated threshold for vasopressin release. Effects of treatment with hydrochlorothiazide, chlorpropamide, and tolbutamide. New Engl. J. Med. *279:* 1191–1195 (1968).
27 Martinez-Maldonado, M.; Terrel, J.: Lithium carbonate – induced nephrogenic diabetes insipidus and glucose intolerance. Archs intern. Med. *132:* 881–883 (1973).
28 Nalin, D. R.; Cash, R. A.: Sodium content in oral therapy for diarrhea. Lancet *ii:* 957 (1976).
29 Oberfield, S. E.; Levine, L. S.; Carey, R. M.; Bejar, R.; New, M. I.: Pseudohypoaldosteromism. Multiple target organ unresponsiveness to mineralocorticoid hormones. J. clin. Endocr. Metab. *48:* 228–233 (1979).
30 Pitt, J.; Barlow, B.; Heird, W.; Santulli, T.: Macrophages and the protective action of breast milk in necrotizing enterocolitis. Pediatr. Res. *8:* 384 (1974).
31 Prader, A.; Anders, G.; Habich, H.: Zur Genetik des kongenitalen adrenogenitalen Syndroms (virilisierende Nebennierenrindenhyperplasie) Helv. paediat. Acta *17:* 271–284 (1962).
32 Robertson, G. L.; Shelton, R. L.; Anthar, S.: The osmoregulation of vasopressin. Kidney int. *10:* 25–37 (1976).

33 Rösler, A.; Levine, L. S.; Schneider, B.; Novogroder, M.; New, M. I.: The interrelationship of sodium balance, plasma renin activity and ACTH in congenital adrenal hyperplasia. J. clin. Endocr. Metab. *45:* 500–511 (1977).
34 Santulli, Th. V.; Schullinger, J.; Heird, W.; Gongaware, R.; Wigger, J.; Barlow, B.; Blanc, W.; Berdon, W.: Acute necrotizing enterocolitis in infany: A review of 64 cases. Pediatrics *55:* 376–378 (1975).
35 Schwartz, W. B.; Bennett, W.; Curelop, S.; Bartter, F. C.: A syndrome of renal sodium loss and hyponatremia probably resulting from inappropriate secretion of antidiuretic hormone. Am. J. Med. *23:* 529–542 (1957).
36 Singer, I.; Rotenberg, D.; Puschett, J. B.; Franko, E. A.: Lithium-induced nephrogenic diabetes insipidus: in vivo and in vitro studies. J. clin. Invest. *51:* 1081–1088 (1972).
37 Tarray, A.; Yust, I.; Peresererschi, G.; Abramov, A. L.; Aviram,, A.: Long-term treatment of the syndrome of inappropriate antidiuretic hormone secretion with phenytoin. Ann. intern. Med. *90:* 50–52 (1979).
38 Thomas, P. J.: Identification of some enteric bacteria which convert oleic acid to hydroxystearic acid in vitro. Gastroenterology *62:* 430–435 (1972).
39 Wille, L.; Obladen, M.: Neugeborenenintensivpflege, pp. 207–209 (Springer, Berlin, Heidelberg, New York 1979).
40 Witt, I.; Brosche, B.; Flad, H.; Hasler, K.: Klinische Relevanz der Bestimmung des antikoagulatorisch wirksamen Heparin Antithrombin III Komplexes; in Blümel, Haas (Hrsg.), Mikrozirkulation und Prostaglandinstoffwechsel (Schattauer, Stuttgart, New York 1981).

Störungen des Kalzium-, Magnesium- und Phosphorstoffwechsels

Hypokalzämiesyndrome
(Serumkalzium unter 2,0 mmol/l)

Klinische Auffälligkeiten können beim Absinken des ionisierten Kalziums unter 1,1 mmol/l erwartet werden. Trotz erniedrigter Serumkalziumkonzentration kann der ionisierte Anteil für eine biologische Aktivität ausreichend und der Patient somit symptomfrei sein bei:
1. Erniedrigung der Serumeiweißkonzentration (z. B. nephrotisches Syndrom);
2. Azidoseneigung (z. B. chronische Niereninsuffizienz).

> Die klinische Bedeutung einer Hypokalzämie ergibt sich aus dem Zusammenhang mit dem entsprechenden Krankheitsbild.

Ätiologie der Hypokalzämieformen
1. Hypoparathyreoidismus
a) Kongenital transitorisch
– bei primärem Hyperarathyreoidismus der Mutter;
– idiopathisch (späte Form der Neugeborenenhypokalzämie).
b) Kongenital persistierend
– DiGeorge-Syndrom;
– isolierte Nebenschilddrüsen-Aplasie- oder Hypoplasie;
– chronisch idiopathisch mit neonatalem Beginn.
c) Später auftretend
– postoperativ (z. B. nach Operationen der Schilddrüse);
– Syndrom des Hypoparathyreoidismus mit Moniliasis, M. Addison und Steatorrhoe (autosomal rezessiv vererblich);
– chronisch idiopathisch mit spätem Beginn.
2. Pseudohypoparathyreoidismus (Resistenz gegenüber Parathormon)
3. Magnesiummangel
4. Vitamin D-Mangel (s. u.).

Hypokalzämie des Neugeborenen

In den ersten 2 Tagen nach der Geburt sinkt die Serumkalziumkonzentration physiologischerweise etwas ab. Eine pathologische Neugeborenenhypokalzämie besteht bei Serumkalziumwerten unter 2 mmol/l bei termingeborenen und unter 1,8 mmol/l bei frühgeborenen Kindern. *Rösli und Fanconi* untersuchten 174 Neugeborene mit einem Geburtsgewicht unter 2500 g und fanden bei 53% eine Hypokalzämie, die besonders 12 bis 36 Stunden post partum am stärksten ausgeprägt war und bei 18% zu klinischen Symptomen führte [6].
Als Ursachen werden diskutiert:
a) Plötzliche Unterbrechung der Kalziumversorgung über die Nabelschnur;
b) Vitamin-D-Status der Mutter;
c) funktioneller Hypoparathyreoidismus;
d) überhöhte Phosphatzufuhr durch die Milch.

Entsprechend des Zeitpunktes der klinischen Auffälligkeit lassen sich zwei Formen der Neugeborenenhypokalzämie unterscheiden [1] (Tab. 18).

Tabelle 18. Formen der Neugeborenen-Hypokalzämie

	Frühe Form	Späte Form
Alter	Erste 3 Tage	Erste 3 Wochen
Häufigkeit	Häufig	Selten
Symptome	Gering	Häufig; Krämpfe
Serum-Phosphat	Altersgemäß normal (1,6–2,6 mmol/l)	Erhöht (über 2,6 mmol/l
Vorkommen	Frühgeborene; Mangelgeborene diabetischer Mütter	Mütterlicher Hyperparathyreoidismus
Pathogenese	Akuter Kalzium-Mangel nach Geburt	Transitorischer Hypoparathyreoidismus
Therapie	Kalzium i. v. oder p. o.	Kalzium, Vitamin D, Frauenmilch

Klinik

1. Tetaniesyndrom: Tonische Verkrampfung der Extremitätenmuskulatur; Akroparästhesien; vegetative Symptome.

> Ein tetanischer Anfall beginnt typischerweise mit Parästhesien im Bereich der Hände, Füße und des Mundes. Verkrampfung der betroffenen Muskeln (»Pfötchenstellung«).
> Eine vitale Bedrohung entsteht durch den Laryngospasmus.

2. Krampfanfälle: Epileptiforme Anfälle finden sich besonders häufig beim idiopathischen Hypoparathyreoidismus.
3. Psychische Veränderung: Chronische hypokalzämische Zustände, besonders im Rahmen eines Hypoparathyreoidismus, sind häufig mit Depressionen verknüpft.
4. Kardiovaskuläre Störungen: Herzinsuffizienz. EKG: Verlängerung der QT-Zeit.
5. Skelettveränderungen (nach unterschiedlicher Pathogenese der Erkrankung verschieden).

Therapieformen bei Hypokalzämie

Therapie der akuten Hypokalzämie

1. 10 ml Kalziumglukonat 10% i. v. (1 ml = 100 mg Kalziumglukonat = 9 mg Ca^{2+}).
2. Im Anschluß: Dauerinfusion mit 3–5 ml Kalziumglukonat 10%/kg/24 Stunden.

> *Cave:* Herzrhythmusstörungen bei Kalziumgaben an digitalisierte Patienten.

Therapie des Hypoparathyreoidismus

1. Vitamin D (die notwendige Vitamin-D-Menge muß individuell festgelegt werden). Bei gelegentlich vorkommender Vitamin-D-Resistenz mögliches Ansprechen auf Vitamin-D-Analoge, z. B. Dihydrotachysterol (DHT); 25-(OH)-D_3.

> Dihydrotachysterol ist bei der Behandlung von Patienten mit Hypoparathyreoidismus etwa dreimal so aktiv wie Vitamin D_3.

2. Orale Kalziumsubstitution

Therapie des transitorischen kongenitalen Hypoparathyreoidismus

1. Kalziumglukonat 10%: 5 ml/kg/Tag i. v. oder p. o.;
2. Vitamin D ca. 5000–10000 I.E./Tag;
3. Umsetzen auf eine phosphatarme Milch (z. B. Muttermilch).

Einige Tage bis Wochen nach Normalisierung der Serumkalziumkonzentration sollte diese Therapie versuchsweise abgesetzt werden.

Hyperkalzämiesyndrome
(Serumkalzium über 3 mmol/l)

Ätiologie

1. Vitamin-D-Intoxikation: Säuglinge können schon auf eine geringgradige Vitamin-D-Überdosierung mit einer Hyperkalzämie reagieren.
2. Immobilisierung (z. B. ausgedehnte Gipsverbände).

> Bei Immobilisierung eines Patienten muß die Dosis einer bestehenden Vitamin-D-Therapie reduziert werden.

3. Hyperparathyreoidismus (im Kindesalter sehr selten).
4. Hyperkalzämie bei supravalvulärer Aortenstenose (Williams-Beuren-Syndrom).
5. Hyperkalzämie bei stark infiltrativer Leukämie.
6. Hyperthyreose.
7. Bei länger bestehender Hypothyreose besteht eine erhöhte Vitamin-D-Empfindlichkeit.
8. Chronische, idiopathische Hyperkalzämie des Säuglings (Typisches Aussehen: Gnomengesicht, Entwicklungsverzögerung, Osteosklerose, Gefäßstenosen [2]).

Klinik

Renale Störungen: Polyurie, Polydipsie.
Gastrointestinale Störungen: Übelkeit, Erbrechen, Obstipation, Meteorismus, Atonie (als Zeichen der Dämpfung der neuromuskulären Erregbarkeit). *Herz*rhythmusstörungen. EKG: QT-Zeitverkürzung. *Auge:* »red eye«-Syndrom (häufig als Reizkonjunktivitis fehlgedeutet).

Therapie der Hyperkalzämie

1. Rascher Wirkungseintritt (Stunden)
a) Reichliche Flüssigkeitszufuhr in Form von NaCl 0,9% i. v. bei Hyperkalzämien mit ausreichender Nierenfunktion;
b) Furosemid 2 mg/kg/Stunde bei Hyperkalzämien mit ausreichender Nierenfunktion;
c) Phosphatinfusion: 0,081 mol Na_2HPO_4 und 0,019 mol KH_2PO_4 in Glukose 5%. Nur indiziert bei hyperkalzämischer Krise und bestehender Niereninsuffizienz *(Gefahr der Weichteilverkalkung)*;
d) Hämodialyse gegen Ca-freies Dialysat;
e) Calcitonin vom Salm (Hemmung der Osteolyse) 5–10 I.E./kg i.v. über 6 Stunden;
f) Mithramycin 25 µg/kg/Tag i. v.; Hyperkalzämie bei malignen Erkrankungen (Zytotoxische Aktivität);
g) Cortison (gute Wirkung bei: Tumorhyperkalzämie, Vitamin-D-Intoxikation), Vitamin-D-Antagonismus bei der Kalziumresorption. Cortisontest nach *Dent:* Kein Absinken der Serumkalziumkonzentration bei Hyperparathyreoidismus.

2. Langsamer Wirkungseintritt (Tage)
a) Phosphate p. o. (500–1500 mg Phosphat/Tag, z. B. Reducto®), bei chronischen Hyperkalzämien;
b) Kalziumarme Diät (weniger als 100 mg Ca/Tag), Einschränkung von Milch und Milchprodukten sind bei chronischen Hyperkalzämien indiziert;
c) Natrium-Zellulose-Phosphat. Dosierung: 3×5 g/Tag p. o.

> Bei der Erstellung des Therapieschemas zur symptomatischen Senkung der Serumkalziumkonzentration sind Krankheitsursache, Kalziumkonzentration, Nierenfuktion und Lebensalter zu berücksichtigen.

Hypomagnesiämie
(Serummagnesium unter 0,5 mmol/l)

Normale Serummagnesiumkonzentration:
0,95 ±0,1 µmol/l [4]
Normale Urinausscheidung:
ca. 1–5 mg/kg/24 Stunden [5]
Umrechnung: 1 mmol = 2 mÄq.
= 24 mg Mg^{2+}.

Ätiologie

1. Transitorische Hypomagnesiämie des Neugeborenen bei Hypomagnesiämie der Mutter (z. B. Diabetes mellitus) oder bei foetaler Dystrophie.
2. Bei chronischen Darmerkrankungen
– Zöliakie
– M. Crohn
– Störungen des Galleflusses.
3. Magnesiumfreie parenterale Ernährung.
4. Mg-Verluste bei Nierenerkrankungen.
5. Endokrinologische Erkrankungen
– Hypo- bzw. Hyperparathyreoidismus
– Hypothyreose
– Hyperaldosteronismus.
6. Primäre Hypomagnesiämie [4].
Autosomal rezessives Erbleiden; gestörte intestinale Magnesiumabsorption; tetanische Krampfanfälle in den ersten Lebenswochen; Serummagnesiumkonzentration auf ca. 25% der Norm abgefallen; gleichzeitige Hypokalzämie; lebenslängliche Magnesiumsubstitution.

> Bei einer therapierefraktären Hypokalzämie muß eine Hypomagnesiämie ausgeschlossen werden.

Klinik

(Symptome wie bei Hypokalzämie)
– allgemeine Übererregbarkeit; Krampfanfälle
– ausgeprägte Schlafstörungen
– hartnäckige Obstipation.

7. Hypomagnesiämie durch chronischen tubulären Magnesiumresorptionsdefekt; Beginn der klinischen Auffälligkeit im Kindes-, Adoleszenten- oder Erwachsenenalter.

Therapie der Hypomagnesiämie

1. Tetanischer Anfall: Magnesiumsulfat 10% 0,5–1,5 mmol Mg^{2+}/kg/24 Stunden i. v.
2. Dauertherapie: Orale Magnesiumsubstitution als Mg-Sulfat; Mg-Laktat; Mg-Zitrat usw. Individuelle Dosierung: ca. 5–10 mmol Mg^{2+} pro kg/24 Stunden. Beispiel: Magnesium-Diasporal® ca. 100 mg/kg

> Es ist eine Magnesiumserumkonzentration von über 0,6 mmol/l anzustreben. Alle Magnesiumsalze haben eine laxierende Wirkung.

Hypophosphatämie
(Serumphosphatkonzentration unter 1,3 mmol/l = 4,0 mg/dl)

Die Serumkonzentrationen des Serumphosphors sind altersabhängig. Kinder haben höhere Werte:
Neugeborene: 1,6–2,6 mmol/l = 5–8 mg/dl;
1. Lebensjahr: $1,8 \pm 0,25$ mmol/l = $5,5 \pm 1,5$ mg/dl.
Zwischen dem 2. und 18. Lebensjahr geht der normale Mittelwert auf etwa 1,6–1,4 mmol/l = 5,0 bis 4,5 mg/dl zurück.

Beachte:

Erythrozyten enthalten viel mehr Phosphat als Serum, daher Gefahr falscher Werte bei:
– langem Stehen des Blutes nach der Entnahme,
– Hämolyse.
Ursachen der Hypophosphatämie sind Störungen des tubulären Phosphattransportes:
1. Fanconi-Syndrom;
2. renal tubuläre Azidose (s. u.);
3. primäre, renale tubuläre Hypophosphatämie (Phosphatdiabetes).

Fanconi-Syndrom

Störung der Gesamtfunktion des proximalen Tubulusapparates: Glukose-Aminosäure-, Phosphatrückresorption.

Ätiologie

1. Exogene Ursachen
– Schwermetalle: Pb, Hg, Cd
– organische phenolische Verbindungen
– Tetracyclinabbauprodukte
– Maleinsäure (zur experimentellen Erzeugung des Krankheitsmodells).

2. Endogene Ursachen
a) Angeborene Stoffwechselstörungen
– Cystinose
– Tyrosinose
– Lowe-Syndrom
– M. Wilson
– Fruktoseintoleranz
– Idiopathisches Fanconi-Syndrom
b) Tumoren
– Multiples Myelom.

Phosphatdiabetes

Er ist die häufigste Form der hypophosphatämischen Rachitis. X-chromosomal dominantes Erbleiden. Knaben sind häufiger und schwerer betroffen als Mädchen (Gestörte renale, tubuläre Phosphatrückresorption).

Klinik

Bei Geburt normale Serumphosphatkonzentration; Absinken der Serumphosphatkonzentration in den ersten Lebensmonaten. Hypophosphatämie (Serumphosphatkonzentration unter 1,3 mmol/l) meist nicht vor dem 6. Lebensmonat.
Verminderte Wachstumsgeschwindigkeit. Deformierung vor allem der gewichttragenden unteren Extremitäten mit Beginn des Laufalters (2. Lebensjahr).

Diagnose

1. Extremitätendeformitäten
2. Rachitische Auffaserung und Becherung der Metaphysen (Röntgen)
3. Serumphosphatkonzentration unter 1,3 mmol/l
   (Beachte: Serumphosphatkonzentration von der Nahrungsaufnahme abhängig)
4. Alkalische Phosphatase erhöht (Empfindlicher Parameter für eine reduzierte Knochenmineralisation)
5. Erhöhte Phosphatausscheidung im Urin.

Beurteilung der renalen Phosphatausscheidung

$$\text{Clearance}_{(Phosphat)} = \frac{\text{Phosphat (Urin)} \times \text{Volumen}}{\text{Phosphat (Serum)}}$$

Normal: 10 ± 2 ml/min.; pathologisch: über 15 ml/min

Tubuläre Phosphatreabsorption (TRP)

$$TRP\% = \left(1 - \frac{CP}{CCr}\right) \times 100$$

$$\frac{CP}{CCr} = \frac{P(\text{Urin} \times \text{Kreatinin (Serum)})}{P(\text{Serum} \times \text{Kreatinin (Urin)})}$$

CP = Phosphatclearance
CCr = Kreatininclearance

TRP (normal) = 85–95%

> Voraussetzung für die Beurteilbarkeit der Phosphatclearance ist eine normale Serumphosphatkonzentration.

Therapieformen bei Hypophosphatämie

1. Vitamin D

Prinzip: Unterdrückung der Parathormonausschüttung und somit verstärkte Phosphatrückresorption. Die notwendige Vitamin-D-Dosis muß individuell festgelegt werden. Sie liegt meist zwischen 10000 und 70000 I. E./Tag. Beachte: Unter Vitamin-D-Substitution muß die Kalziumausscheidung überwacht werden. Sie sollte 5 mg/kg/Tag nicht überschreiten.
– Verminderter Vitamin-D-Bedarf bei gleichzeitiger Phosphatsubstitution.
– Reduktion der Vitamin-D-Dosis bei Immobilisierung des Patienten (z. B. nach operativer Knochenbegradigung).

2. Phosphatsubstitution

Die Normalisierung der Serumphosphatkonzentration stellt den wichtigsten Punkt bei der Behandlung des Phosphatdiabetes dar. Es ist von größter Wichtigkeit, daß die Phosphatzufuhr möglichst gleichmäßig über 24 Stunden verteilt erfolgt. Die Zeit der Nachtruhe stellt somit einen Störfaktor dar. Die Phosphateinnahme sollte deshalb so spät wie möglich und bereits so früh wie möglich am Morgen erfolgen.

Die Phosphatsubstitution erfolgt mit Reducto® spezial (6 × 1–3 Dragees).

Nebenwirkung der Phosphatzufuhr ist vor allem eine mögliche intestinale Unverträglichkeit.

3. Natriumarme Diät

Eine Verminderung der Natriumzufuhr führt zu einer Verminderung der glomerulären Filtration und somit zu einer Absenkung der Phosphatclearance.

Nach Abschluß des Wachstums erübrigt sich bei den meisten Patienten die Fortführung der medikamentösen Behandlung. Die persistierende Hypophosphatämie wirkt sich nicht mehr gravierend auf das Skelett aus.

Während Schwangerschaft und Laktation sollte die Therapie wieder aufgenommen werden.

Literatur

1 Fanconi, A.: Hypocalcämie beim Neugeborenen. Pädiat. FortbildK. Praxis *41:* 184–189 (1975).
2 Fraser, D.; Kidd, B. S.; Kooth, S. W.; Paunier, L.: A new look at infantile hypercalcaemia. Pediat. Clins N. Am. *13:* 503–510 (1966).
3 Liappis, N.: Atomabsorptionsspektroskopische Bestimmung der Magnesiumkonzentration im Blutserum von Säuglingen. Klin. Wschr. *50:* 661–665 (1972).
4 Praunier, L.: Primary hypomagnesemia with secundary hypocalcemia. J. Pediatr. *67:* 945–947 (1965).
5 Praunier, L.; Borgeaud, M.; Wyss, M.: Urinary excretion of magnesium and calcium in normal children. Helv. paediat. Acta *6:* 577–581 (1970).
6 Rösli, A.; Fanconi, A.: Neonatal hypocalcemia: "early type" in low birth weight newborns. Helv. paediat. Acta *28:* 443–457 (1973).

Störungen der Niere

Akute Niereninsuffizienz

Die akute Niereninsuffizienz ist gekennzeichnet durch: Oligurie bzw. Anurie bei gleichzeitiger Azotämie, Azidose und Störung des Elektrolythaushaltes.
Oligurie: < 300 ml/m²/Tag;
Anurie: 0 ml.
Die Ursachen sind entsprechend ihrer Lokalisation prärenal, renal und postrenal zu suchen. Im klassischen Ablauf der akuten Niereninsuffizienz folgt der unterschiedlich langen Periode der Oligurie eine polyurische Phase und anschließend eine in unterschiedlichem Maße wieder einsetzende Nierenfunktion. Die oligurische Phase dauert bei Kindern meist ca. 5 Tage und ist im Durchschnitt kürzer als im Erwachsenenalter. Die oligurische und die polyurische Phase sind von ähnlicher Zeitdauer.

Prärenale Niereninsuffizienz

Sie tritt am häufigsten auf und ist durch eine akute Verminderung der renalen Perfusion bei z. B. Schock, Toxikose und Herzinsuffizienz bedingt. Als pathologisch-anatomisches Korrelat besteht eine akute Tubulusnekrose.

> Wird auf die sofortige Auffüllung des Extrazellulärvolumens geachtet, so ist die prärenale Niereninsuffizienz meist reversibel.

Orientierungshilfe:

$$\frac{\text{Harnstoff i. Urin}}{\text{Harnstoff i. Serum}} > 5 = \text{Voraussichtliche Erholung der Nierenfunktion}$$

Renale Niereninsuffizienz

Sie kann auf eine renale Ischämie und auf nephrotoxische Substanzen zurückgeführt werden. Nephrotoxische Substanzen sind:
1. Schwermetalle: Arsen, Wismuth, Cadmium, Gold, Blei, Quecksilbersalze, Phosphor.
2. Organische Lösungsmittel: Chloroform, Äthylenglykol (Kühlwasser von Autos), Methanol, Phenol, Toluol.
3. Chemotherapeutika: Gentamycin, Neomycin, Sulfonamide, Cephalosporine.
4. Weitere nephrotoxische Pharmaka:
– Indomethacin, welches u. a. zum medikamentösen Verschluß des Ductus arteriosus Botalli eingesetzt wird;
– Tolazolin, das als α-Sympaticolyticum bei persistierender fetaler Zirkulation verwendet wird;
– Kontrastmittel mit einer Osmolarität zwischen 1300 und 1900 mOsm/l.

Postrenale Niereninsuffizienz

Sie ist in den häufigsten Fällen durch eine bilaterale obstruktive Uropathie bedingt. Meist besteht eine angeborene Fehlbildung der ableitenden Harnwege (z. B. Urethralklappe). Bei Neugeborenen kann die Niereninsuffizienz auch durch schwere angeborene Nierenanomalien bedingt sein. Eine fehlende Miktion in den ersten zwei Lebenstagen läßt auf eine doppelseitige Nierenagenesie oder zumindest Nierendysplasie schließen. Bei derartigen Fehlbildungen erfolgt auch intrauterin keine Miktion, was das Auftreten eines Oligohydramnions sowie von Gesichts- und Extremitätsmißbildungen erklärt (Potter-Syndrom).

Therapie des akuten Nierenversagens

1. Beurteilung der Ursache.
2. Das Prinzip der Therapie ist die Aufrechterhaltung einer ausgeglichenen Wasser-, Elektrolyt- und Energiebilanz.
3. Versuch, die oligurische Phase zu durchbrechen.
   a) Im häufigen Fall des prärenalen Nierenversagens ist auf die schnelle Wiederherstellung regelrechter Kreislaufverhältnisse zu achten.
   b) Furosemid 2 mg/kg i.v., gefolgt 5–10 Minuten später von:
   c) Mannit 2,5 ml/kg einer 20%igen Lösung i.v.
   Beurteilung: Stellt sich eine Diurese ein, so können weiterhin Furosemid und Mannit verabreicht werden. Stellt sich keine Diurese ein, so ist die weitere Gabe von Mannit kontraindiziert.
   Bei Patienten mit Hämo- oder Myoglobinurie, die auf die initiale Mannitinfusion reagieren, sollte die Mannitzufuhr als 5%ige Lösung weitergeführt werden, bis der Urin pigmentfrei ist.
   d) Die Herstellung einer normalen Serumnatriumkonzentration ist zur Durchbrechung der oligurischen Phase von größter Wichtigkeit.
4. Wasserbilanzierung.
   Die Menge der aufgenommenen Flüssigkeit sollte die Verluste nicht überschreiten (0-Bilanz).
5. Energiebilanz.
   Im Stadium der Oligurie bzw. Anurie ist es nicht möglich, eine ausreichende Kalorienmenge zu verabreichen, da eine 0-Flüssigkeitsbilanz eingehalten werden muß.

Praktisches Vorgehen

a) Essentielle Aminosäuren: 1 g/kg/Tag und
b) Glukose 10% (bei periphervenöser Zufuhr) bzw. Glukose 30–50% (bei zentralvenöser Zufuhr) im verbleibenden Flüssigkeitsvolumen.
c) Die Kaliumsubstitution muß mit extremer Vorsicht erfolgen. Überwachung durch regelmäßige EKG-Ableitungen.

Komplikationen im Rahmen der akuten Niereninsuffizienz

Besondere Beachtung müssen finden: Überwässerung, Azidose, Hyperkaliämie, Hochdruck, Krampfanfälle, Lungenödem und Infektionen.
Überwässerung: Durch überhohe Wasser- und Natriumzufuhr.
Folge: Herzinsuffizienz, Lungenödem, Hochdruck, Krampfanfälle.
Azidose: Eine metabolische Azidose kann frühzeitig im oligurischen Stadium auftreten. Sie kann durch Glukosegaben beeinflußt werden.
Hyperkaliämie: Die Hyperkaliämie resultiert hauptsächlich aus der Zellkatabolie. Sie ist die Ursache lebensbedrohlicher Herzrhythmusstörungen. Eine Serumkaliumkonzentration über 6,5–7,0 mmol/l ist die Indikation zu sofortigen therapeutischen Maßnahmen:
a) 1 ml/kg Glukose 20% + 1 I.E./kg Altinsulin i.v.;
b) 0,5 ml/kg Kalziumglukonat 10% i.v. (Cave: Bradykardie). Durch die Kalziuminjektion wird lediglich die Kardiotoxizität vermindert. Wirkungsdauer: ½–2 Std.
c) 2–3 mmol/kg $NaHCO_3$ innerhalb 30–60 Minuten i.v. Cave: Natriumüberladung und Expansion des Extrazellulärvolumens. Wirkungsdauer: ca. 2 Std.

Akute Veränderungen des Körpergewichtes reflektieren Wasserbewegungen; Bedeutung der Gewichtskontrollen! Es ist zu beachten, daß im Stadium der Oligurie bzw. Anurie ein unverändertes Körpergewicht über mehrere Tage nicht eine 0-Bilanz, sondern eher eine Wasserüberladung anzeigt, da es zwischenzeitlich zu einer Verminderung der Körperfestbestandteile gekommen ist.
Tägliche Flüssigkeitszufuhr = 300 ml/m^2 + Verluste.

d) Orale bzw. rektale Gabe eines Kalium-bindenden Austauscherharzes (Resonium A®) [13]:
Dosierung: 1 g/kg (1 g Harz tauscht 1 mmol K⁺ aus). Bei Patienten mit Flüssigkeitsüberlastung bzw. Hypernatriämie sowie der Gefahr der Herzinsuffizienz sollte ein kalziumhaltiges Harz verwendet werden (Calcium Resonium®).
Um der Neigung zur Obstipation und einem möglichen Ileus vorzubeugen, sollte die Einnahme des Harzes zusammen mit einem Laxans erfolgen. Bei Anwendung eines Einlaufes sollte die Verweildauer des Harzes 30–45 Minuten betragen.

Chronische Niereninsuffizienz

Die homöostatische Toleranz der Niere wird bei einer Einschränkung der Kreatininclearance unter 30–40 ml/min/1,73 m² überschritten. Erhöhungen von Harnstoff und Kreatinin sind die Folge.

> Bei Säuglingen und jungen Kleinkindern liegen die Normwerte für Serumkreatinin unter den Erwachsenenwerten (0,3–0,8 mg/dl = 25–70 µmol/l). Eine Serumkreatininkonzentration von 1,0 mg/dl (40 µmol/l) spricht bei einem Säugling bereits für eine Niereninsuffizienz. Kurz nach der Geburt ist das Serumkreatinin auf mütterliche Werte erhöht. Innerhalb der ersten Lebenswoche erfolgt ein Abfall auf Normwerte um 0,40 ± 0,02 mg/dl.

In der frühen Phase der Niereninsuffizienz (präterminal; glomeruläre Restfunktion: 10–30 ml/min/1,73 m²) ist der Flüssigkeitsbedarf meist erheblich gesteigert. Die Niere hat die Fähigkeit verloren, Wasser aus dem Primärharn ausreichend rückzuresorbieren, und die Harnstoffbeladung führt zu einer osmotischen Diurese. Folge: Erhöhung der täglichen Trinkmenge. Beim Erreichen der terminalen Niereninsuffizienz (glomeruläre Restfunktion: 5–10 ml/min/1,73 m³) ist die Flüssigkeitszufuhr zu vermindern, weil sonst eine Überwässerung eintritt. Die Dialysebehandlung ist bei einer glomerulären Filtration unter 5 ml/min/1,73 m² erforderlich.

> Die Natriumzufuhr muß in der *präterminalen Phase* zur Steigerung der glomerulären Filtration ebenfalls erhöht und nicht, wie häufig als „Nierenschonkost" empfohlen, vermindert werden. Durch die osmotische Diurese entstehen beträchtliche Natriumverluste.

Pathophysiologie der chronischen Niereninsuffizienz

1. Wasser- und Elektrolythaushalt

Drei verschiedene Muster einer gestörten Homöostase des Flüssigkeits- und Elektrolythaushaltes sind für chronische Nierenerkrankungen charakteristisch:

– *Ausscheidung großer, natriumarmer Urinmengen*. Die Situation kann der eines nephrogenen Diabetes insipidus ähnlich sein mit meist leichter allgemeiner Einschränkung der Nierenfunktion.
Ursache: Schädigung des medullären Konzentrationsmechanismus.
Erkrankungen: Angeborene Nierendysplasie; obstruktive Harnwegspathologie. Bluthochdruck ist selten.

– *Wasser- und Elektrolytretention*. Urinvolumina im Normbereich. Natriumkonzentration im Urin 20–60 mmol/l. Isostenurie.
Ursache: Im Vergleich zur tubulären Reabsorption größere Einschränkung der glomerulären Filtration.
Erkrankungen: Chronische Glomerulonephritis. Als Folge der Flüssigkeitsretention können Ödeme, Hochdruck, Herzinsuffizienz und Lungenödem auftreten. Eine Restriktion der Natriumzufuhr auf 1–3 g/Tag ist angezeigt.

– *Salzverlust* (60–120 mmol Na⁺/l).
Ursache: Störung der Natriumresorption im distalen Nephron.
Erkrankungen: Hydronephrose, chronische Pyelonephritis, Nephronophthise. Eine Na-

triumrestriktion führt zu einer schweren hyponatriämischen Dehydratation.

2. Kaliumhomöostase

Mit zunehmender Einschränkung der Zahl funktionierender Nephrone wird durch erhöhte K^+-Sekretion in den restlichen Funktionseinheiten eine adäquate Kaliumbilanz aufrecht erhalten bis das Glomerulumfiltrat auf ca. 10–15% der Norm absinkt. Eine Einschränkung der Kaliumzufuhr ist somit erst bei extrem eingeschränkter Nierenfunktion notwendig.

3. Homöostase des Säure-Basen-Haushaltes

Sinkt das Glomerulumfiltrat auf 15–25% der Norm ab, so ist die gesamte Nettosäureausscheidung über die Niere nicht mehr in der Lage, die täglich anfallende Menge an H^+ auszugleichen. Es entsteht eine metabolische Azidose. Alkalisierende Substanzen sind bei der urämischen Azidose indiziert, wenn die Serumbikarbonatkonzentration 15 mmol/l unterschreitet. Eine frühzeitigere Azidosetherapie ist bei bestehender Hyperkaliämie indiziert. Die Pufferbehandlung kann oral mit Natriumbikarbonat bzw. dem Salz einer organischen Säure, z. B. Zitrat (Uralyt-U®) erfolgen.

> Erfolgt nach steigender Alkalizufuhr keine Besserung der Azidose, so muß an ein Bikarbonatverlustsyndrom gedacht werden.
> Die Azidosekorrektur kann bei Urämikern einen tetanischen Anfall auslösen.

4. Renale Osteopathie (s. Vitamin D)

Eine Verminderung des Glomerulumfiltrates führt zu einer Erhöhung von Serumphosphat und zu einer entsprechenden Verminderung des Serumkalziums mit nachfolgender Parathormonerhöhung. Eine verminderte Hydroxylierung von 25-OH-D3 zu 1,25-$(OH)_2$-D3 trägt zu einer negativen Kalziumbilanz und zur Entstehung eines sekundären Hyperparathyreoidismus bei. Mit einer ineffektiven renalen Hydroxylierung zu 1,25-$(OH)_2$-D3 ist bei einer Minderung des Glomerulumfiltrates auf 25–30 ml/min zu rechnen [3].

Therapeutische Grundsätze

a) Phosphateinschränkung

Eine wichtige Maßnahme zur Verhinderung des sekundären Hyperparathyreoidismus ist die Elimination von Milch und Milchprodukten aus der Nahrung. Da jedoch Milch eine wesentliche Quelle von Kalzium und Vitamin D ist, muß beides substituiert werden.
Aluminiumhyroxyd bzw. basisches Aluminiumkarbonat zur intestinalen Phosphatbindung [1]. Aluminiumkarbonatverbindungen binden $^1/_3$ mehr Phosphat als gleiche Mengen Aluminiumhydroxyd [15].
Beim Abfall der Serumphosphatkonzentration in den Normalbereich sollte die phosphatbindende Aluminiumverbindung reduziert werden, um eine Phosphatverarmung zu vermeiden, welche die Knochenentmineralisierung verschlimmern würde [9].

b) Kalziumsubstitution

c) Vitamin-D-Substitution (s. Vitamin D, S. 80).

Für die Behandlung sind geeignet: Vitamin D3, 25-OH-D3, 1,25-$(OH)_2$-D3, Dihydrotachysterol (A. T.10®). Die Möglichkeit einer beschleunigten Verminderung der Gesamtknochenmasse unter Dihydrotachysterol-Therapie erfordert besondere Vorsicht [10]. Die Möglichkeit, daß Vitamin-D3-Analoga die Osteoklasten- und die Mineralisationsaktivität unterschiedlich beeinflussen, macht eine sorgfältige Auswahl der Verbindung notwendig. Eine therapiebedingte Hyperkalzämie ist möglich. Die Rückbildung erfolgt jedoch innerhalb von 48 Stunden nach Absetzen des Medikamentes [12].

Eiweiß- und Kalorienzufuhr bei chronischer Niereninsuffizienz

Das Ziel der Proteinrestriktion bei chronischer Niereninsuffizienz ist die Verminderung der Harnstoffsyntheserate bei Zufuhr der geringstmöglichen Stickstoffmenge, die noch zu einer positiven Stickstoffbilanz führt. Da Kinder wegen des Wachstums einen höheren Proteinbedarf haben, sollte die Proteinzufuhr liberal gehandhabt werden. Eine Eiweißrestriktion ist erst beim Auftreten manifester Niereninsuffizienzsymptome angezeigt. Klinische Symptome treten selten vor Erreichen einer Serumharnstoffkonzentration von 100 mg/dl ($\approx$ 15 mmol/l) auf.

Bei der chronischen Niereninsuffizienz wird ein Verhältnis von Nichteiweiß- zu Eiweißkalorien von 5:1 als optimal empfohlen [4]. Bei Kindern erfolgt eine Reduktion der Proteinzufuhr auf 1,0 bis 1,5 g/kg/Tag. Eine uneingeschränkte Proteinzufuhr bei Kindern liegt zwischen 2,0–4,0 g/kg/Tag.

Auch eine gemäßigte Eiweißeinschränkung kann bereits zu Mangelerscheinungen führen, so daß u. a. Eisen und Vitamine substituiert werden müssen [11].

Histidin ist für den Urämiker eine essentielle Aminosäure und sollte deshalb zusätzlich verabreicht werden [6].

Das nephrotische Syndrom

Klinik

Unter einem nephrotischen Syndrom versteht man bei Kindern eine massive Proteinurie, die 1 g/m²/Tag übersteigt, bei gleichzeitiger Erniedrigung der Serumalbuminkonzentration unter 2,5 g/dl [14].

> Die obere Normgrenze der Gesamteiweißausscheidung liegt bei 100 mg/m²/Tag.

Das nephrotische Syndrom hat einen Erkrankungsgipfel zwischen dem 2. und 5. Lebensjahr, wobei eine leichte Knabenwendigkeit besteht. Meist stellt das Auftreten von Ödemen das alarmierende Erstsymptom dar. Sie sind besonders morgens im Bereich der Augenlider festzustellen. In fortgeschrittenen Stadien sind sie generalisiert, es können Aszites und Hydrothorax hinzutreten. Die tägliche Urinmenge ist vermindert, es kommt zu einem deutlichen Gewichtsanstieg. Gelegentlich ist bei diesen Patienten eine Hepatomegalie sowie eine besondere Neigung zu Infektionen und Thrombosen feststellbar. Der Blutdruck ist in der Regel normal. Eine persistierende Hypertonie muß an eine schwere Glomerulusläsion denken lassen. In der ödematösen Phase ist nicht selten eine leichte Hyponatriämie zu beobachten. Die Serumkonzentration von Kalzium ist vermindert, solange eine Hypoproteinämie besteht. Da hierbei jedoch nahezu ausschließlich das proteingebundene Kalzium vermindert ist, tritt meist keine Tetanie auf. Serumharnstoff und -Kreatinin sind in den meisten Fällen normal.

Therapie des nephrotischen Syndroms

Die Initialtherapie des nephrotischen Syndroms ist entsprechend den Richtlinien der Arbeitsgemeinschaft für pädiatrische Nephrologie standardisiert [2].

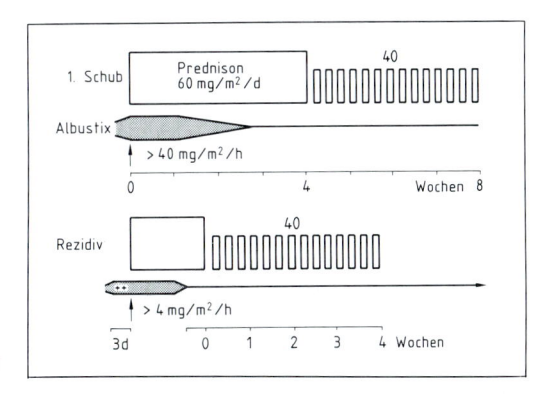

Abb. 14. Standard-Initial- und Standard-Rezidiv-Therapie des idiopathischen nephrotischen Syndroms mit Prednison. Nach *Schärer*[14].

Die Durchführung der Prednisontherapie ist Abbildung 14 zu entnehmen. 78% aller vorher unbehandelten Kinder mit einem frischen nephrotischen Syndrom sind am Ende der achtwöchigen Prednisonbehandlung als steroidsensibel zu bezeichnen. Die Steroidresistenz ist eine Indikation zur Nierenbiopsie.

Allgemeine therapeutische Maßnahmen

1. Hohe Eiweißzufuhr bei starker Hypoproteinämie bzw. Ödemen. Proteinzufuhr ca. 3–4 g/kg/Tag.
2. Salzreduktion bei Ödemen und Hypertonie: Natriumzufuhr maximal 2 mmol/kg/Tag.
3. Bilanzierung der Flüssigkeitszufuhr.
4. Großzügiger Einsatz von Diuretika. Furosemid (1–5 mg/kg/Tag) wird bevorzugt verwendet. Es ist besonders wirksam, wenn es 30–60 Minuten nach einer Infusion von Humanalbumin injiziert wird. Humanalbumin sollte als 20%ige, salzarme Lösung (bis 5 ml/kg/Tag) verabreicht werden.
Wegen des häufig assoziierten Hyperaldosteronismus ist die zusätzliche Gabe von Spironolacton sinnvoll.
5. Die Injektion von Immunglobulinen ist bei bestehender Hypogammaglobulinämie mit starker Infektgefährdung angezeigt.
6. Impfungen mit Lebendimpfstoffen dürfen nur im therapiefreien Intervall erfolgen.

Nierensteine

Nierensteine treten bei ca. 2% der Bevölkerung auf. Es kann mit ihnen bereits im Säuglingsalter gerechnet werden.
Die Nephrolithiasis gehört zu den in Europa selteneren, auf dem Balkan und in Südostasien ausgesprochen häufigen Erkrankungen des Kindesalters.
Tabelle 19 zeigt die häufigsten Harnsteinkomponenten auf. Steine bestehen zu 2–5% aus einer organischen Steinmatrix und zu 95–98% aus dem kristallinen Anteil. Die Gefahr der Nierensteinbildung ist proportional dem Sättigungsgrad von Risikofaktoren und umgekehrt proportional der Aktivität inhibitorischer Substanzen.

Risikofaktoren sind: Erhöhte Urinosmolarität, erhöhte Konzentration von Kalzium, Oxalsäure, Harnsäure und Phosphat, pH-Wert (je nach Löslichkeitsproblematik).

Inhibitoren sind: Zitrat, Magnesium, Pyrophosphat.

Bei einem spezifischen Gewicht des Urins unter 1012 ist eine Steinbildung nicht wahrscheinlich.

Im Kindesalter sind folgende Nierensteine von Bedeutung:

Struvitsteine ($MgNH_4PO_4 \cdot 6 H_2O$; Infektstein)

Sie entsprechen ca. 85% der Nierensteine im Kindesalter. Infektsteine entstehen als Folge eines chronisch alkalischen Urins. Ursächlich sind ureasehaltige, harnstoffspaltende Keime beteiligt: Proteus!, Klebsiellen, Aerobacter aerogenes, Pseudomonas. Die Alkalisierung des Urins erfolgt durch die Ammoniakbildung aus Harnstoff.

Tabelle 19. Kristalline Harnsteinkomponenten

Chemische Bezeichnung	Mineralname
Anorganisch:	
Kalziumoxalat-Monohydrat	Whewellit
Kalziumoxalat-Dihydrat	Weddellit
Kalziumphosphat	Whitlockit
Kalziumhydrogenphosphat	Brushit
Magnesiumammoniumphosphat-Hexahydrat	Struvit
Organisch:	
Harnsäure	
Zystin	
Xanthin	

pH-Werte über 7,0 begünstigen die Entstehung von Magnesiumammoniumphosphatkristallen und Kalziumphosphatniederschlägen.
E. coli ist *kein* harnstoffspaltender Keim (häufigster Keim bei Harnwegsinfektionen im Kindesalter).

Therapie bei Infektsteinen

– Behandlung der Infektion;
– Anhebung der Flüssigkeitszufuhr;
– Urinansäuerung (z. B. Ammoniumchlorid); ansäuernde Mineralwässer; Serumbikarbonat darf nicht unter 15 mmol/l abfallen.
Beachte bei Kindern:
Brausepulver wirkt auf den Urin alkalisierend.
– Verminderung der Phosphaturie durch Aluminiumhydroxyd;
– Hydroxamsäure hemmt die Urease (Bisher nur experimentell).

Zystinsteine

Sie entsprechen ca. 7,5% der Nierensteine im Kindesalter. Ursache der Zystinsteinbildung ist die Zystinurie, eine rezessiv erbliche Störung der tubulären Rückresorption der basischen Aminosäuren: Lysin, Arginin, Ornithin und von Zystin. Bei einem Anstieg der Zystinausscheidung über 160 mg/l wird die Nierensteinbildung begünstigt. Die Zystinausscheidung bei Zystinurie beträgt meist zwischen 400 und 1000 mg/l Urin.
Es ist jedoch zu beachten, daß nur ca. 15–25% der Patienten mit Zystinurie eine Nephrolithiasis entwickeln.

Therapie bei Zystinsteinen

– *Anhebung der Trinkmenge,* so daß eine Harnflußrate von ca. 120 ml/Stunde entsteht. Von größter Bedeutung ist eine Mindesttrinkmenge von 0,5–1 Liter nach Mitternacht!
– *Alkalisierung des Urins*
Da die Löslichkeit von Zystin im sauren Bereich rasch abnimmt, sollte der Urin-pH auf Werte zwischen 7,5 und 8,0 eingestellt werden.
Die Alkalisierung erfolgt durch z. B. Uralyt-U®. Der Therapieerfolg wird vom Patienten mit pH-Papier kontrolliert.
– *Umwandlung von Zystin* in besser wasserlösliche Disulfide durch

– D-Penicillamin
– α-Mercaptoproprionylglycin (Thiola)®.
Die Indikation zur medikamentösen Therapie ist vor allem bei Rezidivsteinbildung gegeben.

Kalziumoxalatsteine

Sie entsprechen ca. 2,5% der Nierensteine im Kindesalter. Für das Auskristallisieren der beiden Steinkomponenten Kalzium und Oxalat ist das Vorliegen einer Hyperkalziurie von Bedeutung.

Formen der Hyperkalziurie

a) Osteogene oder resorptive Form (z. B. Hyperparathyreoidismus);
b) intestinale oder absorptive Form (z. B. idiopathische Hyperkalziurie);
c) renale Form (z. B. gestörte tubuläre Rückresorption).

Oxalatausscheidung

a) Zufuhr Oxalsäure-reicher Nahrung: Rhabarber, Spinat, rote Rüben, Tee, Kakaoprodukte enthalten jeweils ca. 500 mg Oxalsäure pro 100 g Substanz (Tomaten gehören mit ca. 7,5 mg Oxalsäure/100 g zu den oxalatarmen Früchten).
b) Erhöhte Oxalatausscheidung bei Steatorrhoe und entzündlichen Darmerkrankungen (ca. 8% der Patienten mit M. Crohn [5]), sowie nach Darmresektionen.

Therapie der Hyperkalziurie

– Durch Verzicht auf Milch und Milchprodukte kann die Kalziumausscheidung um ca. 20% vermindert werden.
– Orale Phosphattherapie (nur bei Kalziumoxalatsteinen) bedingt:
a) verminderte Kalziumresorption,
b) vermehrte Pyrophosphatausscheidung (Inhibitor!). Die Phosphattherapie ist bei alkalischem Urin kontraindiziert.
– Natriumzellulosephosphat ist ein Kationenaustauscher mit hoher Affinität für Kalzium und Magnesium. Dosierung: 3×5 g/Tag.

Allgemeine therapeutische Maßnahmen bei Oxalatlithiasis

- Anhebung der Trinkmenge.
- Bei sekundärer Oxalurie, z. B. bei Steatorrhoe, Erhöhung der Kalziumzufuhr zur Bildung unlöslichen Kalziumoxalats im Darm.
- Magnesiumzufuhr. Es bildet mit Oxalat einen wasserlöslichen Komplex. Ca/Mg-Quotient sollte $1{,}2 \pm 0{,}4$ betragen [8].
- Zitratzufuhr. Bildung eines wasserlöslichen Komplexes.
- Allopurinol. Harnsäure hat bei der Kalziumoxalatsteinbildung einen Auskristallisationseffekt [7].
- Kalziumoxalat ist bei einem Urin-pH zwischen 6,0 und 6,5 am besten löslich.

Literatur

1 Alvioli, L. V.; Teitelbaum, S. L.: The renal osteodystrophies; in Brenner, Rector (eds.), The Kidney (Saunders, Philadelphia 1976).
2 Arbeitsgemeinschaft für pädiatrische Nephrologie: Alternate day vs. intermittent prednisone in frequently relapsing nephrotic syndrome. Lancet *i:* 401–404 (1979).
3 Brinkman, A.; Massry, G.; Norman, A.; Coburn, J.: On the mechanism and nature of the defect in intestinal absorption of calcium in uremia. Kidney Int. (Suppl.) *7:* 113–115 (1975).
4 Comty, C. M.: Long term dietary management of dialysis patients. J. Am. Diet. Assoc. *53:* 439–442 (1968).
5 Gelzayd, E. A.; Breuer, R. I.; Kirsner, J. B.: Nephrolithiasis in inflammatory bowel disease. Am. J. dig. Dis. *13:* 1027–1034 (1968).
6 Giordano, C. N.; DeSanto, G.; Rinaldi, S.; Acone, D.; Asposito, R.; Gallo, B.: Histidine for treatment of uremic anaemia. Br. med. J. *4:* 714–718 (1973).
7 Grob, H. U.; Brandhauer, K.: Hyperurikurie bei Oxalatsteinträgern. Fortschr. Urol. Nephrol. *5:* 30–34 (1975).
8 King, J. S.; O'Connor, F. J.; Smith, M. J.; Crouse, L.: The urinary calcium/magnesium ratio in calciferous stone formers. Investve Urol. *6:* 60–66 (1968).
9 Kleeman, C. R.; Better, O. R.: Disordered divalent ion metabolism in kidney disease: comments on pathogenesis and treatment. Kidney int. *4:* 73–76 (1973).
10 Kliger, A. S.; Yap, P.; Jensen, P.; Finkelstein, F. O.: Dihydrotachysterol (DHT) and supplemental calcium therapy in dialysis patients. Proc. Dial. Transpl. Forum *6:* 184–187 (1976).
11 Milman, N.; Larsen, L.: Iron absorption in patients with chronic renal failure not requiring dialytic therapy. Acta med. scand. *198:* 511–516 (1975).
12 Modsen, S.; Olgaard, K.: One-alpha-hydroxycholecalciferol treatment of adults with chronic renal failure. Acta med. scand. *200:* 1–6 (1976).
13 Mudge, G. H.; Welt, L. G.: Agents affecting volume and composition of body fluids; in Goodman, Gilman (eds.), The Pharmacological Basis of Therapeutics (MacMillan, New York 1975).
14 Schärer, K.: Das nephrotische Syndrom beim Kind. Dtsch. Ärzteblatt *48:* 2271–2278 (1981).
15 Shorr, E. A.; Carter, C.: Aluminium gels in the management of renal phosphatic calculi. J. Am. med. Ass. *144:* 1549–1553 (1950).
16 Slatopolsky, E.; Bricker, N. S.: The role of phosphorus restriction in the prevention of secondary hyperparathyreoidism in chronic renal disease. Kidney int. *4:* 141–146 (1973).

Störungen des Stoffwechsels der Spurenelemente

Zink

Zink ist ein essentieller Bestandteil von vielen Metalloenzymen, z. B.: Alkoholdehydrogenase, DNA- und RNA-Polymerase, Carboanhydrase, alkalische Phosphatase, Laktatdehydrogenase, Pyruvatcarboxylase.

Vorkommen

Als natürliche Zinkquellen stehen Milch und tierische Eiweiße zur Verfügung. Zink aus pflanzlicher Kost wird schlecht resorbiert, da es mit Pflanzenfasern und Phytat schwer lösliche Komplexe bildet.

Serumzink (normal): 95 ± 12 µg/dl (da Zink aus Thrombozyten freigesetzt wird, liegt der Serumwert ca. 10% über dem des Plasmas).
Die Serumzinkkonzentration sinkt nach der Geburt ab und erreicht in den ersten 6 Lebensmonaten ein Minimum (ca. 65 µg/dl). Normale Erwachsenenwerte werden zwischen dem 1. und dem 5. Lebensjahr erreicht.
Die Zinkkonzentration in den Erythrozyten (ca. $11,8 \pm 1,3$ µg/10^{10} Zellen) beträgt bei Neugeborenen nur ca. $1/4$ der bei Erwachsenen. Dies entspricht auch der bei Kindern geringeren Aktivität der Carboanhydrase [2].

Die Zinkkonzentration im Kolostrum ist hoch. Sie fällt in den ersten 10 Tagen der Laktation stark ab. Frühgeborene geraten leicht in eine negative Zinkbilanz [4].

Tabelle 20. Zinkkonzentration der Muttermilch [7, 15]

Zeitpunkt der Laktation	µg/dl
1. Tag	825
5. Tag	507
15. Tag	324
2.–4. Woche	320
2. Monat	210
3. Monat	170
4.–7. Monat	80

Nach der 1. Lebenswoche erhält das gestillte Kind ca. 2–5 mg Zink/Tag.

Zinkbedarf

Orale Ernährung: Säuglinge 0,5 mg/kg/Tag; Kinder 0,2 mg/kg/Tag;

Parenterale Ernährung: 0,1 mg/kg/Tag.

Zinkmangelzustände

Niedrige Serumzinkkonzentrationen werden häufig ohne entsprechendes klinisches Korrelat gefunden [6]. Auf eine Störung der Geschmacksempfindung ist zu achten (Hypogeusie).

Akrodermatitis enteropathica (A.e.)

Die A.e. ist ein autosomal-rezessiv erbliches Leiden, welches meist im Säuglingsalter zur Zeit des Abstillens einsetzt. Als Symptome sind charakteristisch:
a) Erythematöse, vesikulo-pustulös-bullöse Effloreszenzen, bevorzugt an den distalen Extremitäten und den Körperöffnungen,

b) partielle oder totale Alopezie,
c) häufig Diarrhoen.

Ätiologie und Pathogenese sind noch nicht vollständig geklärt. Eine Zinkmalabsorption spielt eine wesentliche Rolle [10]. Die Patienten haben einen erniedrigten Serumzinkspiegel [14]. Bei der Beurteilung der Laborparameter ist wichtig, daß bei einer Erniedrigung der Zinkkonzentration im Serum sich die Kupferkonzentration gegensinnig verhält. Der Cu/Zn-Quotient ist somit bei Zinkmangel erhöht (normal: < 1) [3].

> Die Substitutionsbehandlung muß lebenslänglich durchgeführt werden. Das Medikament sollte immer vor dem Essen eingenommen werden, da Speisen die Zinkresorption herabsetzen.

Zinkmangel bei totaler parenteraler Ernährung [1, 11, 12]. Bei unzureichender Zinksubstitution können meist nach 3–5 Wochen akrodermatitis-enteropathica-artige Hautveränderungen beobachtet werden.

Zinkmangel bei entzündlichen Darmerkrankungen, z. B. Morbus Crohn [19].

Zinkmangel bei Penicillamintherapie, z. B. bei M. Wilson [9].

Therapie des Zinkmangels

Orale Zinksubstitution. Wegen der besseren Verträglichkeit und Resorption wird die Behandlung bevorzugt mit Zinkaspartat oder Zinksulfat durchgeführt.
Präparate: Solvezine® (Zinksulfat), AB-Tika-Lund/Schweden, Zink-DL-Aspartat®.
Die notwendige Tagesdosis liegt zwischen 50 und 150 mg elementarem Zink.

Überdosierungserscheinungen: Fieber, Lethargie, Erbrechen, brennende Schmerzen im Mund, Diarrhoen.

Eisen

Mit der Nahrung werden täglich 10–30 mg Eisen aufgenommen, wovon 5–10% im oberen Dünndarm absorbiert werden.
Eisen wird nur in 2wertiger Form absorbiert. Der Plasmatransport erfolgt in Bindung an Transferrin (β_1-Globulinfraktion).
1 mg Transferrin kann 125 µg Eisen binden. Normalerweise ist nur $1/3$ des Transferrins mit Eisen gesättigt. Nicht sofort benötigtes Eisen wird in Form von Ferritin und Hämosiderin gespeichert.

> Vom 2. bis zum 6. Lebensmonat fallen die Serumferritinwerte ab und erreichen im 6. Lebensmonat vereinzelt Werte unter 15 ng/ml. Bei Patienten mit manifester Eisenmangelanämie liegt die Serumferritinkonzentration unter 15 ng/ml.

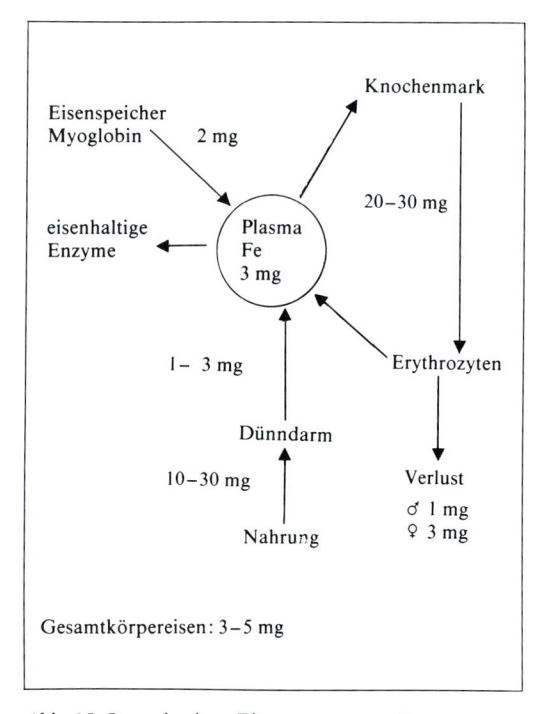

Abb. 15. Quantitativer Eisenumsatz pro Tag.

Tabelle 21. Normalwerte des Eisenstoffwechsels

Serumeisen	60–140 µg/dl = 11–25 µmol/l
Eisenbindungskapazität	200–450 µg/dl = 45–75 µmol/l
Serumtransferrin	250–420 mg/dl
Serumferritin: Neugeborene	110–590 ng/ml
2–6 Wochen	45–380 ng/ml
6 Monate	15–140 ng/ml
1–10 Jahre	18–140 ng/ml

Therapie des Eisenmangels

Orale Eisenzufuhr

Eine natürliche Substitution mit Eisen erfolgt durch die Einführung von Gemüse in die Säuglingsnahrung. In Tabelle 22 erfolgt eine Einteilung von wichtigen Nahrungsmitteln nach ihrem Eisengehalt. Bezüglich der oralen medikamentösen Eisensubstitution hat sich das gut verträgliche und billige Eisen-II-Sulfat bewährt. Eine ähnlich gute Wirksamkeit haben auch Eisen-II-Glukonat, -Sukzinat, -Fumarat und -Aspartat gezeigt. Askorbinsäure soll Fe^{2+} gegen Oxydation stabilisieren.

Da Nahrungsmittel die Eisenabsorption erheblich hemmen können, sollen Eisenpräparate nüchtern eingenommen werden. Gastrointestinale Reizerscheinungen können auftreten. Auf die Schwarzfärbung des Stuhls muß aufmerksam gemacht werden.

Tabelle 22. Einteilung von Nahrungsmitteln nach ihrem Eisengehalt

1. Nahrungsmittel mit niederem Eisengehalt (bis zu 0,99 mg/100 g)	
Frische Karotten	0,8 mg/100 g
Kartoffeln	0,7 mg/100 g
2. Nahrungsmittel mit mäßigem Eisengehalt (1,0 bis 4,99 mg/100 g)	
Spinat	3,0 mg/100 g
Erbsen	1,9 mg/100 g
grüne Bohnen	2,3 mg/100 g
Blumenkohl	1,1 mg/100 g
3. Nahrungsmittel mit hohem Eisengehalt (5,0 bis 18,2 mg/100 g)	
Sojabohnen	8,0 mg/100 g
Weizenkeime	8,1 mg/100 g

Parenterale Eisenzufuhr

Indikation: Nicht zu beeinflussende Magen-Darm-Unverträglichkeit, starker Blutverlust.

Bei parenteraler Eisenzufuhr können schwere Nebenwirkungen auftreten: Fieber, Urtikaria, Dyspnoe, lokale Hautverfärbungen, Blutdruckabfall, Kopfschmerzen, Übelkeit, Flush.
Nur 60% des parenteral verabreichten Eisens stehen für die Hb-Bildung zur Verfügung. Nicht gebundenes Eisen wirkt toxisch. Wegen der Gefahr der Hämosiderose setzt die parenterale Eisentherapie, die nur mit 3wertigem Eisen durchgeführt wird, eine genaue Berechnung der erforderlichen Eisenmenge voraus:

> Menge des zu injizierenden Eisens (mg) = (15 – Hb des Patienten) × kg × 3.

Bei wirksamer Therapie soll es zu einem Hb-Anstieg von 0,2–0,3 g/dl/Tag kommen. Bei der unkomplizierten Eisenmangelanämie normalisiert sich der Hb-Wert innerhalb von 2 Monaten. Um die Eisenspeicher zu füllen, ist die Eisensubstitution für ca. 2–4 Monate fortzusetzen.

Kupfer

Kupfer ist essentieller Bestandteil einer Reihe von Metalloenzymen: z. B. Cytochrom-C-Oxydase; Superoxyddismutase, Coeruloplasmin, Tyrosinase, Lysyloxydase.
Etwa 40% des angebotenen Kupfers werden im Magen und oberen Dünndarm absorbiert. Kupfer und Zink beeinflussen sich gegenseitig bei der Absorption.

Tabelle 23. Normalwerte des Kupfers [16]

Alter	µg/dl
Neugeborene	50
1 Monat	63
3 Monate	81
5 Monate	104
6–12 Monate	110
Erwachsene	70–140 = 11–22 mmol/l
Coeruloplasmin: normal 31 ± 4 mg/dl [13]	

Im Plasma ist Kupfer zu 96% an Coeruloplasmin gebunden [5]. Im Gegensatz zu Zink sind die Kupfer und Coeruloplasminkonzentrationen beim Neugeborenen niedrig. Erwachsenenwerte werden zwischen dem 1. und 6. Lebensjahr erreicht.

Im Gegensatz zu Zink enthält das Kolostrum gegenüber der maturen Milch keine höheren Kupferkonzentrationen (Tab. 24).

Bei einer täglichen Trinkmenge von 150 ml/kg erhält ein gestilltes Kind ca. 60 µg/kg/Tag Kupfer.

Tabelle 24. Kupferkonzentration in der Muttermilch [7, 15]

Zeitpunkt der Laktation	µg/dl
1. Tag	35
5. Tag	36
15. Tag	29
2.–4. Woche	49
2. Monat	61
3. Monat	42
4.–7. Monat	30

Kupferbedarf

Oral 100–150 µg/kg/Tag,
parenteral 50 µg/kg/Tag.

Kupfermangelzustände

Klinik: Anämie, Neutropenie, Osteoporose, Frakturen, röntgenologisch skorbutähnliche Veränderungen, Serumkupfer unter 12 µg/dl.

Vorkommen:

– Darmerkrankungen mit erhöhter Eiweißexkretion (z. B. protein losing enteropathy).
– Nephrotisches Syndrom.
– Parenterale Ernährung [8, 18].
– *Menkes Syndrom:* X-chromosomal rezessives Erbleiden, Hypothermie, Icterus prolongatus, zerebrale Anfälle, pigmentarmes, struppig-gezwirntes Haar, das sich wie „Stahlwolle" anfühlt. Physiognomie: Stirnhöcker, Pausbacken, Wachstumsstillstand.

Labor: Hypocuprämie, erniedrigte Coeruloplasminkonzentration.
Kupfermalabsorption (sie kann jedoch das gesamte Krankheitsbild nicht erklären).

M. Wilson

Autosomal rezessiv erbliche Störung der Coeruloplasminsynthese. Erniedrigte Serumcoeruloplasminwerte können außer bei M. Wilson auch gefunden werden bei: jungen Säuglingen, schweren Lebererkrankungen, Malabsorptionssyndromen. Bei Cholestase kann die Coeruloplasminkonzentration erhöht sein (Tab. 23).

Pathogenese

Die Erkrankung führt zu einer Kupferspeicherung in der Leber und nach Überschreiten der Speicherkapazität zu einer Einlagerung vor allem in Gehirn, Cornea und Niere. Je nach Ausmaß und Geschwindigkeit der Kupfereinlagerung in den verschiedenen Organen lassen sich 3 Krankheitsverläufe unterscheiden:
1. Vorwiegend *Leberbefall*. Auftreten zwischen 6. und 12. Lebensjahr. Klinisches Bild einer akuten Hepatitis; schleichend progrediente Leberzirrhose.
2. *Hepato-zerebrale Form.* Tritt meist zwischen dem 14. und 25. Lebensjahr auf. Extrapyrami-

Tabelle 25. Kupfergehalt in Nahrungsmitteln.

Nahrungsmittel	mg Kupfer/100 g eßbarer Anteil	Nahrungsmittel	mg Kupfer/100 g eßbarer Anteil
Kuhmilch	0,03	Weißbrot	0,22
Magerquark	0,05	Kalbfleisch	0,25
Kopfsalat	0,06	Roggenbrot	0,28
Karotten	0,08	Apfelsaft	0,35
Apfel	0,09	Hering	0,48
Hackfleisch	0,10	Kabeljau	0,89
Reis, poliert	0,13	Rinderleber	3,62
Kartoffeln	0,16	Kalbsleber	6,30
Bananen	0,20	Salzgurken	8,40

dale und zerebelläre Bewegungsstörungen, Tremor, choreatische Hyperkinesen, Rigor, Ataxie, Nystagmus. Häufig ikterische Schübe in der Anamnese.

3. *Pseudosklerose.* Auftreten zwischen dem 20. und 50. Lebensjahr. Tremor, Ataxie, Nystagmus, Leberzirrhose.

Es bestehen mannigfaltige Übergänge von hepatitischen Verlaufsformen (vor allem im Kindesalter) bis zu akuten Psychosen (vor allem im Erwachsenenalter). Die Erkrankung manifestiert sich selten vor dem 6. Lebensjahr.

Im Kindesalter sollte immer ein M. Wilson ausgeschlossen werden bei:
- Unklaren „Hepatitiden", Leberzirrhosen;
- hämolytischen Krisen und hohem direkten Bilirubin;
- unklaren tubulären Nierenfunktionsstörungen (z. B. Fanconi-Syndrom);
- unklaren Thrombozytopenien und Gerinnungsstörungen.

Diagnostik

Im klassischen Fall: Serumkupfer erniedrigt, Kupferausscheidung im Urin erhöht, Serumcoeruloplasminspiegel erniedrigt.
Beweisend für den M. Wilson können sein:
a) Kupfergehalt des Lebergewebes.
Er sollte 100 µg/g Trockengewicht nicht überschreiten. Als beweisend gelten Werte von über 250 µg/g Trockengewicht [17].

b) Radio-Kupfer-Belastungstest (Universität Heidelberg).
Dabei wird der Einbau von ^{64}Cu in Coeruloplasmin gemessen. Patienten mit M. Wilson sind nicht in der Lage, Cu in Coeruloplasmin einzubauen. Dieser Test bietet auch die Möglichkeit der Heterozygotendiagnostik.
c) Kupferausscheidung im Urin nach Penicillaminbelastung. 0,9 g D-Penicillamin pro Tag für 3 Tage.
Normal: Kupferausscheidung maximal bis 400 µg/24 Stunden *M. Wilson:* Mehr als 1000 µg/24 Stunden.

Therapie des M. Wilson

1. *D-Penicillamin* 1,0–1,5 g/Tag in 3 Einzeldosen. Einnahme 1/2 Stunde vor der Mahlzeit. Die Urinkupferausscheidung soll in den ersten Therapiemonaten über 1000 µg/24 Stunden liegen. Ab dem ca. 6. Behandlungsmonat sinkt die Ausscheidung auf Werte unter 500 µg/24 Stunden ab. Die Urinausscheidung stellt nur einen Überflußmechanismus dar, die Hauptausscheidung erfolgt über die Galle. Indikation zum Absetzen der Penicillamintherapie: Nephrotisches Syndrom, Agranulozytose, Thrombozytopenie.

2. *Substitution von Spurenelementen.*
Durch die Penicillamintherapie entstehen Verluste an Spurenelementen (Beachte: Geschmacksstörungen!)
Biometalle-III-Heyl® 2 ×/Woche.

3. Wegen des Antipyridoxineffektes von Penicillamin:
40 mg Vitamin B_6/Tag.

4. *Kupferarme Diät*

Die Diät hat jedoch wegen der guten Wirksamkeit von D-Penicillamin nicht mehr die entscheidende Bedeutung. Kupferreiche Nahrungsmittel sollten jedoch vermieden werden. Besonders kupferreich sind: Schokolade, Kakao, Pilze, Nüsse, Schalentiere, Leber. Tabelle 25 gibt Beispiele für den Kupfergehalt in Nahrungsmitteln.

Die tägliche Kupferaufnahme sollte 2 mg/Tag nicht überschreiten. Der Kupfergehalt im Leitungswasser sollte unter 0,1 mg/l sein.

Die Therapie ist lebenslang durchzuführen.

Literatur

1 Arakawa, T.; Tamura, T.; Igarashi, Y.: Zinc deficiency in two infants during parenteral nutrition for intractable diarrhoea. Acta chir. scand. (Suppl.) *466:* 16–17 (1976).

2 Berfenstam, R.: Studies of blood zinc: A clinical and experimental investigation into the zinc content of plasma and blood corpuscles with special reference to infancy. Acta Paediatr. *41:* (Suppl. 81) 5–105 (1952).

3 Bertram, H. P.; Opitz, K.; Reich, H.: Wechselbeziehungen der Biometalle Kupfer und Zink bei Zinkmangelzuständen unter ZnO-Therapie. Therapiewoche *27:* 6280–6285 (1977).

4 Dauncey, M. J.; Shaw, J. C. L.; Urman, J.: The absorption and retention of magnesium, zinc and copper by low birth weight infants fed pasteurized human breast milk. Pediatr. Res. *11:* 1033–1039 (1977).

5 Gubler, C. J.; Lahey, M. E.; Cartwright, C. E.: The transportation of copper in the blood. J. clin. Invest. *32:* 405–413 (1953).

6 Halstead, J. A.; Smith, J. C.: Plasma zinc in health and disease. Lancet *i:* 322–324 (1970).

7 Hambidge, K. M.: The importance of trace elements in infant nutrition. Curr. med. Res. Opin. *4:* 44–53 (1976).

8 Karpel, J. T.; Peden, V. H.: Copper deficiency in long-term parenteral nutrition. J. Pediatr. *80:* 32–36 (1972).

9 Klingberg, W. G.; Prasad, A. S.; Oberleas, D.: Zinc deficiency following penicillamine therapy; in Prasad, Oberleas (eds.), Trace Elements in human health and disease, vol. 1 (Academic Press, New York 1976).

10 Lombeck, I.; Schnippering, H. G.; Kasparek, K.; Ritzl, F.; Kastner, H.; Feinendegen, L. E.; Bremer, H. J.: Akrodermatitis enteropathica, eine Zink-Stoffwechselstörung mit Zinkmalabsorption. Z. Kinderheilk. *120:* 181–189 (1975).

11 Messing, B.; Poitras, P.; Bernier, J. J.: Zinc deficiency in total parenteral nutrition. Lancet *ii:* 97–98 (1977).

12 Michie, D. D.; Wirth, F. H.: Plasma zinc levels in premature infants receiving parenteral nutrition. Pediatrics *92:* 798–800 (1978).

13 Mondorf, A. W.; Mackenrodt, G.; Halberstadt, E.: Coeruloplasmin. Klin. Wschr. *49:* 61–70 (1971).

14 Moynahan, E. J.: Acrodermatitis enteropathica: a lethal inherited human zinc deficiency disorder. Lancet *ii:* 399 (1974).

15 Nassi, L.; Poggini, G.; Vecchi, C.: Zinc, copper and iron in human colostrum and milk. Minerva pediatr. *26:* 832–836 (1974).

16 Ohtake, M.: Serum zinc and copper levels in healthy Japanese infants. Tohoku J. exp. Med. *123:* 265–270 (1977)

17 Schwarz, K.: Neuere Erkenntnisse über den essentiellen Charakter einiger Spurenelemente (Urban & Schwarzenberg, München 1975).

18 Sivasubramanian, K. N.: Zinc and copper changes after neonatal parenteral alimentation. Lancet *i:* 508 (1978).

19 Solomons, N. W.; Rosenberg, I. H.; Sandstead, H. H.: Zinc deficiency in Crohn's disease. Digestion *16:* 87–95 (1977).

Störungen des Vitaminstoffwechsels

Vitamine[1] haben eine katalytische Funktion im Zellstoffwechsel. Da sie im menschlichen Organismus nicht oder nur ungenügend aus der Nahrung gebildet werden können (z. B. Niacin zu 2% aus Tryptophan), ist ihre Zufuhr lebensnotwendig. Klassischerweise liegt der Vitamineinteilung das Kriterium der Löslichkeit zugrunde (s. Tabelle 26). Tabelle 27 stellt Störungen des Aminosäurestoffwechsels dar, welche auf eine hochdosierte Vitaminbehandlung ansprechen können.

Vitamin B_1 (Thiamin) [1]

Vitamin B_1 hat eine Schlüsselstellung im Kohlenhydratstoffwechsel; sein Bedarf ist proportional zur Kohlenhydrataufnahme.
Aktive Form: Cocarboxylase. Coferment der Pyruvatdehydrogenase, sowie Coferment der Dehydrogenierungsreaktion beim Abbau der verzweigtkettigen Aminosäuren (Leuzin, Isoleuzin, Valin).

Physiologie

Vitamin B_1 wird im oberen Jejunum resorbiert, in der Leber in das Coenzym Cocarboxylase (Thiaminpyrophosphat) überführt und in dieser Form bei Dehydrogenierungs-, bzw. Decarboxylierungsreaktionen benötigt.

Vitamin-B_1-Mangel

- Ein Thiaminmangel kann durch Nulldiät innerhalb von 14 Tagen erzielt werden.
- Ein Thiaminmangel (der sich als Laktatazidose darstellte), wurde nach 4wöchiger thiaminfreier parenteraler Ernährung beschrieben [22].
- Thiaminmalabsorption z. B. bei der Zöliakie [11].

Vitamin-B_1-abhängige Stoffwechselstörungen

1. Vitamin-B_1-abhängige Form des Pyruvatdehydrogenasemangels. Der Pyruvatdehydrogenasemangel muß bei der differentialdiagnostischen Abklärung der Laktatazidose im Säuglingsalter erwogen werden (s. u.).
2. Vitamin B_1-abhängige Form der Ahornsiruperkrankung. Eine thiaminabhängige Form der gestörten Decarboxylierung ver-

Tabelle 26. Einteilung der Vitamine nach deren Löslichkeitseigenschaften

Fettlösliche Vitamine	Wasserlösliche Vitamine
Vitamin A (Retinol)	Vitamin B_1 (Thiamin)
Vitamin D (Cholecalciferol)	Vitamin B_2 (Riboflavin)
	Niacin
Vitamin E (Tocopherol)	Vitamin B_6 (Pyridoxamin)
	Panthothensäure
Vitamin K (Phyllochinon)	Biotin (Vitamin H)
	Myo-Inosit
	Cholin
	Folsäure (Pteroylglutaminsäure)
	Vitamin B_{12} (Cobalamin)
	Vitamin C (Ascorbinsäure)

---

[1] Bedarfszahlen s. a. Tabelle 57, S. 153

Tabelle 27. Vitaminabhängige Störungen des Aminosäurenstoffwechsels

Stoffwechselstörung	Vitamin	Therapeutische Dosierung (mg/Tag)
Cystathioninsynthetasemangel (Homozystinurie) Cystathionurie Hyperoxalurie Xanthurenacidurie	Pyridoxin	5–500
Methylmalonacidämie Propionacidämie β-Methylcrotonylglycinurie	Vitamin B_{12} Biotin	0,25–1,0 10
Homozystinurie mit Hypomethioninämie Ahornsiruperkrankung Hartnup'sche Erkrankung Tyrosinämie	Folsäure Thiamin Niacin Vitamin C	10– 50 10– 20 50–200 50–100

zweigtkettiger Aminosäuren wurde beschrieben [23]. Die Diagnose der Erkrankung wurde aus überhöhten Serumkonzentrationen von Leuzin, Isoleuzin, Valin und Alloisoleuzin gestellt.

Screening-Tests zur Erkennung der Ahornsiruperkrankung

1. Geruch nach angebranntem Zucker bzw. nach Curry.
2. $FeCl_3$-Probe ergibt eine blau-graue Farbe bei Anwesenheit von Ketosäuren der verzweigtkettigen Aminosäuren.
3. Urin +2,4-Dinitrophenylhydrazin (0,5% in 2N HCl) 1:1 ergibt innerhalb einiger Minuten in Anwesenheit von Ketosäuren einen kanariengelben Niederschlag.

Akutbehandlung der Ahornsiruperkrankung

Glukose + Altinsulin (s. Therapie der Hyperkaliämie). Aufnahme der verzweigtkettigen Aminosäuren in die Muskulatur.

Therapie thiaminabhängiger Stoffwechselstörungen

10–20 mg Vitamin B_1/Tag.

VitaminB_1-Bedarf

0,2 mg/Tag für das 1. Lebensjahr.
0,3 mg/Tag für das Kleinkindesalter.
Muttermilch enthält ca. 0,16 mg/l oder 0,22 mg/1000 Cal.

Tabelle 28. Vitamin B_6-abhängige Stoffwechselstörungen

Störung	Betroffene Enzymreaktion
Krampfanfälle im Säuglingsalter	Glutaminsäuredecarboxylase
Pyridoxinabhängige Anämie	Nicht definiert
Cystathioninurie	Cystathionase
Xanthurenacidurie	Kynureninase
Homocystinurie	Cystathionsynthetase
Hyperoxalurie	Glyoxylat-α Ketoglutarat-Carboligase

Vitamin B₆ (Pyridoxin, Pyridoxal, Pyridoxamin)

Physiologie

Vitamin B₆ ist Coenzym von Reaktionen des Aminosäureum- und -abbaues (Transaminierungen, Decarboxylierungen, Razemisierungen).
Die physiologisch aktive Form ist Pyridoxal-5-Phosphat.

Vitamin-B₆-Mangel

- Der Vitamin-B₆-Mangel durch überlanges Stillen bzw. pyridoxinmangelnde Milchprodukte ist selten.
- Isoniazid (INH) und Penicillamin sind kompetitive Hemmstoffe der Pyridoxal-5-Phosphat Kinase. Kinder unter derartiger medikamentöser Behandlung sollten 10–25 mg Vitamin B₆/Tag erhalten [27].

Klinik

- Krampfanfälle im Säuglings- und Kleinkindesalter,
- Polyneuropathie im Erwachsenenalter.

Nachweis des Vitamin-B₆-Mangels

- Überhöhte Ausscheidung von Xanthurensäure nach Belastung mit Tryptophan,
- 4-Pyridoxinsäureausscheidung im Urin vermindert (normal: 0,5–1,0 mg/Tag).

Vitamin-B₆-Abhängigkeit

Tabelle 28 zeigt angeborene Stoffwechselstörungen mit bestehender Vitamin-B₆-Abhängigkeit. Zerebrale Krampfanfälle haben dabei die größte praktische Bedeutung, so daß der Einsatz von Vitamin B₆ bei ungeklärten Krampfanfällen im frühen Säuglingsalter gerechtfertigt ist.

Therapie: Die therapeutische Pyridoxindosis liegt 5–50fach über der physiologischen Bedarfsmenge.

Vitamin-B₆-Bedarf: ca. 20–30 µg/kg/Tag, Muttermilch enthält 10 µg/100 ml.

Vitamin B₁₂ (Cobalamin)

Vitamin B₁₂ ist Coenzym bei Transmethylierungsreaktionen (Bildung von Cholin aus Methionin, Serin aus Glycin, Methionin aus Homocystin).

Cyanocobalamin und Hydroxycobalamin müssen erst zu den aktiven Coenzymformen Methylcobalamin und Adenosylcobalamin umgeformt werden. Im Plasma ist Cobalamin an die Transportproteine Transcobalamin I und II gebunden. In den Zellen wird Transcobalamin lysosomal abgebaut und Cobalamin freigesetzt. Die Bildung von Methylcobalamin erfolgt im Zytoplasma und die von Adenosylcobalamin in den Mitochondrien.
Methylcobalamin katalysiert die Methylierung von Homocystin zu Methionin und Adenosylcobalamin die Isomerisierung von Methylmalonyl-CoA zu Succinyl-CoA.

Klinik des Vitamin-B₁₂-Mangels

Makrozytäre Anämie; neurologische Dysfunktion.

Diagnose des Vitamin-B₁₂-Mangels

- Verminderter Vitamin-B₁₂-Serum- und Gewebespiegel.
- Erhöhte Methylmalonsäureausscheidung im Urin [3].

Ursachen des Vitamin-B₁₂-Mangels im Kindesalter

1. *Ungenügende Vitamin-B₁₂-Ernährung:* Mangelerscheinungen sind bei regelrechter kalorischer und eiweißhaltiger Nahrung im Kindesalter selten. Dagegen ist der Cobalaminmangel bei streng vegetarisch ernährten Kindern häufig [16].
2. *Ungenügende Vitamin-B₁₂-Absorption:* Die Ursachen der Vitamin-B₁₂-Malabsorption sind aus Tabelle 29 zu entnehmen.
3. *Störungen der Vitamin-B₁₂-Utilisation:*
a) Transcobalaminmangel. Hierbei besteht neben einer inadäquaten Absorption eine gestör-

te Vitamintranslokation. Bei dieser Störung bestehen normale Serumvitamin-B_{12}-Konzentrationen.
Therapie: 1000 µg Hydroxycobalamin i. m. 1–2 mal/Woche [9].
b) Störungen der Coenzymsynthese (Methylcobalamin, Adenosylcobalamin).

Methylmalonacidurie infolge Adenosylcobalaminmangels [3]

Diagnose: Überhöhte Methylmalonsäureausscheidung im Urin (normal unter 5 mg/Tag)

Methylmalonacidurie und Homocystinurie infolge Adenosyl- und Methylcobalaminmangels

Diagnose: Überhöhte Ausscheidung von Methylmalonsäure und Homocystin im Urin.
Therapie: 1000–2000 µg Hydroxycobalamin/Tag.
Langzeitbehandlung: Erhaltungsdosis von 500 µg Hydroxycobalamin i. m. im Abstand von 8 Wochen.

> Wird im Rahmen der Abklärung einer metabolischen Azidose im Neugeborenenalter die Diagnose Methylmalonacidämie gestellt, so ist ein Therapieversuch mit Vitamin B_{12} indiziert.

Folsäure

Folsäure ist als Coenzym an der Übertragung von C_1-Gruppen beteiligt (z. B. Methylierung von Homocystin zu Methionin). Die Beteiligung an der Synthese von Nukleoproteinen erklärt die Bedeutung für eine normale Reifung der Hämatopoese.

Folsäuremangel

1. Milch ist relativ folsäurearm [6], z. B. enthält (µg Folsäure/l):
Muttermilch 52
Kuhmilch 55
Ziegenmilch 6

> Bei Ziegenmilchernährung besteht die Gefahr der Entwicklung einer megaloblastischen Anämie.

2. Zöliakie [7]
3. Dünndarmresektionen [4]
4. Medikamentöse Beeinflussung der Folsäureresorption [21] durch Diphenylhydantoin, PAS, Barbiturate, Salazosulfapyridin
5. Kinder mit Herzfehlern neigen zu einem Folsäuremangel [20].
6. Defekte der Tetrahydrobiopterinsynthese (s. Phenylketonurie).

Diagnostik

Megaloblastische Anämie, Thrombozytopenie, Übersegmentierung der Granulozyten.

Folsäurebedarf

Bei Kindern 20– 50 µg/Tag,
Bei Erwachsenen 50–100 µg/Tag.

Tabelle 29. Ursachen der Vitamin-B_{12}-Malabsorption im Kindesalter

---

1. Fehlender Intrinsic Factor [24]
2. Kongenitale Cobalaminmalabsorption (Imerslund-Gräsbeck Syndrom) Therapie: gutes Ansprechen auf die parenterale Gabe physiologischer Vitamin-B_{12}-Mengen (1–5 µg/Tag)
3. Vitaminverbrauch durch Fremdorganismen
   a) Fischbandwurm (Diphyllobothrium latum)
   b) »Blind loop syndrome« mit starker bakterieller Überbesiedelung des Dünndarmes
4. Darmerkrankung [5]
   a) Ileumresektionen; ein Mangel tritt häufig bei Resektionen von über 50–60 cm und immer bei Entfernung von mehr als 90 cm auf [26].
   b) M. Crohn
   c) Mukoviszidose.

Therapie des Folsäuremangels

1. Korrektur des Folsäuremangels: ca. 15 µg/kg/Tag.
2. Störungen der Folsäureabsorption: 100–500 µg i. m. oder i. v./Tag.
3. Bei Störungen im Bereich der Tetrahydrobiopterinsynthese werden Folsäuredosen im Milligrammbereich notwendig.
4. Dauermedikation mit Diphenylhydantoin: ca. 1 mg Folsäure/Tag.

> Die größte Gefahr im Rahmen einer Folsäuretherapie ergibt sich, wenn gleichzeitig ein unbehandelter Vitamin-B_{12}-Mangel besteht. Verschlechterung der neurologischen Symptomatik infolge des Vitamin-B_{12}-Mangels.

Niacin (Nikotinsäureamid)

Physiologie

Niacin ist an der Bildung der Coenzyme NAD (Nikotinamiddinukleotid) und NADP (Nikotinamiddinukleotidphosphat) beteiligt. Es wirkt als prosthetische Gruppe von Dehydrogenasen.

Unter ausreichender Versorgung mit Vitamin B_6 und Vitamin B_{12} ist der Organismus in der Lage, Nikotinsäure aus der Aminosäure Tryptophan zu bilden. Für die Synthese von 1 mg Nikotinsäure sind jedoch 60 mg Tryptophan notwendig. Muttermilch enthält ca. 0,44 mg Niacin/100 ml.

Bedarf

Im frühen Kindesalter: ca. 5,0 mg/Tag.

Klinische Zeichen des Niacinmangels

Photosensitive Dermatitis (Pellagra), Ataxie, Diarrhoe.

Hartnup'sche Erkrankung

(Tryptophanmalabsorption in Darm und Niere)

Therapie

40–250 mg Niacin/Tag [10]

Biotin (Vitamin H)

Biotin ist Coenzym von Carboxylierungsreaktionen:
1. Pyruvatcarboxylase (Glukoneogenese)
2. Proprionyl-CoA-Carboxylase (Abbau der verzweigtkettigen Aminosäuren)
3. 3-Methylcrotonyl-CoA-Carboxylase (Leuzinabbau)
4. Acetyl-CoA-Carboxylase (Fettsäuresynthese).

Biotinmangel

1. Ist nur von Personen mit übermäßiger Einnahme von Eiklar berichtet worden.
Biotin wird durch das im Eiklar vorkommende Avidin gebunden [19].
2. Parenterale Ernährung. Nach dreimonatiger parenteraler Ernährung von Säuglingen wurde ein Biotinmangel beobachtet [17]. *Klinik:* Exfoliatives, exsudatives Erythem, Verlust der Körperbehaarung

> Die klinische Konstellation von: Krampfanfällen, Laktatazidose, Alopezie, Ataxie und Keratokonjunktivitis ist für einen Biotinmangel pathognomonisch.

Therapie

Akut: 10 mg Biotin/Tag, Dauer: 100 µg Biotin/Tag.

Biotinsensitiver multipler Carboxylasemangel [18]

Die Diagnose muß erwogen werden bei der Differentialdiagnose der Laktatazidose bei gleichzeitiger Ausscheidung von Milchsäure, 3-OH-Proprionsäure, Methylcitronensäure, 3-Methylcrotonylglycin, 3-OH-Valeriansäure im Urin.

Therapie

10 mg Biotin/Tag.

Tocopherol (Vitamin E)

Vitamin E hat antioxydative Wirkung [2]. Es verhindert die Peroxydation ungesättigter Gewebslipide. Es findet sich in reichlicher Menge in Getreidekörnern und Samenölen (mg/100 ml):

Weizenkeimöl 320
Baumwollsaatöl 88
Erdnußöl 31

Serumkonzentration:
0,5–1,5 mg/dl

Vitamin-E-Mangel im Kindesalter

Vitamin-E-Mangelhämolyse bei Säuglingen um den 2. Lebensmonat.
Bei erniedrigtem Vitamin-E-Gehalt besteht eine vermehrte Hämolyseneigung der Erythrozyten infolge Peroxydation durch Sauerstoffradikale. Dies gilt besonders für Frühgeborene, welche über unproportional geringe Vitamin-E-Speicher verfügen (ca. 3 mg bei einem Frühgeborenen von 1000 g im Vergleich zu 20 g bei einem Reifgeborenen von 3500 g). Bei mangelhaftem Vitamin-E-Gehalt der Nahrung und gleichzeitiger Eisensubstitution wird um die 6.–10. Lebenswoche eine hämolytische Anämie erkennbar. Eisen wirkt anämiefördernd, da es einerseits die Peroxydation katalysiert und andererseits die Vitamin-E-Absorption hemmt.

> Anämie, Thrombozytose, Ödemneigung sind bei einem jungen Säugling Zeichen eines Vitamin-E-Mangels.

Therapeutischer Einsatz von Vitamin E in der Kinderheilkunde

– Epidermolysis bullosa hereditaria
– Neugeborenenintensivpflege mit dem Gedanken der Vermeidung der retrolentalen Fibroplasie bei Sauerstofftherapie sowie bronchopulmonalen Dysplasien bei Beatmungstherapie.

Dosierung

Es sollten Serumkonzentrationen von 2 mg/dl erreicht werden. 20–50 mg Vitamin E i. m./Tag.

Vitamin K (Phyllochinon)

Vitamin K ist notwendig für die Bildung der Blutgerinnungsfaktoren Prothrombin (II), Prokonvertin (VII), Plasmathromboplastinkomponente (IX) und Stuartfaktor (X). Phyllochinon kommt hauptsächlich in pflanzlichen Nahrungsmitteln, vornehmlich in Spinat, Kohl, Tomaten und Hülsenfrüchten, ferner in Rinderleber vor.

Phyllochinonmangel

Da Vitamin K sehr schnell metabolisiert wird, können Mangelerscheinungen schon nach 24–48 Stunden auftreten, zumal auch die Speicherfähigkeit des Organismus äußerst gering ist.
Von Säuglingen mit akuter und chronischer Durchfallerkrankung ist das Auftreten niedriger Prothrombinkonzentrationen geläufig [8], welche sich in erniedrigten Quick-Werten widerspiegeln. Diese Veränderungen sind durch Vitamin-K-Substitution reversibel. Die Vitamin-K-Versorgung durch Muttermilch ist unzureichend [13] und eine hämorrhagische Diathese bei gestillten Kindern aufgrund eines Vitamin-K-Mangels ist ausreichend dokumentiert [12, 25].

Therapie

Prophylaktisch beim Neugeborenen 1 mg/kg KG einmalig; bei hämorrhagischer Diathese nach Bedarf 1–10 mg Konakion® täglich.

Bedarf

Ca. 100 µg/Tag

Vitamin D

Aus dem Ergocalciferol der Nahrung entsteht unter Einwirkung von Sonnenlicht Vitamin D_3. Das in der Haut gebildete und im distalen Ileum gemeinsam mit Fett resorbierte Vitamin D_3 (Cholecalciferol) gelangt mit einem spezifischen Transportglobulin in die Leber. Dort erfolgt der erste Aktivierungsschritt zu 25-Hydroxycholecalciferol (25-OH-D_3). Die Bildung von 25-OH-D_3 ist substratabhängig und wird nicht vom Kalzium-Phosphat-Stoffwechsel gesteuert, d. h. die 25-Hydroxylase wird durch große Mengen Vitamin D gehemmt. In der Niere erfolgt die Umwandlung zum 1-α, 25-Dihydroxycholecalciferol (1,25-(OH)$_2$-D_3). Diese Substanz ist die nach derzeitiger Kenntnis biologisch aktivste Form des Vitamins D. Die Synthese des 1,25-(OH)$_2$-D_3 wird direkt durch eine Hypophosphatämie und indirekt durch eine Hypokalzämie über Parathormon stimuliert. Die Erfolgsorgane des 1,25-(OH)$_2$-D_3 sind Dünndarm, Knochen und Nieren. Bei Kalzium-Phosphat-Homöostase wird an Stelle von 1,25-(OH)$_2$-D_3 der Metabolit 24,25-(OH)$_2$-D_3 gebildet, welcher nur am Knochen mineralisierungsfördernd wirkt.
Am Darm bewirkt 1,25-(OH)$_2$-D_3 die Absorption von Kalzium und Phosphor und an der Niere die Rückresorption von Kalzium. Am Knochen begünstigt es wahrscheinlich die Mineralisierung.
Vorkommen von Vitamin D (1 µg = 40 I. E.):
1. Muttermilch: ca. 12 µg/l (ca. 2 µg/l in der Fettphase). Es ist besonders reichlich in einer an Sulfat gekoppelten, wasserlöslichen Form vorhanden.
2. Kuhmilch: Ca. 2 µg/l (ca. 1,5 µg/l in der Fettphase). Die Kuhmilchwerte sind in Abhängigkeit von der Sonneneinstrahlung saisonalen Schwankungen unterworfen.

Normale Serumkonzentrationen (ng/ml)
Vitamin D3: 0,5–2
25-OH-D3: 5–50
1,25-(OH)$_2$-D3: 0,03–0,06
24, 25 (OH)$_2$-D_3: 1–3

Vitamin-D-Bedarf

1. Der Tagesbedarf bei Säuglingen wird auf 10 µg (400 I. E.) geschätzt.
2. Der Tagesbedarf von Frühgeborenen ist ca. 25 µg (1000 I. E.).
3. Bei Frühgeborenen unter parenteraler Ernährung ist der Vitamin-D-Bedarf erhöht. Die tägliche Zufuhr sollte über 1000 I. E. liegen [14].

Rachitisprophylaxe

1. Stoßprophylaxe mit 5 mg (200000 I. E.) Vitamin D in den ersten Lebenstagen und nachfolgend ab der 6. Lebenswoche die tägliche Zufuhr von 1000 I. E. Vorgehen, wenn die regelmäßige Vitamin-D-Versorgung nicht gewährleistet ist; oder:
2. Täglich 1000 I. E. Vitamin D ab der 2. Lebenswoche. Die Prophylaxe erfolgt mit Vigantoletten 1000 bzw. fluorhaltigen D-Fluoretten® 1000 im ersten Jahr. Während der Wintermonate des 2. Jahres sollten 500 I. E./Tag verabreicht werden.
3. Die Vitamin-D-Zufuhr kann auch in Form eines Löffels Lebertran/Tag erfolgen.

Vitamin-D-Mangelzustände

1. *Vitamin-D-Mangelrachitits:* Hauptmanifestationsalter ist der 3. bis 9. Lebensmonat.

Diagnose

a) Serumkalzium normal bis erniedrigt,
b) Serumphosphat erniedrigt,
c) alkalische Phosphatase erhöht.

Therapie der Vitamin-D-Mangelrachitis

a) 5000 I. E. Vitamin D3 täglich für 3 Wochen; Gesamtdosis ca. 100000 I. E.
b) Kalziumzulage (5–10 g Kalziumgluconat/Tag; 1 g = 89 mg Ca^{2+}). Bei bedrohlicher Hypokalzämie oder tetanischen Krampfanfällen sollte die Kalziumzulage in den ersten Tagen der Vitamin-D-Therapie intravenös erfolgen. (5–10 ml Kalziumgluconat 10%/kg/Tag).

2. *Pseudo-Vitamin-D-Mangelrachitis* (Vitamin-D-Dependency):
Autosomal rezessiv erbliche Rachitisform durch Mangel der in der Niere lokalisierten 1-Hydroxylase. Das klinische Bild entspricht dem der Vitamin-D-Mangelrachitis.
Diagnose: Durch das fehlende Ansprechen auf übliche, therapeutische Vitamin-D-Dosen (z. B. 5000 I. E./Tag). 1,25-$(OH)_2$-D_3 Konzentration im Serum erniedrigt.

Therapie der Pseudo-Vitamin-D-Mangelrachitis

a) 1 bis 2 mg Vitamin D/Tag (40000 bis 80000 I. E./Tag).
b) Kalziumsubstitution.
c) Sobald eine Heilung erzielt ist, kann die Dosis auf ca. ½ bzw. 1 mg Vitamin D3 reduziert werden.
d) 1-hydroxylierte Metabolite genügen in kleinster Dosis (0,25–1 µg/Tag). Etwa 0,5 µg 1,25-$(OH)_2$-D_3 entsprechen einer Heilwirkung von 40000 I. E. Vitamin D3.

Urämische Osteopathie

Bei der chronischen Niereninsuffizienz entsteht als Folge der Hyperphosphatämie und der Hypokalzämie ein sekundärer Hyperparathyreoidismus. Es entwickeln sich eine Rachitis, Fibroosteoklasie und Osteoporose.
Die urämische Osteopathie tritt bei Kindern häufiger als bei Erwachsenen auf.

Prävention der Osteopathie

Ab Serumkreatininkonzentration 1,5 mg/dl: 2500 I. E. Vitamin D/m².
Ab Serumkreatininkonzentration 5,0 mg/dl: 5000 I. E. Vitamin D/m². Bei bestehender Osteopathie ist eine entsprechend höhere Dosierung angezeigt.
Die therapeutische Verwendung der Vitamin-D-Metabolite erscheint nicht zwingend, ein therapeutischer Erfolg kann jedoch schneller erzielt werden.

Rachitis bedingt durch Antikonvulsivtherapie [15]

Bei Langzeittherapie mit antikonvulsiven Medikamenten, besonders Diphenylhydantoin, erfolgt ein erhöhter Umsatz von Vitamin D durch eine beschleunigte Hydroxylierung zu 25-OH-D_3.
Die Patienten entwickeln auch bei normaler Vitamin-D-Zufuhr eine Rachitis. Die notwendige Dosis liegt bei über 1000 I. E./Tag. (ca. 5000 I. E./Tag).

Bei Patienten mit antikonvulsiven Medikamenten muß regelmäßig die Aktivität der alkalischen Phosphatase überprüft werden.

Literatur

1 Ariaey-Nejad, M. R.; Balaghi, M.; Baker, E. M.; Sauberlich, H. E.: Thiamin metabolism in man. Am. J. clin. Nutr. *23*: 764–767 (1970).
2 Böhles, H.: Vitamin E in der Kinderheilkunde. Klin. Pädiatr. *190*: 226–232 (1978).
3 Cox, E. V.; White, A. M.: Methylmalonic acid excretion: Index of vitamin B_{12} deficiency. Lancet *ii*: 853 (1962).
4 Elsborg, L.; Bastrup-Madsen, P.: Folic acid absorption in various gastrointestinal disorders. Scand. J. Gastroent. *11*: 333–335 (1976).
5 Fausa, O.: Vitamin B_{12} absorption in intestinal diaseases. Scand. J. Gastroent. (Suppl.) *29*: 75–80 (1974).
6 Ford, J. E.; Scott, K. J.: The folic acid activity of some milk foods for babies. J. Dairy Res. *35*: 85–90 (1968).
7 Gerson, C. D.; Cohen, N.; Brown, N.; Lindenbaum, J.; Hepner, G.; Janowitz, D.: Folic acid and hexose absorption in sprue. Am. J. dig. Dis. *19*: 911–915 (1974).
8 Goldman, H. I., Deposito, F.: Hypoprothrombinemic bleeding in young infants. Am. J. Dis. Child. *111*: 430–432 (1966).
9 Hakami, N.; Neiman, P. E.; Canellos, G. P.; Lazerson, J.: Neonatal megaloblastic anemia due to inherited transcobalamin. II. Deficiency in two siblings. New Engl. J. Med. *285*: 1163–1165 (1971).
10 Halvorsen, K.; Halvorsen, S.: Hartnup disease. Pediatrics *31*: 29–33 (1963).

11 Hines, C., jr.: Vitamins, absorption and malabsorption. Archs intern. Med. *138:* 619–625 (1978).
12 Hirota, T.; Sakajiri, T.; Hattori, H.: Intracranial hemorrhage due to vitamin K deficiency in infancy. Ann. Paediat. Jpn. *26:* 1 (1980).
13 Kennan, W. J.; Jewett, Th.; Glueck, H. I.: Role of feeding and vitamin K in hypoprothrombinemia of the newborn. Am. J. Dis. Child. *121:* 271–277 (1971).
14 Klein, G. L.; Cannon, R. A.; Diamont, M.: Infantile vitamin D-resistant rickets associated with total parenteral nutrition. Am. J. Dis. Child. *136:* 74–75 (1982).
15 MacLaren, N.; Lifshitz, F.: Vitamin-D-dependency rickets in institutionalized, mentally retarded children on long term anticonvulsant therapy. II. The response to 25-hydroxycholecalciferol and to vitamin D. Pediatr. Res. *7:* 914–916 (1973).
16 Matthews, D. M.; Linnell, J. C.: Cobalamin deficiency and related disorders in infancy and childhood. Eur. J. Pediatr. *138:* 6–16 (1982).
17 Mock, D. M.; DeLorimer, A. A.; Liebman, W. M.; Sweetman, L.; Baker, H.: Biotin deficiency: An unusual complication of parenteral alimentation. New Engl. J. Med. *304:* 820–823 (1981).
18 Packman, S.; Sweetman, L.; Yoshino, M.; Baker, H.; Cowan, M.: Biotin-responsive multiple carboxylase deficiency of infantile onset. J. Pediatr. *99:* 421–423 (1981).
19 Robinson, F. A.: The vitamin co-factors of enzyme systems, pp. 497–533 (Pergamon Press, New York 1966).
20 Rook, G. D.; Lopez, R.; Shimizu, N.; Cooperman, J. M.: Folic acid deficiency in infants and children with heart disease. Br. Heart J. *35:* 87–91 (1973).
21 Rosenberg, I. H.: Absorption and malabsorption of folates. Clin. Haematol. *5:* 589–594 (1976).
22 Schwartau, M.; Doehn, M.; Bause, H. W.: Lactatazidose bei Thiaminmangel. Klin. Wschr. *59:* 1267–1269 (1981).
23 Scriver, C. R.; MacKanzie, S.; Clow, C. L.; Delvin, E.: Thiamine-responsive maple syrup urine disease. Lancet *i:* 310 (1971).
24 Spurling, C. L.; Sacks, M. S.; Jiji, R. M.: Juvenile pernicious anemia. New Engl. J. Med. *271:* 995–998 (1964).
25 Sutherland, J.; Glueck, H. I.; Gleser, G.: Hemorrhagic disease of the newborn. Am. J. Dis. Child. *113:* 524–533 (1967).
26 Thompson, W. G.; Wrathell, E.: The relation between ileal resection and vitamin B_{12} absorption. Can. J. Surg. *20:* 461–465 (1977).
27 Vilter, R. W.: Vitamin-B_6-hydrazide relationship. Vitams Horm. (N.Y.) *22:* 797–802 (1964).

Störungen des Kohlenhydratstoffwechsels

Hypoglykämien

Abklärung der Hypoglykämien im Kindesalter [2]

Anamnestische Angaben

- Alter bei Auftreten der Hypoglykämie? Nach *Cornblath* treten verschiedene Hypoglykämieformen zu charakteristischen Zeitpunkten auf (Abb. 16).
- Stellt die Hypoglykämie einen klinischen Haupt- oder Nebenbefund dar? Verschiedene angeborene Störungen der Enzymsysteme (Fruktoseintoleranz, Galaktosämie, Ahornsiruperkrankung, Proprionsäureazidämie) gehen mit schweren Störungen der Leberfunktion oder des Säurebasenhaushaltes einher, so daß die Hypoglykämie ein nicht herausragendes Symptom darstellt.
- Hepatomegalie? Bei Hepatomegalie muß immer an einen angeborenen Enzymdefekt gedacht werden (z. B. Störungen der Glukoneogenese, Glykogenosen, Fruktoseintoleranz).
- Besteht eine tageszeitliche Bindung der Hypoglykämien?
  a) Ketotische Hypoglykämie – frühe Morgenstunden;
  b) Störungen der Glukoneogenese – Nüchternzustand;
  c) leuzininduzierte Hypoglykämie, Fruktoseintoleranz – postprandial;
  d) organischer Hyperinsulinismus – keine tageszeitliche Bindung.

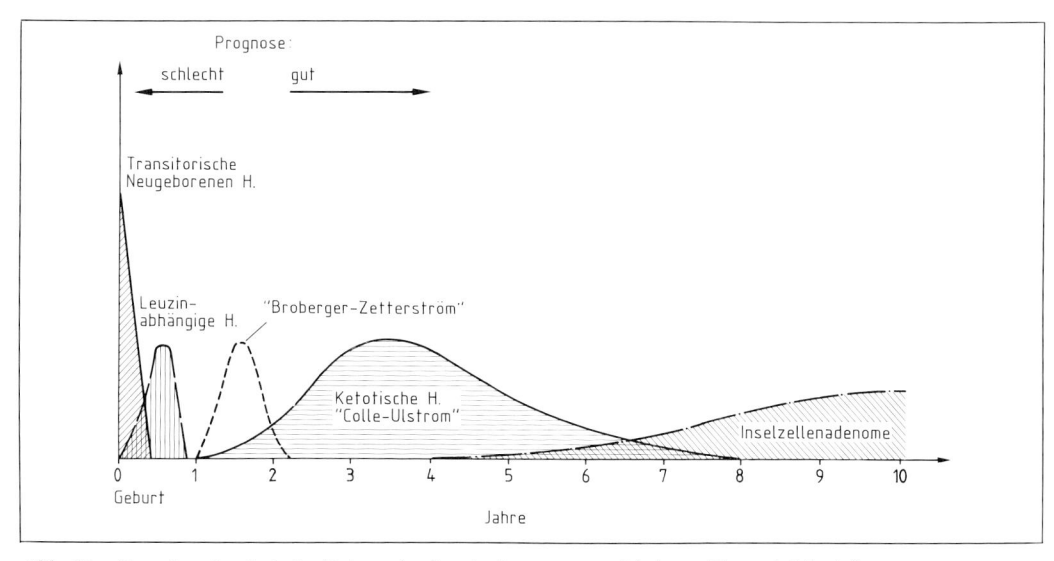

Abb. 16. Der charakteristische Zeitpunkt des Auftretens verschiedener Hypoglykämieformen.

Die postnatale Hypoglykämie

Nach der Geburt kommt es zu einem Blutzuckerabfall. Minimalwerte werden nach ca. 2 Stunden erreicht. Danach erfolgt ein langsamer Wiederanstieg. Normale Erwachsenenwerte werden nicht vor der 72. Lebensstunde erreicht. Bei Frühgeborenen ist dieser Ablauf besonders deutlich.

Definition der Hypoglykämie (nach *Cornblath* [5])

Reife
Neugeborene: Blutglukosekonzentration unter 30 mg/dl (1,6 mmol/l).
Frühgeborene: Blutglukosekonzentration unter 20 mg/dl (1,1 mmol/l).
Nach der ersten
Lebenswoche: Blutglukosekonzentration unter 40 mg/dl (2,2 mmol/l).

Hypoglykämien im Neugeborenenalter können nach *Gutberlet und Cornblath* [11] typisiert werden (Tab. 30).
Die unter Typ IV eingeordneten Kinder mit schweren rezidivierenden Hypoglykämien müssen weiter abgeklärt werden. Die Abklärung erfolgt nach dem in Abbildung 17 dargestellten Flußdiagramm.

Therapie

Entsprechend der Grunderkrankung (Tab. 30).

Glykogenosen

Biochemie des Glykogens

Glykogen ist die Speicherform von Glukose in der Leber und der Muskulatur. Glukosemoleküle sind in 1,4-Stellung miteinander verbun-

Tabelle 30. Hypoglykämien im Neugeborenenalter nach *Gutberlet und Cornblath* [11]

Typ	Bezeichnung	Patienten	Charakteristika	Ansprechen auf i. v. Glukose
I	Frühe, transitorische Hypoglykämie	Reife Neugeborene. Sectio. Kinder diabetischer Mütter. Erythroblastose.	Alter: 2–6 Stunden. Kurze Dauer. Keine Rezidivneigung. Oft klinisch symptomlos.	Prompte Normalisierung nach 2 ml 20% Glukose.
II	Sekundäre Hypoglykämie	Perinataler Streß. Asphyxie, Infektionen, RDS, ZNS-Problematik. Zufuhrstop hochprozentiger Glukose.	Alter: ca. 16 Stunden. Kurze Dauer. Selten Rezidiv.	Wie I
III	Klassische transitorische Hypoglykämie	Mangelgeborene. Perinataler Streß. Nach EPH-Gestosen, Zwillingsschwangerschaften. Begleitbefunde: Polyzythämie, Hypokalzämie, Kardiomegalie.	Alter: wie II. Schwererer Verlauf als bei I und II. Rezidivneigung	Große Mengen i. v. Glukose notwendig. 100 ml 20% Glukose pro kg in 24 Std.
IV	Schwere, rekurrierende Hypoglykämie	Enzymstörungen. Hormonelle Störungen. Auffälligkeiten des Inselapparates.	Rezidivneigung	Wie III

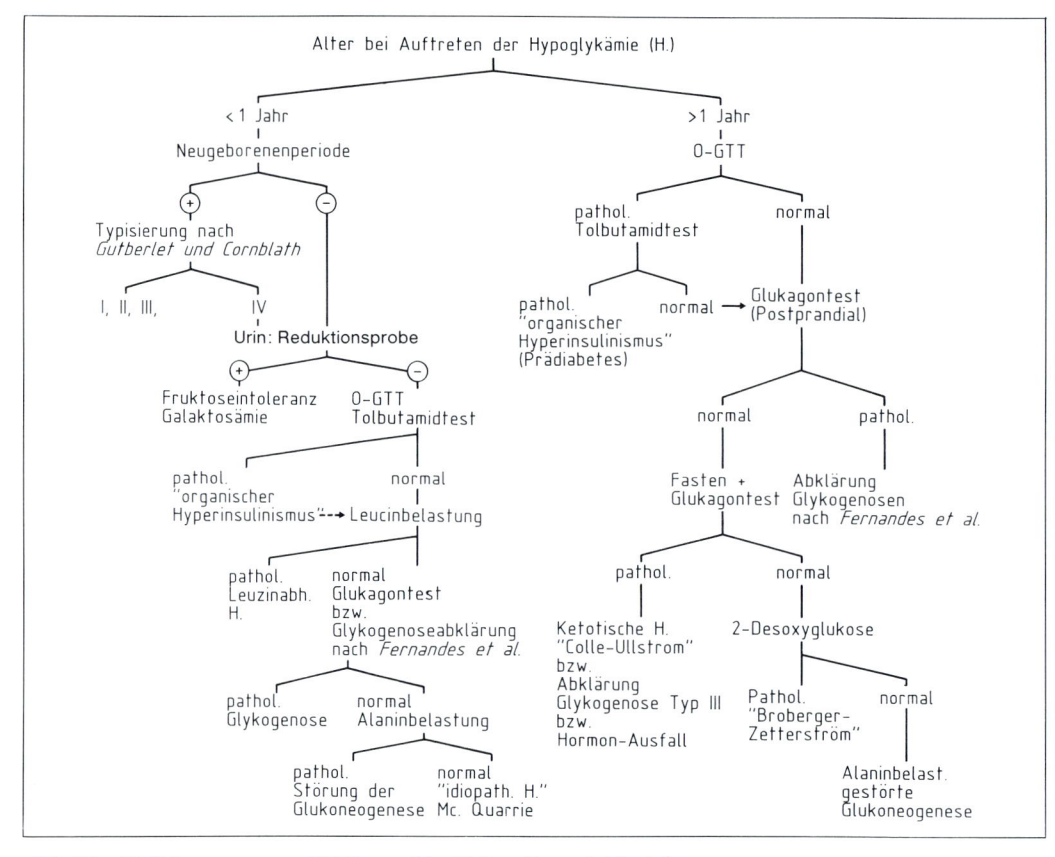

Abb. 17. Flußdiagramm zur Abklärung kindlicher Hypoglykämieformen.

den. Verzweigungen erfolgen durch Glukoseanlagerung in 1,6-Stellung. Die einzelnen Reaktionsschritte des Glykogenauf- und -abbaus sind aus Abbildung 18 ersichtlich.

Aus Glukose-6-Phosphat kann in der Leber Glukose freigesetzt werden. Diese Möglichkeit fehlt in der Muskulatur.

Der Glykogenaufbau wird durch Insulin gefördert. Adrenalin und Glukagon dagegen wirken glykogenolytisch.

Pathophysiologie

Glykogenosen sind angeborene Störungen der Glykogensynthese bzw. des Glykogenabbaus.

> Alle Glykogenosen sind mit einer Störung der Glukosefreisetzung verbunden. Die dadurch gegebene verminderte Insulinfreisetzung hat eine verstärkte Lipolyse zur Folge.

Diagnostik

Die Diagnose einer Glykogenose erfolgt durch Nachweis des Enzymdefektes im Lebergewebe. Zur Diagnosefindung kann der *Glukagonstimulationstest* hilfreich sein.

Durchführung: Nach einer 6stündigen Fastenperiode: 30–100 µg Glukagon/kg (maximal 1 mg) i. m. Blutzuckerbestimmungen in Ab-

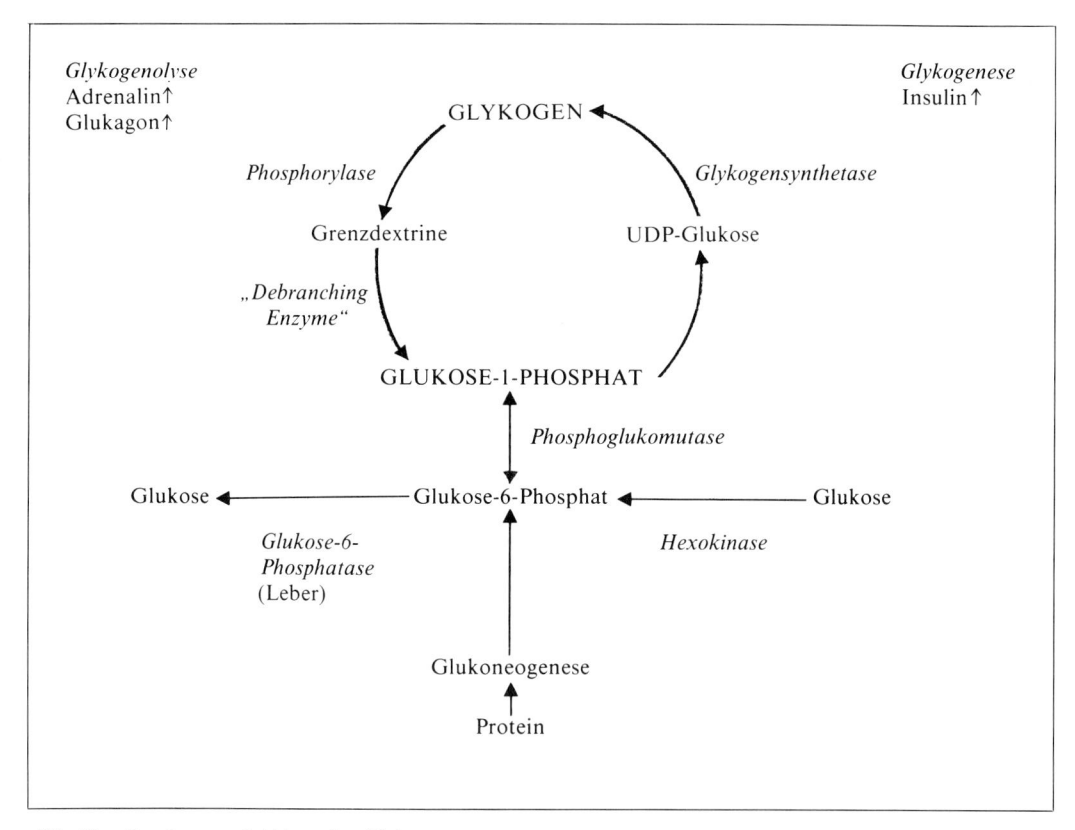

```
Glykogenolyse                                                    Glykogenese
Adrenalin↑              GLYKOGEN                                 Insulin↑
Glukagon↑              ↗        ↖
              Phosphorylase      Glykogensynthetase

                 Grenzdextrine    UDP-Glukose

              "Debranching
                Enzyme"

                 GLUKOSE-1-PHOSPHAT
                          ↑
                   Phosphoglukomutase
                          ↑
Glukose ◄─── Glukose-6-Phosphat ◄─── Glukose
       Glukose-6-              Hexokinase
       Phosphatase
       (Leber)

                    Glukoneogenese
                          ↑
                       Protein
```

Abb. 18. Synthese und Abbau des Glykogens.

ständen von 15 Minuten über 2 Stunden.
Beurteilung: Im Normalfall sollte die Blutzuckerkonzentration innerhalb von 30 Minuten 50% über den Ausgangswert angestiegen sein.

Therapie der Glykogenosen

Therapeutische Grundsätze

– Ziel der Behandlung ist die Vermeidung von Hypoglykämien und die Verkleinerung der Leber.
– Die Fettablagerungen in der Leber können am besten durch das Erhalten einer Normoglykämie vermieden werden.
– Bei jedem Patienten sollte individuell die mögliche Dauer einer Nahrungskarenz bestimmt werden, um die Nahrungszufuhr zeitlich optimieren zu können.

– Die Nahrung sollte so zusammengesetzt sein, daß

a) 60–70% der Kalorien als Kohlenhydrate gegeben werden und
b) Fett nur in minimaler Menge zur Vermeidung eines Mangels an essentiellen Fettsäuren gegeben wird.

– Bei Glykogenosen mit einer Störung des Glykogenabbaues führt eine überhöhte Kohlenhydratzufuhr zu einer vermehrten Glykogenablagerung in der Leber.
– Spezielle Situation bei der Behandlung der Glykogenose Typ I (Glukose-6-Phosphatasemangel).

a) Zucker, die Galaktose und Fruktose enthalten, wirken ungünstig, da sie nicht zu Glukose umgebaut, sondern sofort zu Laktat

metabolisiert werden (Laktose- und saccharosearme Milchen);
b) Eine Anhebung der Proteinzufuhr ist nicht sinnvoll, da eine Verstärkung der Gluconeogenese aus Protein nicht zu einer vermehrten Glukosefreisetzung führen kann, jedoch eine verstärkte Glykogenablagerung zur Folge hat.
- Bei den Glykogenosen außer Typ I spielt die Art des zugeführten Kohlenhydrats keine Rolle, da sie alle zu freier Glukose umgewandelt werden können. Ebenfalls kann die Glukoneogenese aus Protein genutzt werden. Die Empfehlung von *Bridge und Holt* [3], in der Nacht eine proteinreiche Mahlzeit einzulegen, erscheint gerechtfertigt.
- Als Kohlenhydrate der Wahl haben sich Mischungen aus Mono- und Oligosacchariden, Dextrine und Stärke bewährt, z. B. Maltodextrin 19®: 3% Glukose, 21% Di- bis Pentasaccharide, 75% Oligosaccharide.
- Bei geringer zeitlicher Toleranz des Nüchternzustandes hat sich die nächtliche intragastrale Dauertropfinfusion mit einer Glukose- bzw. Oligosaccharidlösung mit gutem Erfolg bewährt.

Neuere und experimentelle Therapieformen
- *Portokavale Anastomosen*
  Starzl et al. [14] machten den Versuch, den Krankheitsverlauf bei Glykogenosen durch das Anlegen einer portokavalen Anastomose zu beeinflussen. Glukose sollte durch die primäre Umgehung der Leber leichter für die peripheren Gewebe zur Verfügung stehen und gleichzeitig sollte eine Glykogenentspeicherung der Leber herbeigeführt werden. Dieser Eingriff wurde mit Erfolg an mehreren Patienten durchgeführt [12].
- *Totale Parenterale Ernährung* (TPE)
  Die primäre Umgehung der Leber bei der Nährstoffzufuhr ist eine wesentliche Eigenheit der parenteralen Ernährung. Von *Folkman et al.* [7] wurde eine Verkleinerung der Leber bei Glykogenosen erzielt. *Burr et al.* [4] zeigten, daß im Falle einer Glykogenose

Typ I die Stoffwechselparameter durch TPE normalisiert werden konnten.
- *D-Thyroxin*
  Thyroxin hat eine glykogenolytische Wirkung. Dabei sind die allgemeinen Auswirkungen auf die Stoffwechselaktivität bei D-Thyroxin im Vergleich zu L-Thyroxin ca. 10fach geringer. Zumindest vorübergehende Verkleinerungen der Leber konnten erzielt werden [5].

Überwachung der Therapie

1. Regelmäßige Kontrollen von
   a) Blutglukosekonzentration;
   b) Serumlaktatkonzentration;
   c) Ketonkörper im Urin (Acetest; Ketostix);
   d) Urin pH;
   e) Säure-Basen-Haushalt.
2. Eine Pufferung des Patienten mit Bikarbonat sollte erfolgen bei
   a) hohen Serumlaktatkonzentrationen (über 60 mg/dl oder 6 mmol/l);
   b) positivem Ketonkörpernachweis;
   c) einem Urin pH unter 5,5.

Zur Pufferung werden durchschnittlich Bikarbonatmengen von 2–4 mmol/kg/Tag benötigt. Im täglichen Gebrauch kann die Pufferung oral mit Natriumbikarbonat 8,4% erfolgen. Die gleiche Wirkung kann durch Backsoda in Mengen von ½–1 Teelöffel erzielt werden.

Galaktosämie

Biochemie der Galaktose

Der Stoffwechselweg von Galaktose ist in Abbildung 19 dargestellt.

Pathophysiologie

Die Galaktosämie entsteht durch das Fehlen des Enzyms Galaktose-1-Phosphat-Uridyltransferase. Dieses Enzym ist normalerweise in Erythrozyten, Leukozyten, Leber und

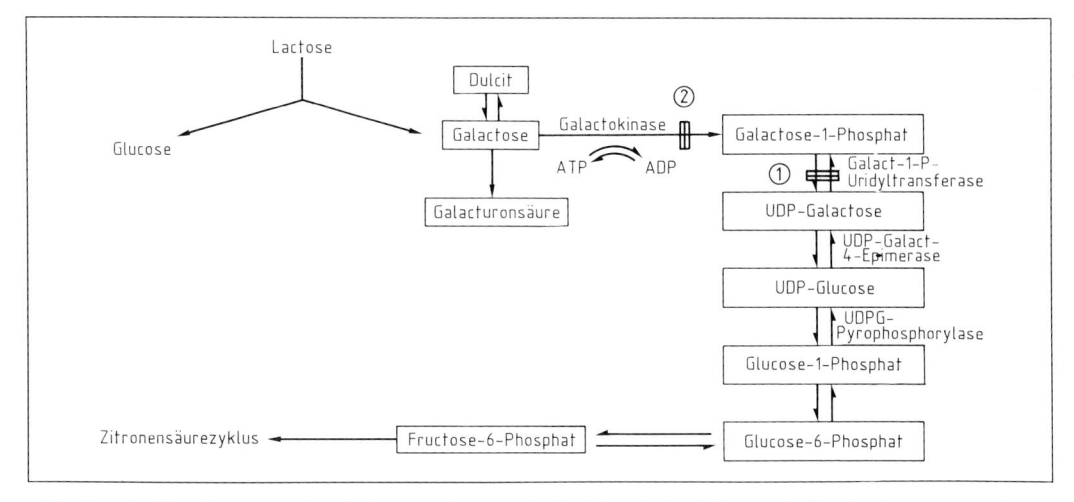

Abb. 19. Stoffwechselwege der Galaktose. Störung 1: Galaktosämie; Störung 2: Galaktokinasemangel.

Darmmukosa vorhanden. Klinisch normale Heterozygote haben ca. die Hälfte der normalen Enzymaktivität.

Infolge des Enzymmangels kommt es zum Aufstau von Galaktose-1-Phosphat, welches weitere Stoffwechselvorgänge beeinträchtigt. Gleichzeitig entsteht vermehrt Galaktit (Dulcit), die Alkoholform der Galaktose. Die Anhäufung von Galaktit in der Augenlinse ist wesentlich an der Kataraktentstehung beteiligt.

Klinik

Die klinische Auffälligkeit der Patienten beginnt bereits kurz nach der ersten Milchmahlzeit. Unter Umständen entwickelt sich ein foudroyantes Krankheitsbild von sepsisartigem Charakter, mit Hepatomegalie, Ikterus, Krampfanfällen, Erbrechen. Eine Linsentrübung ist mit der Spaltlampe bereits nach wenigen Tagen erkennbar. Mit dem Fortgang der Leberfunktionsstörung treten Gerinnungsstörungen, Ödeme und Aszites auf. Sehr schnell entwickelt sich eine Leberzirrhose. Wird die Diagnose mit Verzögerung gestellt, so muß mit einer geistigen Beeinträchtigung gerechnet werden.

Neben der fulminant verlaufenden Form sind auch leichtere protrahierte Formen beschrieben worden, die sich als chronische Gedeihstörung und psychomotorische Entwicklungsverzögerung darstellen.

Diagnostik

Die Diagnosestellung erfolgt durch Messung der Galaktose-1-Phosphaturidyltransferase-Aktivität in den Erythrozyten. Das Enzym ist sehr stabil, so daß Blut, versehen mit einem ACD-Stabilisator (0,5 ml ACD auf 2 ml Blut), gut mit der Post verschickt werden kann.

Screeninguntersuchungen

a) Guthrie-Testsystem mit Galaktose-sensitiven E. coli Stämmen;
b) Beutler-Test [1]. Der positive Enzymnachweis erfolgt durch die Produktion von NADPH, welches unter UV-Licht fluoresziert. Der Test kann falsch positive Ergebnisse bringen.

Weitere diagnostische Hinweise

a) Positive unspezifische Reduktionsprobe im Urin (Clinitest®) bei negativem spezifischem Nachweis von Glukose (Glucotest®).

b) Aminoacidurie unklarer Genese (Ausdruck der Tubulusschädigung durch Galaktose-1-Phosphat).

> Eine Galaktosämie sollte bei folgenden Erscheinungsbildern ausgeschlossen werden: Sepsisverdacht ohne Erregernachweis, Icterus gravis, Leberfunktionsstörung, Gedeihstörung und Erbrechen ohne erkennbare Ursache.
> *Symptomentrias:* Zerebralschaden, Leberzirrhose, Katarakt.

Therapie der Galaktosämie

- Prinzip ist die lebenslange galaktose- und laktosefreie Ernährung. Bereits bei Verdacht sollte galaktosefrei ernährt werden.
- Die grundsätzliche Beurteilung von Nahrungsmittelgruppen ist aus Tabelle 31 ersichtlich. Im Vordergrund der Behandlung steht die Elimination jeglicher Milch und von Milchprodukten.
  Vorsicht ist bei Produkten geboten, die während der Herstellung mit Milch oder Milchpulver versetzt werden: Konserven, Wurst, Süßigkeiten, Brot, Nudeln.
  Beachte, daß vor allem Arzneimittel Laktose als Füllsubstanz enthalten.
- Unbegrenzt erlaubt sind: Fisch, Fleisch, Ei, Gemüse, Kartoffeln, Reis, Mais, Mehl, Pflanzenöle und Obst.
  Beachte: Leber und Gehirn enthalten Galaktose.
- Die Tri- und Tetrasaccharide Stachyose und Raffinose enthalten Galaktose in α-glykosidischer Bindung. Bohnen, Chicoree, Erbsen, Kopfsalat, Spinat enthalten Raffinose und Erbsen zusätzlich Stachyose. Beides ist in Milchen auf Sojabasis enthalten. Normalerweise wird diese Bindung nicht gespalten. Bei Enteritis wird jedoch eine mögliche Spaltung durch Bakterien im Dünndarm diskutiert.
- Bei Herstellung von Milchen auf Kaseinbasis ist es nicht möglich, an Kasein gebundene Laktose vollständig abzuspalten. (Restgehalt: 20–55 mg Galaktose/100 ml 16%ige Milch).
- Galaktosefreie Säuglingsmilchen sind: Milch auf Fleischproteinbasis (Rinderherzen) Gerber MBF®; Milch auf Sojabasis: Lactopriv®, Multival plus®, Bebe nago laktosefrei®.
- Butter muß durch laktosefreie Margarine ersetzt werden.
- Hat eine Mutter bereits ein Kind mit Galak-

Tabelle 31. Stellung verschiedener Nahrungsmittel bei der diätetischen Behandlung der Galaktosämie (nach *Hilgarth und Bremer* [13])

Nahrungsmittelgruppen	Erlaubt	Verboten
Milchprodukte	Milchersatz-Nahrungen: Lactopriv, Multival-Plus, Sojakraft, MBF	Kuh- und Frauenmilch, Sahne, Käse, Joghurt, Quark, sonstige Säuglingsmilchen
Eier	Eigelb ab 5. Mon., Eiklar und Vollei ab ca. 1 J.	Eierspeisen mit Milch zubereitet
Fleisch, Fisch, Geflügel, Wild	Fleischbrühe, fettarmes frisches Fleisch, Fisch, Geflügel, Wild, Lamm (selbst zubereitet) Speck, Fleischsalate (selbst zubereitet)	Leber; Hirn; Fertiggerichte in Dosen oder tiefgefroren; Fleischsalat; Schnecken
Wurst	Nach Rücksprache mit dem Metzger. Sie müssen frei sein von: Milcheiweiß-Zusätzen, Molkenpulver-Zusätzen oder	Leberwurst, Blutwurst, Konservenwurst, Würstchen mit Milcheiweiß, Pasteten, gefrorene Würstchen, Salate

Tabbelle 31. (Fortsetzung)

Nahrungsmittelgruppen	Erlaubt	Verboten
	Innereien; Schinken roh, gekocht, geräuchert, kalter Braten, Roastbeef, Tartar, Wurstsalate (selbst zubereitet)	
Koch- und Streichfette	Garantiert milchfreie Margarinen, z. B. Vitaquell, Mazola soft, Deli-Reform, Pflanzenöle	Butter, gehärtete Margarinen, gehärtete Fette
Beilagennährmittel	Kartoffeln, Kartoffelchips, Teigwaren: Spaghetti, Makkaroni etc.; Reis; Grieß; Mais; Haferflocken; Mehl; Kellogs's Cornflakes, Birchermüsli-Flocken »familia«	Mit Milch oder Sahne zubereitete Kartoffelgerichte, Kartoffelpulver für Püree, Knödel, Suppe Nudelfertiggerichte (Dosen-Packungen), Fertignudelsuppen, Reisfertiggerichte, milchhaltige Kinderbreizubereitungen, Puddingpulver, Instant-Produkte, Kuchen-Fertigmehle
Gemüse	Frisches Gemüse (selbst zubereitet)	Dicke Bohnen, Erbsen, Linsen, Rote Beete, tief gefrorene Fertiggemüsegerichte
Obst	Frisches Obst, Kompotte, reine Obstsäfte, alle Sorten Nüsse	Gekauftes tiefgefrorenes Obst, Obstkonserven
Brot und Backwaren	Milchfreie Brotsorten nach Rücksprache mit dem Bäcker, milchfreies Gebäck (selbst zubereitet)	Einige Knäckesorten (Packung-Aufschrift beachten!), Buttermilchbrot, Joghurtbrot, Milchbrötchen, Weißbrot mit Milch, Backwaren mit Butter oder gehärteten Margarinen, fertige Kuchen, Plätzchen, Kekse, Salzstangen, Zwieback etc.
Sonstiges	Kaba mit Wasser zubereitet; selbst bereitete, milchfreie Mayonnaise, Gelatine	Kakao; Fertiggetränke; in Pulverform gekaufte Mayonnaise; Salat-Fertigsoßen; Remouladen
Eis	Selbstzubereitetes Wasser-Frucht-Eis	Eiscremepulver; gekauftes, handelsübliches Eis, auch sog. Wassereis oder Fruchteis
Marmeladen, Konfitüren etc.	Selbst zubereitete Konfitüre oder Gelees, Honig	
Süßigkeiten	Traubenzuckerbonbons, milchfreie Fondants, Studentenfutter	Kaugummi, Bonbons, Schokolade, Pralinen, Caramel, Nougat, Marzipan
Medikamente	Milchzuckerfreie Tabletten	Tabletten mit Milchzucker
Zahnpasta	Enthält Milchzucker Vorsicht – nicht schlucken!	
Gewürze	Salz, Kräuter, Essig, Pfeffer, Paprika	Fertige Gewürzmischungen, Flüssig-Gewürze

tosämie geboren, sollte bei einer weiteren Schwangerschaft in den letzten Monaten die Ernährung laktosefrei sein, da auch frühbehandelte Kinder Intelligenzdefekte aufweisen können und somit die Frage einer bereits intrauterin einsetzenden Schädigung diskutiert werden muß.

Therapieüberwachung

Die Güte der Diäteinstellung kann durch Messung der Galaktose-1-Phosphat-Konzentration in den Erythrozyten erfolgen. Konzentrationen über 4 mg/dl Erythrozyten weisen auf Nichteinhalten der Diät hin.

Fruktoseintoleranz

Biochemie der Fruktose

Die Quellen der Fruktose sind Obst und Saccharose. Saccharose wird im Dünndarmepithel gespalten. Der größte Teil der Fruktose gelangt mit dem portalen Kreislauf in die Leber und wird dort zu Fruktose-1-Phosphat phosphoryliert (Fruktokinase). In Fettgewebe und Muskulatur erfolgt ebenfalls eine Phosphorylierung zu Fruktose-6-Phosphat (Hexokinase).

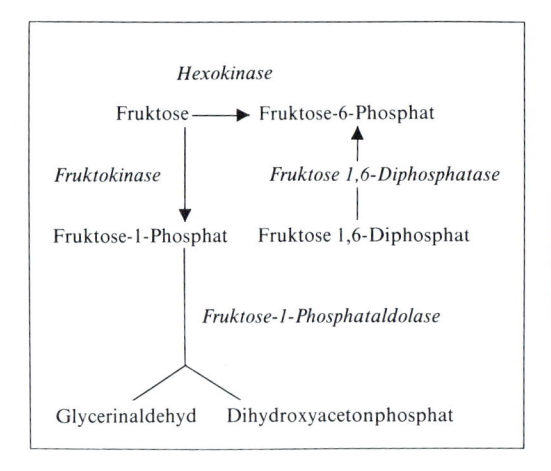

Abb. 20. Stoffwechsel der Fruktose.

Pathophysiologie

> Die Ursache der Fruktoseintoleranz ist das Fehlen der Fruktose-1-Phosphataldolase. Das Enzym ist in der Leber, der Niere und der Dünndarmmukosa lokalisiert.

Durch das Fehlen der Fuktose-1-Phosphataldolase kommt es zu einem Aufstau von Fruktose-1-Phosphat. Diese Substanz wirkt toxisch und verursacht die Symptome der Erkrankung. Fruktose-1-Phosphat hemmt die Glykogenolyse, wie auch die Glukoneogenese, was die Entstehung von Hypoglykämien begünstigt.

Klinik

Häufigkeit der Fruktoseintoleranz: Mindestens 1:20 000 [9].

Die klinische Auffälligkeit beginnt mit der Einführung von Fruktose in die Nahrung. Solange Kinder ausschließlich gestillt werden, sind sie symptomfrei. Volladaptierte Milchen sind ebenfalls fruktosefrei. *Teiladaptierte Milchen enthalten Saccharose und damit Fruktose.*

Erste klinische Auffälligkeiten sind Erbrechen, Durchfall und Schocksymptome. Besonders bei geringer Fruktosezufuhr (unter 1–2 g/kg/Tag) ist der Verlauf oft protrahiert und gekennzeichnet durch Fütterungsschwierigkeiten, Erbrechen, Hepatomegalie und Gedeihstörung.

> Bei Säuglingen mit rezidivierendem Erbrechen, Hypoglykämien und klinischen Zeichen einer Leber- und Nierenschädigung muß an eine Funktionsintoleranz gedacht werden.

Diagnose der Fruktoseintoleranz

Die Diagnosestellung erfolgt durch den Nachweis des Enzymdefektes aus Leber-, Dünndarm- oder Nierenbiopsiematerial.

Bestimmung der Aktivität von Fruktose-1-Phosphataldolase und der Fruktose-1,6-Diphosphataldolase; das Aktivitätsverhältnis beider Enzyme ist normalerweise 1:1. Bei der Fruktoseintoleranz ist das Verhältnis zu gunsten der Fruktose-1,6-Diphosphataldolase auf über 1:5 verschoben.

Diagnostische Hilfen

1. Anamnese: Abneigung gegenüber Süßigkeiten; zeitlicher Ablauf der Milchernährung.
2. Laborparameter.

> Gerinnungsstörungen sind ein häufiges Erstsymptom der Fruktoseintoleranz.

Erhöhung des direkten Bilirubins, Hypoglykämie, Hypophosphatämie, Transaminasenerhöhung, Hyperurikämie.
Reduzierende Substanzen im Urin: positive unspezifische Reduktionsprobe (Clinitest®); negativer spezifischer Glukosetest (Glucotest®).
Belastungsproben mit Fruktose geben gezielte Hinweise auf eine Fruktoseintoleranz [15].

> Orale Belastungsproben dürfen wegen der erheblichen gastrointestinalen und allgemeinen Nebenwirkungen nicht durchgeführt werden (Übelkeit, Erbrechen) [8].

Bei oraler Fruktoseeinnahme wird bei lebergesunden Personen die Konzentration von 25 mg/dl nicht überschritten.

Intravenöse Fruktosebelastung

Cave: Überwachung der Blutglukose!
Dosis: 0,20 g Fruktose/kg (20%ige Lösung) als i. v. Bolus in 1 Minute.
Laborveränderungen nach 30–60 Minuten
($t^{1/2}$-Fruktose nach einem i.v. Bolus: ca. 20 Minuten (kürzer als bei Glukose):

Serum:
a) Phosphatabfall um über 50% des Ausgangswertes;
b) Glukoseabfall um über 50% des Ausgangswertes; Glukoseabfall spricht auf eine anschließende Glukagongabe nicht an!
c) Kaliumabfall;
d) Anstiege von: Laktat, Harnsäure, Magnesium, Methionin, freien Fettsäuren, Transaminasen, γ-GT, Leukozyten.

Urin:
Vermehrte Ausscheidung von: Fruktose, Laktat, Harnsäure, Phosphat, Aminosäuren.

> Die Hypoglykämie nach Fruktosebelastung ist Folge der Hemmung der Glykogenolyse und Glykoneogenese durch Fruktose-1-Phosphat, und damit auch nicht durch Glukagon beeinflußbar.

Therapie der Fruktoseintoleranz

Bei der Umstellung auf Beikost treten meist die ersten Ernährungsschwierigkeiten auf. Während des ersten Lebensjahres sollte man weitgehend auf Obst- und Gemüsezufuhr verzichten. Vitamine werden gesondert substituiert. Es empfiehlt sich, anfangs einen mit einer fruktosefreien Milch angemachten Mondaminbrei zu füttern.
Gegen Ende des ersten Lebensjahres kann auf die Fütterung von Gemüsen nicht mehr verzichtet werden. Die Beikost sollte von der Mutter selbst zubereitet werden. Firmenangaben bei käuflicher Beikost unterliegen großen Schwankungen.
Die größtmögliche *Reduktion der Fruktose* in der Nahrung muß *lebenslänglich* durchgeführt werden. Es ist vor allem darauf zu achten, daß in vielen Medikamenten, (Säften, Tropfen, Dragee-Mänteln) Fruktose und Saccharose enthalten sein kann.

> Sorbithaltige Diätpräparate stellen eine große Gefahr für Patienten mit hereditärer Fruktoseintoleranz dar.

Jeder Patient sollte einen Stoffwechselpaß bei sich tragen. Eine vollkommen fruktosefreie Ernährung ist nicht möglich.
Mißempfindungen nach Fruktosezufuhr sind die Ursache der sich entwickelnden Aversion gegen fruktosehaltige Nahrungsmittel.

Bei hereditärer Fruktoseintoleranz **erlaubte** *Nahrungsmittel* (nach *F. Thanner* [16])

1. Obst und Gemüse (frisch und selbst zubereitet)

Grüne Bohnen	Kopfsalat	Rettich, Radieschen
Blumenkohl	Feldsalat	Weißkohl
Gurken	Chicoree	Tomaten
Spinat	Löwenzahnblätter	Preiselbeeren (natur)
Dosenerbsen	Broccoli	Rhabarber
Pilze	Spargel	Zitrone

2. Kartoffeln: Vor Gebrauch mindestens 10–20 Tage bei Raumtemperatur lagern, schälen und zerschnitten ca. einen Tag wässern, abgießen und dann erst kochen.

3. Zucker und Austauschstoffe: Traubenzucker, Milchzucker, Nährzucker (Malto-Dextrin), Mondamin, Saccharin, Cyclamat.

4. Frisches Fleisch und Innereien (keine Dosenwürste und -schinken), frischer Fisch, Geflügel, Eier.

5. Molkereiprodukte: Käse (ohne Zusätze), Joghurt (natur), Magerquark, ungesüßte Milch.

6. Fett: Butter, Margarine, Öle.

7. Getreideprodukte: Nudeln, Reis, Grau- und Schwarzbrot, Grieß, Haferflocken (Cave: Instantprodukte).

Bei hereditärer Fruktoseintoleranz **verbotene** *Nahrungsmittel*

Süßigkeiten aller Art (Gebäck, Pudding, Eis, Schokolade usw.); alle Konserven; alle Gemüse- und Obstsorten, die nicht aufgezählt sind; Fruchtsäfte; Weißbrot, Vollkornbrot, Pumpernickel; Haushaltszucker, Diabetikerzucker, Honig, Marmelade; Mayonnaise; Ketchup; Fertigsaucen.

Tabelle 32. Zuckergehalte verschiedener Früchte (g Zucker/100 g eßbarer Anteil), nach *Dako et al.* [6]

	Gesamtkohlenhydrate	Glukose	Fruktose	Saccharose
Äpfel				
Gold Delicious	10,88	1,68	6,44	2,76
Jonathan	9,00	1,87	5,87	1,29
diverse Sorten	9,86	1,82	5,9	2,11
Birnen	7,95	1,25	5,60	1,10
Pfirsiche	6,71	0,98	1,12	4,61
Aprikosen	7,35	1,10	0,46	5,79
Zwetschgen	8,61	2,21	1,20	5,20
Kirschen	11,88	6,14	5,35	0,20
Trauben	13,63	6,56	6,53	0,52
Erdbeeren	5,24	2,00	2,13	1,11
Himbeeren	5,38	1,80	2,04	1,51
Brombeeren	5,51	2,46	2,74	0,47
Heidelbeeren	5,84	2,32	3,28	0,24
Orangen	8,23	2,44	2,56	3,23
Grapefruits	6,81	2,14	2,26	2,44
Mandarinen	7,47	1,11	1,27	5,09

Tabelle 33. Zuckergehalte von Gemüsesorten (g/100 g eßbarer Anteil) nach *Göthe et al.* [10], durchschnittliche Werte aus Extraktion + Hydrolyse

	Gesamtkohlenhydrate	Glukose	Fruktose	Saccharose
Artischocken	7,68	0,70	3,87	0,60
Blumenkohl	3,63	1,42	1,50	0,20
Bohnen, grüne, gefroren	2,31	0,92	0,80	Spur
Chicoree	2,45	1,32	0,75	0,23
Erbsen, frisch	16,44	7,25	Spur	4,50
Gurke	1,89	1,03	0,75	–
Kartoffeln, neue	19,15	15,50	0,30	0,70
Kohl-Rotkohl	3,66	1,13	1,50	0,60
Kohlrabi	3,27	1,57	1,20	0,23
Kopfsalat	0,73	0,28	0,20	0,10
Löwenzahnblätter	1,74	0,86	0,45	Spur
Möhren, gelagert	6,15	1,25	2,05	1,80
Paprikaschoten	5,80	2,81	2,25	0,15
Rosenkohl	3,00	0,74	0,60	0,90
Rüben, rote	8,27	0,90	0,54	6,00
Schwarzwurzel	4,89	0,49	1,98	0,72
Spargel	3,10	1,56	1,13	0,12
Spinat	0,46	0,05	Spur	0,08
Tomaten	2,38	0,77	1,50	–
Topinambur	5,81	0,40	1,50	2,25
Zwiebeln	5,40	–	–	2,90
Verschiedene Nahrungsmittel				
Haferflocken	31,88	25,00	–	1,20
Mondamin	81,50	69,38	–	–
Reis, poliert	59,60	50,80	–	–
Roggenmehl	61,88	50,10	–	0,60
Weizenmehl	60,20	50,00	–	0,20
Sojamehl	16,37	1,75	–	4,50
Honig	88,00	40,00	45,00	3,00

Vorkommen fruktosehaltiger Zucker
(Tab. 32 und 33)
Fruktose:
Ubiquitär in der Pflanzenwelt;
Sorbit (Alkoholform der Fruktose):
Kirschen, Datteln, Pflaumen, Wein;
Saccharose (Rohrzucker):
Ubiquitär in der Pflanzenwelt;
Raffinose (fruktosehaltiges Trisaccharid):
Rübenzucker, Honig;
Stachyose (Fruktosehaltiges Tetrasaccharid):
In kleinen Mengen in Pflanzen, reichlich in Sojabohnen;

Inulin (Fruktosehaltiges Polysaccharid):
Wird kaum im Darm hydrolysiert, in Pflanzen, z. B. Artischocken und Topinambur.

Literatur

1 Beutler, E.; Baluda, M. C.: A simple screening spot test for galactosemia. J. Lab. clin. Med. 68: 137–139 (1966).
2 Böhles, H.: Zur Abklärung der Hypoglykämien

im Kindesalter. Klin. Pädiat. *192:* 295–303 (1980).
3 Bridge, E. M.; Holt, L. E., jr.: Glycogen storage disease; observations on the pathologic physiology of two cases of the hepatic form of the disease. J. Pediatr. *27:* 299–303 (1945).
4 Burr, I. M.; O'Neill, J. A.; Karzon, D. T.; Howard, L. J.; Greene, H. L.: Comparison of the effects of total parenteral nutrition, continuous intragastric feeding and portocaval shunt on a patient with type I glycogen storage disease. J. Pediat. *85:* 792–795 (1974).
5 Cornblath, M.; Schwartz, R.: Disorders of carbohydrate metabolism in infancy (Saunders, Philadelphia 1966).
6 Dako, D. Y.; Trautner, K.; Somogyi, J. C.: Der Glukose-, Fruktose- und Saccharosegehalt verschiedener Früchte. Schweiz. med. Wschr. *100:* 897–899 (1970).
7 Folkman, J.; Philippart, A.; Tze, W.; Crigler, J.: Portocaval shunt for glycogen storage disease: Value of prolonged intravenous hyperalimentation before surgery. Surgery *72:* 306–309 (1972).
8 Froesch, E. R.; Prader, A.; Wolf, H. P.; Labhart, A.: Die hereditäre Fructoseintoleranz. Helv. paediat. Acta *14:* 99–104 (1959).
9 Gitzelmann, R.; Baerlocher, K.: Vorteile und Nachteile der Fructose in der Nahrung. Pädiat. Fortbild. Prax. *37:* 40–44 (1973).
10 Göthe, S.; Linneweh, F.: Die Kohlenhydratzusammensetzung pflanzlicher Nahrungsmittel als Grundlage der diätetischen Behandlung erblicher Stoffwechselstörungen. Klin. Wschr. *46:* 468–473 (1968).
11 Gutberlet, R. L.; Cornblath, M.: Neonatal hypoglycemia revisited. Pediatrics *46:* 915–918 (1970).
12 Hermann, R. E.; Mercer, R. D.: Portocaval shunt in the treatment of glycogen storage disease report of a case. Surgery *65:* 499–504 (1969).
13 Hilgarth, R.; Bremer, H. J.: Angeborene Stoffwechselstörungen. Nahrungsmittel und Diätanweisungen. Pädiat. Praxis *15:* 311–315 (1975).
14 Starzl, Th. E.; Putnam, Ch.; Porter, K.; Halgrimson, Ch.; Corman, J.; Brown, B.; Gotlin, R. W.; Rodgerson, D.; Greene, H.: Portal diversion for the treatment of glycogen storage disease in humans. Ann. Surg. *173:* 525–529 (1973).
15 Steinmann, B.; Baerlocher, K.; Gitzelmann, R.: Hereditäre Störungen des Fruktosestoffwechsels. Belastungsproben mit Fruktose, Sorbitol und Dihydroxyaceton. Nutr. Metab. *18* (Suppl.): 115–132 (1975).
16 Thanner, F.: Hereditäre Fruktose-Intoleranz. Mschr. Kinderheilkunde *125:* 677–682 (1977).

Störungen des Aminosäurestoffwechsels

Phenylketonurie (PKU)

Die Phenylketonurie ist die Aminosäurenstoffwechselstörung mit der höchsten Frequenz (ca. 1:6500). Phenylalanin ist eine essentielle Aminosäure, die in einer Menge von ca. 5% der Gesamtaminosäuren im Eiweiß enthalten ist. Bei stoffwechselgesunden Kindern werden ca. 50% des mit dem Nahrungsprotein aufgenommenen Phenylalanins bei der Proteinsynthese umgesetzt. Das restliche Phenylalanin wird im wesentlichen zu Tyrosin hydroxyliert. Mit abnehmender Wachstumsgeschwindigkeit steigt der zu Tyrosin umgewandelte Anteil des Phenylalanins an.

Die Umwandlung zu Tyrosin erfolgt durch Hydroxylierung des aromatischen Rings im Phenylalaninmolekül in Parastellung. Diese Reaktion findet in der Leber statt. An der Hydroxylierung sind als Cofaktoren beteiligt:
a) Phenylalaninhydroxylase mit Tetrahydrobiopterin als Cofaktor;
b) Dihydrobiopterin ist außerdem Cofaktor für die Tryptophan-5-hydroxylase und Tyrosin-3-hydroxylase, zwei Schlüsselenzyme in der Biosynthese von Neurotransmittern. Der Stoffwechsel um die Phenylalaninhydroxylierung ist in Abbildung 21 dargestellt.

Pathophysiologie

Die Hyperphenylalaninämien (Serumphenylalaninkonzentration über 4 mg/dl (240 µmol/l)) können verschiedene Ursachen haben:

1. Klassische Phenylketonurie (PKU):
Mangelnde Phenylalaninhydroxylaseaktivität. Anstieg der Phenylalaninkonzentration im Serum innerhalb der ersten Lebenswochen unter altersentsprechender Proteinzufuhr auf 20 mg/dl und darüber.

2. Hyperphenylalaninämien:
Transitorische und bleibende Form.

3. Varianten:
Bleibende Enzymdefekte des Biopterinstoffwechsels (Abb. 21) [3]. Häufigkeit: ca. 1–5% der Neugeborenen mit Hyperphenylalaninämie.

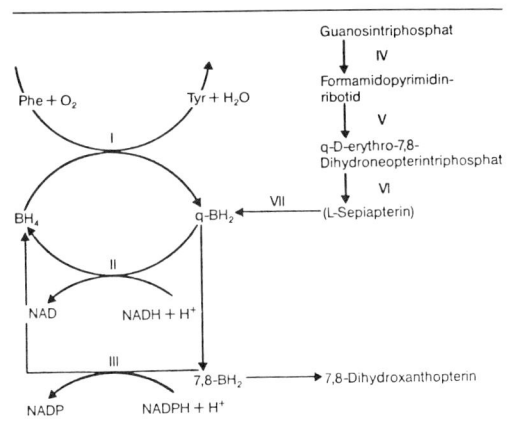

Erläuterungen:
Phe = Phenylalanin
Tyr = Tyrosin
BH_4 = L-erythro-5, 6, 7, 8-Tetrahydrobiopterin
q-BH_2 = q-L-erythro-Dihydrobiopterin (chinoides Dihydrobiopterin)
7,8-BH_2 = L-erythro-7,8-Dihydrobiopterin
I = Phenylalanin-4'-hydroxylase
II = Dihydropteridinreduktase
III = Dihydrofolatreduktase
IV = G.T.P.-cyclohydrolase
V = Dihydroneopterintriphosphatsynthase
VI = L-erythro-7,8-Dihydrobiopterinsynthase
VII = Sepiapterinreductase

Abb. 21. Phenylalaninhydroxylierung und Cofaktortransformationen.

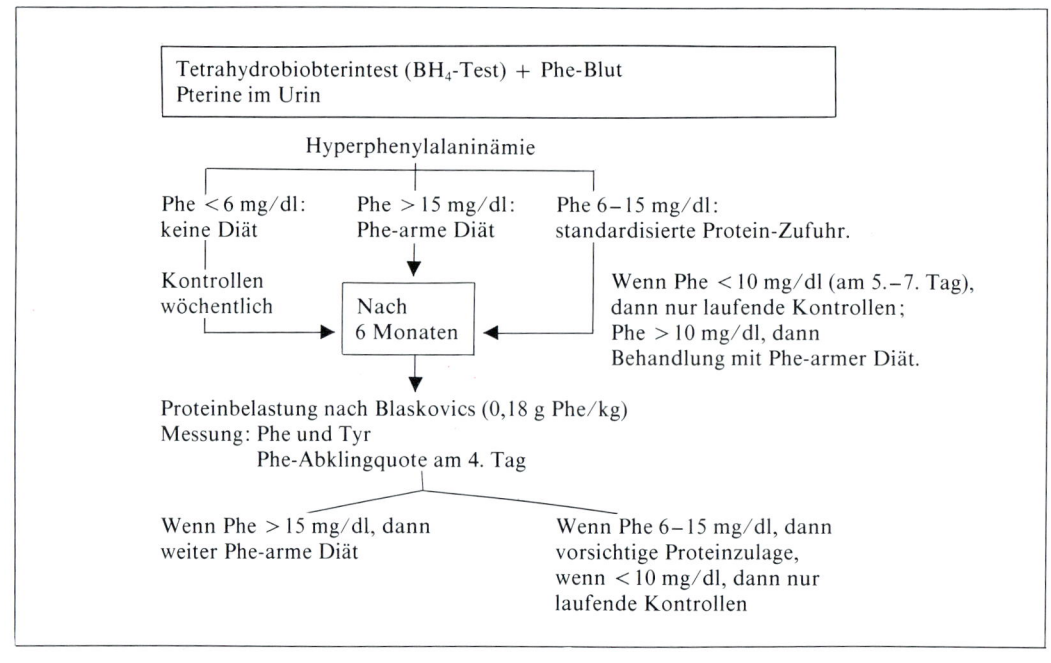

```
┌─────────────────────────────────────────────────────────┐
│  Tetrahydrobiobterintest (BH₄-Test) + Phe-Blut          │
│  Pterine im Urin                                         │
└─────────────────────────────────────────────────────────┘
```

Flowchart – Abb. 22:

Hyperphenylalaninämie
- Phe < 6 mg/dl: keine Diät → Kontrollen wöchentlich → Nach 6 Monaten
- Phe > 15 mg/dl: Phe-arme Diät → Nach 6 Monaten
- Phe 6–15 mg/dl: standardisierte Protein-Zufuhr.
  - Wenn Phe < 10 mg/dl (am 5.–7. Tag), dann nur laufende Kontrollen;
  - Phe > 10 mg/dl, dann Behandlung mit Phe-armer Diät.

Nach 6 Monaten → Proteinbelastung nach Blaskovics (0,18 g Phe/kg)
Messung: Phe und Tyr
Phe-Abklingquote am 4. Tag
- Wenn Phe > 15 mg/dl, dann weiter Phe-arme Diät
- Wenn Phe 6–15 mg/dl, dann vorsichtige Proteinzulage, wenn < 10 mg/dl, dann nur laufende Kontrollen

Abb. 22. Vorgehen bei Hyperphenylalaninämie im Neugeborenenalter.

Diagnostik

Im Rahmen des offiziellen Screening-Programms erfolgt die Blutentnahme mit nachfolgender Bestimmung der Phenylalaninkonzentration im Guthrie-System im Zuge der U2 zwischen dem 5. und 7. Lebenstag. Voraussetzung für eine ordnungsgemäße Verwertbarkeit der Tests sind:
1. Kein Blutaustausch oder Bluttransfusion.
2. Der Abnahme vorausgehende 3-tägige Milchzufuhr oder entsprechende Infusion mit Aminosäuren.
3. Keine Antibiose.

Der weitere Diagnoseweg nach Entdecken einer Hyperphenylalaninämie ist in Abbildung 22 aufgezeigt.
Ein Defekt im Biopterinstoffwechsel muß noch im Neugeborenenalter durch einen Tetrahydrobiopterin-Belastungstest (BH₄-Test) ausgeschlossen werden. Bei einer Störung des Biopterinstoffwechsels kommt es 6 Stunden nach Gabe von Tetrahydrobiopterin zum Abfall des Serumphenylalaninspiegels. [8].

Therapie der Phenylketonurie (Tab. 34 und 35a)

> Alle Säuglinge mit einer Serumphenylalaninkonzentration über 8 mg/dl müssen, sei es durch Eiweißreduktion oder durch die Einführung eines phenylalaninfreien Ersatzeiweißpräparates, behandelt werden.

Vorgehen bei der Ersteinstellung der PKU

Die Ersteinstellung erfolgt während eines Klinikaufenthaltes nach folgenden Prinzipien:
– Senken des Serumphenylalaninspiegels durch phenylalaninfreie Kost bis
– Serumphenylalaninkonzentrationen von 2–4 mg/dl erreicht sind, dann
– Einstellung auf phenylalaninarme Kost ent-

Tabelle 34. Nahrungsaufbau bei Phenylketonurie im ersten Lebensjahr

Alter	Durchschnittl. Bedarf je 24 Stunden				Tagestrinkmenge für Flaschennahrung in ml	Mahlzeiten				
	Phenylalanin mg	Eiweiß g	Energie			Anzahl der Mahlz.	Anzahl der Flaschen	(jeweils mit einem Phe-freien Präparat)		
			kcal	kcal				An- zahl	Brei Art	Sonstiges
1. Woche	}180	10	}2500	600	550–650	5	5	\-	\-	nach Anweisung des Arztes
2.–3. Woche					650–700	5	5	\-	\-	\-
4. Woche	}210	13			700–800	5	5	\-	\-	\-
5.–6. Woche					750–850	5	5	\-	\-	6. Wo. einige Löffel Obst- o. Gemüsesaft
7.–8. Woche	240	15			800–900	4–5	4–5	\-	\-	einige Löffel Obst- oder Gemüsesaft
3. Monat	}245	18	}3800	900	600–800	4–5	3	1	Gemüsebrei	einige Löffel Gemüsesaft
4. Monat					400–600	4–5	2–3	2	Gemüsebrei Obstbrei	einige Löffel Obst- oder Gemüsesaft
5. Monat	}280	18			400	4	2	2	Gemüsebrei Milchbrei	einige Löffel Obstsaft
6. Monat					200–400	4	1–2	2–3	Gemüse-Kartoffelbrei, Milchbrei, Obstbrei	einige Löffel Obstsaft
7. Monat	280	20			200	4	1	3	Gemüse-Kartoffelbrei, Milchbrei, Obstbrei	einige Löffel Obstsaft
8.–10. Monat	300	22			200	4	1	3	Gemüse-Kartoffelbrei, Milchbrei, Obstbrei	eiweißarmer Keks
11.–12. Monat										eiweißarmer Keks

Tabelle 35a. Bezugsquellen gängiger Nahrungsmittel bei Phenylketonurie

Nahrungsmittel	Herstellerfirma	Bezugsquelle
Eiweißarme Brotsorten		
Eiweißarmes, »Weber-Brot« (1,5% Eiweiß)	Bäckerei F. Weber Hauptstraße 74 7800 Freiburg	Herstellerfirma (Postversand)
Eiweißarmes »Würschingbrot« (0,5% Eiweiß)	Diätbäckerei N. Würsching Mathildenstraße 26 6141 Einhausen	Herstellerfirma (Postversand)
Eiweißarmes »Hammer« Toastbrot (ca. 1,1% Eiweiß) Eiweißarmes »Hammer« Waffelbrot (ca. 0,5% Eiweiß)	Hammermühle GmbH 6735 Maikammer-Kirrweiler	Herstellerfirma (Postversand) Reformhaus
Eiweißarmes Brot (ca. 1,5% Eiweiß)	Firma Kompa Bachgasse 4 6112 Groß-Zimmern	Herstellerfirma (Postversand)
Eiweißarmes Brot (1,2–1,5% Eiweiß)	Bäckerei Hermann Alber Echterdinger Straße 1 7024 Bernhausen	Herstellerfirma (Postversand)
Eiweißarmes Toastbrot in Dosen (0,6% Eiweiß) Eiweißarmes Toastbrot in Dosen, salzlos (0,6% Eiweiß)	Rite-Diet Welfare foods Stockport, Cheshire, England	Greifen-Apotheke 7815 Kirchzarten
Fertigmehlmischung »damin eiweißarm« (100 g Brot = 0,8 g Eiweiß)	Maizena Diät GmbH Knorrstraße 1 7100 Heilbronn	Apotheke
Eiweißarme Backwaren Eiweißarme Kekse »Amin-ex« (1 Keks = 0,13 g Eiweiß)	Liga-Nahrungsmittel GmbH Moltkebahnhof 5100 Aachen	Apotheke
Eiweißarmer »Hammer« Diätkuchen (ca. 0,6% Eiweiß)	Hammermühle GmbH 6735 Maikammer-Kirrweiler	Herstellerfirma (Postversand) Reformhaus
Eiweißarme »Hammer« Plätzchen (ca. 0,2% Eiweiß)	Hammermühle GmbH 6735 Maikammer-Kirrweiler	Herstellerfirma (Postversand) Reformhaus
»Hammer« Kastanienbrot (ca. 2,0% Eiweiß)	Hammermühle GmbH 6735 Maikammer-Kirrweiler	Herstellerfirma (Postversand) Reformhaus
Eiweißarme Waffeln (0,6% Eiweiß) Eiweißarmer Zwieback (1,5% Eiweiß)	Diatbäckerei N. Würsching Mathildenstraße 26 6141 Einhausen	Herstellerfirma (Postversand)
Eiweißarmer »Aproten« Zwieback (1,0% Eiweiß)	Aponti GmbH Siegburger Straße 189 5000 Köln 21	Apotheke
Eiweißarme Teigwaren »Aproten« Bandnudeln »Aproten« Hörnchennudeln »Aproten« Ringnudeln	Aponti GmbH Siegburger Straße 189 5000 Köln 21	Apotheke

Tabelle 35b. Tagesbedarf an Phenylalanin

Alter	Gewicht kg	Phenylalanin mg/kg	Phenylalanin mg/Tag
Geburt	3	45	135
1 Monat	4	45	180
2 Monate	5	42	210
3 Monate	6	40	240
4–5 Monate	7	35	245
6–7 Monate	8	35	280
8–10 Monate	9	31	280
11–12 Monate	10	30	300
1½–2 Jahre	12	25	300
3–4 Jahre	15	20	300
5 Jahre	18	17	300
6 Jahre	20	15	300
8 Jahre	25	13	325
10 Jahre	30	12	360

sprechend Gewicht und Phenylalanintoleranz. (Täglicher Phenylalaninbedarf s. Tabelle 35b).

Praktisches Vorgehen bei der Erstellung eines Kostplanes:
1. Berechnung des Eiweißbedarfs: 2,2–2,5 g/kg/Tag beim Säugling, 2,0–2,2 g/kg/Tag beim Kleinkind.
2. Phenylalaninbedarf des Kindes (s. Tabelle 35a).
3. In wieviel natürlichem Eiweiß ist der Phenylalaninbedarf, also die erlaubte Phenylalaninmenge enthalten?
4. Deckung des restlichen Eiweißbedarfes durch phenylalaninfreien Eiweißersatzstoff.

Phenylalaninfreie Ersatzeiweißpräparate sind:

Caseinhydrolysate:	*Aminosäurenmischungen:*
Aponti PKU Diät 40	Maizena P-AM
Aponti PKU Diät 80	Milupa PKU 1
	(Säuglingsalter)
Maizena Albumaid XP	Milupa PKU 2
	(Kleinkindesalter)

5. Kalorienbedarf des Kindes.
6. Welcher Anteil der Kalorien ist durch Eiweiß bereits abgedeckt?
7. Aufteilung des verbleibenden Kalorienbedarfes auf Kohlenhydrate und Fett.
8. Anpassung der Wassermenge.

Vorstellungen über die Ernährung eines Kindes mit Phenylketonurie im 1. Lebensjahr sind in Tabelle 34 zusammengefaßt. Der individuelle Phenylalaninbedarf wird durch die regelmäßigen Blutspiegelkontrollen ermittelt. Die Serumphenylalaninkonzentration sollte bei 2–4 mg/dl liegen. Die Kontrollen sollten erfolgen:
– 2×/Woche während der Stabilisierungsperiode;
– Wöchentlich im Säuglingsalter;
– Danach 1× monatlich für die Dauer der Diät.

Ursachen eines zu niedrigen Phenylalaninspiegels während der Diät:
– Angestiegener Phenylalaninbedarf, bei verstärktem Wachstum;
– Erlaubte Phenylalaninmenge wird nicht eingenommen;
– Vorliegen einer Variantform der Hyperphenylalaninämie.

Tabelle 36. Phenylalaningehalt in Lebensmitteln (mg Phenylalanin/100 g)

Milch und Milchprodukte

Säuglingsmilchen s. Herstellerangaben z. B.	
Aponti sm-adaptiert	84
Aponti Schwarzwaldmilch (2) 15%	112
Aponti Schwarzwaldmilch 1	92
Buttermilch	190
Joghurt	160
Kondensmilch (10% Fett)	420
Magermilch (0,1% Fett)	170
Sahne, süß	110
Trinkmilch	170

Getränke

Apfelsaft	3
Orangensaft, frisch	40
Karottensaft	32
Pampelmusensaft	30
Traubensaft	15

Gemüse

Blumenkohl	77
Bohnen, grün	66
Bohnen, grün, Dose	51
Endivien	78
Erbsen, grün, Dose	190
Grünkohl	140
Gurken	14
Karotten, roh	35
Karotten, Dose	20
Kartoffeln, roh	90
Kopfsalat,	54
Paprikaschoten	54
Radieschen	48
Rosenkohl	150
Rote Beete	26
Rotkohl	32
Sauerkraut	76
Spargel, roh, Dose	60
Spinat	110
Tomaten	27
Weißkohl	30
Wirsingkohl	120
Zwiebeln	35

Getreideprodukte

Aminex Kekse	21
Aproten Teigwaren	12
Aproten Zwieback	35
Brötchen	340
Cornflakes	340
Grieß	515
Haferflocken	740
Knäckebrot	480
Mondamin	15

Reis, poliert	350
Roggenbrot	330
Weißbrot	340
Weizenmehl	590
Weizenstärke	20

Zuckerwaren

Fruchteis	75
Gelee	10
Honig	19
Kunsthonig	8
Marmelade	20
Marzipan	400
Traubenzucker O	0
Vollmilchschokolade	455
Zucker	0

Fette

Butter	34
Mayonnaise	75
Mazola-Öl	0
Pflanzenmargarine	0
Schweineschmalz	5
Speck, durchwachsen	430

Obst

Äpfel	15
Ananas	23
Ananas, Dose	20
Apfelmus, Dose	11
Apfelsinen	50
Aprikosen	45
Aprikosen, Dose	25
Bananen	58
Birnen	25
Birnen, Dose	14
Brombeeren	60
Erdbeeren	41
Heidelbeeren	30
Himbeeren	65
Johannisbeeren, rot	57
Johannisbeeren, schwarz	64
Kirschen, sauer, süß	45
Kirschen, Dose	34
Mandarinen	35
Mirabellen	37
Pampelmusen	35
Pfirsiche	36
Pfirsiche, Dose	21
Pflaumen	30
Preiselbeeren	14
Stachelbeeren	40
Wassermelonen	30
Weintrauben	34

> Zeichen einer Phenylalaninunterversorgung:
> - Gewichtsstillstand;
> - Erythematöser Hautausschlag, besonders im Windelbereich;
> - Haarausfall.

Ursachen eines überhöhten Phenylalaninspiegels während der Diät:
- Katabolie bei Erkrankung, vor allem Infektionserkrankungen;
- Kalorien- und Proteinmangel in der Diät;
- Verminderter Bedarf bei verminderter Wachstumsgeschwindigkeit;
- Diätfehler;
- Phenylalaningehalt der Nahrung ist nicht gleichmäßig über den Tag verteilt.

Auch bei bereits zerebralgeschädigten Kindern mit erblichen Störungen des Phenylalaninstoffwechsels sollte ein Versuch mit phenylalaninarmer Kost unternommen werden. Dabei zeigt sich im allgemeinen eine Besserung von Verhaltensstörungen und des Sozialalters [16].

Lockerung der phenylalaninarmen Kost

Über die Dauer der Therapie besteht noch keine endgültige Klarheit. Eine Lockerung der Diät soll jedoch nicht vor dem 10. Lebensjahr erfolgen. In der Praxis bewährt sich, die Diät nicht vor Beendigung der Schulzeit abzusetzen. Nach Absetzen der strengen Diät wird eine eiweißarme Normalkost mit ca. 1,5 g Eiweiß/kg/Tag angestrebt.
Die gelockerte Diät sollte zu Serumphenylalaninkonzentrationen von ca. 10–15 mg/dl führen.

Die maternale Phenylketonurie

Die Schwangerschaft einer Patientin mit Phenylketonurie führt in einem hohen Prozentsatz zur Schädigung des Kindes.
Die Konsequenz aus dem vermuteten Schädigungsmechanismus ist eine Senkung des Serumphenylalaninspiegels während der Schwangerschaft durch phenylalaninarme Kost. Die Einführung der *Diät* muß jedoch noch *vor* der Konzeption erfolgen. Gleichzeitig ist eine *Substitution mit Tyrosin* erforderlich (ca. 50 mg pro kg pro Tag).

Coma hepaticum

Im Kindesalter ist das Auftreten des Coma hepaticum an einige wenige Erkrankungen gekoppelt:

Säuglingsalter
- Vertikal von der Mutter übertragene Hepatitis B, welche nach der Geburt nicht mit Hepatitis B Antiglobulin behandelt wurde;
- Cytomegaliesepsis;
- Unbehandelte Formen der hereditären Fruktoseintoleranz und der Galaktosämie;
- Schwere Formen des α-1-Antitrypsinmangels.

Kleinkindesalter
- Reye Syndrom
- M. Wilson
- Intoxikation
- Pfortaderhochdruck.

Klinik

Ausgeprägte Gerinnungsstörungen, Übelkeit, Erbrechen, toxische Exantheme, Foetor hepaticus, Bewußtseinstrübung, Coma.

Therapie des Coma hepaticum

Pathophysiologische Grundlagen der Infusionstherapie

Beim Versagen der Leberfunktion kommt es zu einem mangelnden Insulinabbau und somit zu dessen inadäquater Persistenz im allgemeinen Kreislauf [19]. Normalerweise werden bei einer einzigen Leberpassage ca. 40–50% des Insulins dem Portalvenenblut entzogen [18].
Die Leberinsuffizienz ermöglicht gleichzeitig einen ungehinderten Einstrom von sonst in der Leber verstoffwechselten Aminosäuren in den allgemeinen Kreislauf. Daraus resultieren hohe Serum-Konzentrationen von Tyrosin, Phenylalanin und Methionin.

Die verzweigtkettigen Aminosäuren: Leuzin, Isoleuzin und Valin werden wegen der überhöhten Insulinkonzentrationen vermehrt in die Muskelzelle aufgenommen und dem allgemeinen Kreislauf entzogen [17]. Die Plasmakonzentration der verzweigtkettigen Aminosäuren ist somit vermindert.

Im Coma hepaticum besteht somit eine Aminosäureimbalanz. Die Aufnahme der Aminosäuren über die Blut-Liquorschranke in das Gehirn ist wesentlich durch die Konzentrationen der am Carrier konkurrierenden Aminosäuren Valin, Leuzin, Isoleuzin, sowie Phenylalanin und Tryptophan bestimmt [5].

Aufgrund der mangelnden Konkurrenz durch verzweigtkettige Aminosäuren kommt es zu einer vermehrten Aufnahme der aromatischen Aminosäuren ins Gehirn. Die in der Folge erhöhten Tryptophankonzentrationen führen zu einer überstarken Serotoninsynthese.

Gleichzeitig führen die überhöhten Phenylalaninkonzentrationen zu einer Hemmung der Tyrosinhydroxylase und nachfolgend zu verminderter Katecholaminsynthese.

Die Beeinträchtigung der Neurotransmittersynthese ist nach den vorliegenden Kenntnissen mit an der Beeinträchtigung der geistigen Funktion im Coma hepaticum beteiligt [12].

Nach *Fischer et al.* [14] liegt der Quotient aus der Summe der molaren Plasmakonzentrationen von Leuzin, Isoleuzin und Valin und denen von Tyrosin und Phenylalanin bei Normalpersonen um 3,5 und bei Patienten mit hepatischer Enzephalopathie um 1,3.

Für das Zustandekommen der zentralnervösen Symptomatik beim Leberkoma ist nicht so sehr die absolute Verminderung oder Vermehrung einzelner Aminosäuren im Plasma, sondern deren gestörtes Verhältnis zueinander ausschlaggebend.

Therapeutische Konsequenz: Will man eine Besserung der zerebralen Situation erreichen, so muß die Konzentration der verzweigtkettigen Aminosäuren etwa auf das 10-fache der Norm gesteigert werden. *Daniel et al.* [9] konnten zeigen, daß erst bei dieser Konzentration der Einstrom von Tryptophan ins Gehirn um 50% vermindert wird. Die Hemmwirkung für Phenylalanin beginnt schon beim 4-fachen der Norm [9].

Praktisches Vorgehen: Infusion verzweigtkettiger Aminosäuren (z. B. Comafusin®).

Allgemeine therapeutische Maßnahmen

1. *Eiweißeinschränkung:*
Im Falle einer kurzdauernden Komabehandlung ist der völlige Verzicht auf Eiweiß erlaubt und angebracht [21].

Innerhalb der Proteine wirken einerseits pflanzliche Eiweiße mit eingeschränktem Methioningehalt (Sojaprotein) und andererseits Molkereiprodukte mit einem hohen Fischer-Quotienten günstig [4, 11, 15].

Als Richtlinie gilt, daß Milch, Käse und einige pflanzliche Nahrungsmittel weniger schaden als Fisch und vor allem Fleisch.

2. *Senkung der Serumammoniakkonzentration (s. Hyperammoniämiesyndrome, S. 103):*
– *Neomycin* als kaum absorbierbares Antibiotikum vermindert die intestinale Flora und beeinträchtigt die Freisetzung von Aminen und Ammoniak.
Dosierung: 50–100 mg/kg KG und Tag.
– Die Ketohexose *Lactulose* (β-1,4-Galaktosidofruktose) wird nicht absorbiert. Durch Vergärung entsteht im Kolon ein saueres Milieu, wodurch die Bildung des absorbierbaren NH_4^+ (Ammonium)-Ions behindert wird. Dosierung: Bifiteral® 3× 5–10 ml/Tag.

3. *L-Dopa:*
Bei komatösen Leberkranken wurde nach Gabe von L-Dopa eine »Weckreaktion« beobachtet [20]. Die Aussagen über die Wirksamkeit sind widersprüchlich. Erfolgreich waren vor allem Behandlungen während koma-

töser Episoden bei Leberzirrhose mit und ohne Ösophagusvarizenblutung [1]. Dagegen reagierten besonders die Comata bei Hepatitis nur ungenügend [7]. Die bevorzugte Applikationsweise war die Zufuhr per os bzw. durch eine Magensonde. Dopa steigert den zerebralen Noradrenalingehalt [13] und vermindert die Serotoninkonzentration des Gehirns [10]. L-Dopa wird, beginnend mit 250 mg, alle 4 Stunden oral verabreicht. Eine Steigerung der Dosis kann versucht werden.

4. *Korrektur von Elektrolyt-Imbalanzen:*
Störungen des Elektrolytstoffwechsels sind hauptsächlich durch Hypokaliämie und Alkalose gekennzeichnet. Es bietet sich vor allem die Substitution mit KCl an.
Auftretende Hyponatriämien sind vor allem durch Verdünnung verursacht und werden deshalb mit Flüssigkeitsrestriktion behandelt. (1000 ml/m² /Tag)

Hyperammoniämien

Ammoniaknormalwert im Plasma: 23,5– 35 µmol/l (= 40–60 µg/dl).
Die Hyperammoniämie ist vor allem ein Problem des Säuglings- und Kleinkindesalters.

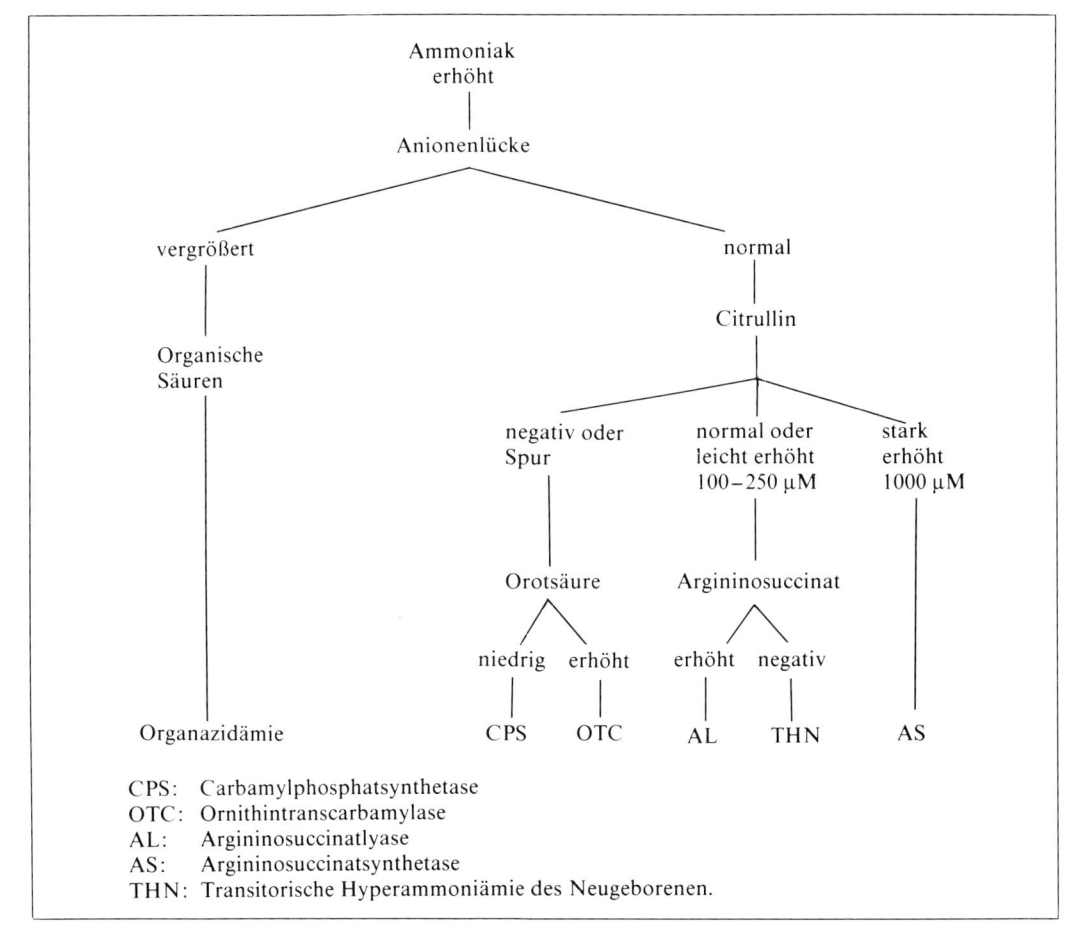

```
                    Ammoniak
                     erhöht
                        |
                   Anionenlücke
                   /          \
           vergrößert          normal
               |                  |
          Organische           Citrullin
            Säuren         /      |       \
                    negativ oder  normal oder   stark
                       Spur       leicht erhöht  erhöht
                                  100–250 µM    1000 µM
                         |            |
                      Orotsäure   Argininosuccinat
                      /    \        /      \
                 niedrig erhöht  erhöht  negativ
                    |      |       |       |
  Organazidämie    CPS    OTC     AL      THN       AS
```

CPS: Carbamylphosphatsynthetase
OTC: Ornithintranscarbamylase
AL: Argininosuccinatlyase
AS: Argininosuccinatsynthetase
THN: Transitorische Hyperammoniämie des Neugeborenen.

Abb. 23. Diagramm zur Abklärung einer Hyperammoniämie im Säuglingsalter [2].

Die häufigsten Ursachen sind dabei:
- Störungen der Harnstoffsynthese;
- Störungen der Transportmechanismen von Harnstoffzyklusmetaboliten:
  z. B. Lysinurische Proteinintoleranz und Hyperornithinämie-Homocitrullinurie-Hyperammoniämiesyndrom;
  (HHH-Syndrom);
- Organazidurien
  z. B. Proprionsäure-Azidurie, Methylmalonsäure-Azidurie, Isovaleriansäure-Azidurie, Methylcrotonylglycinurie;
- Transitorische Hyperammoniämie des Frühgeborenen.

Physiologie

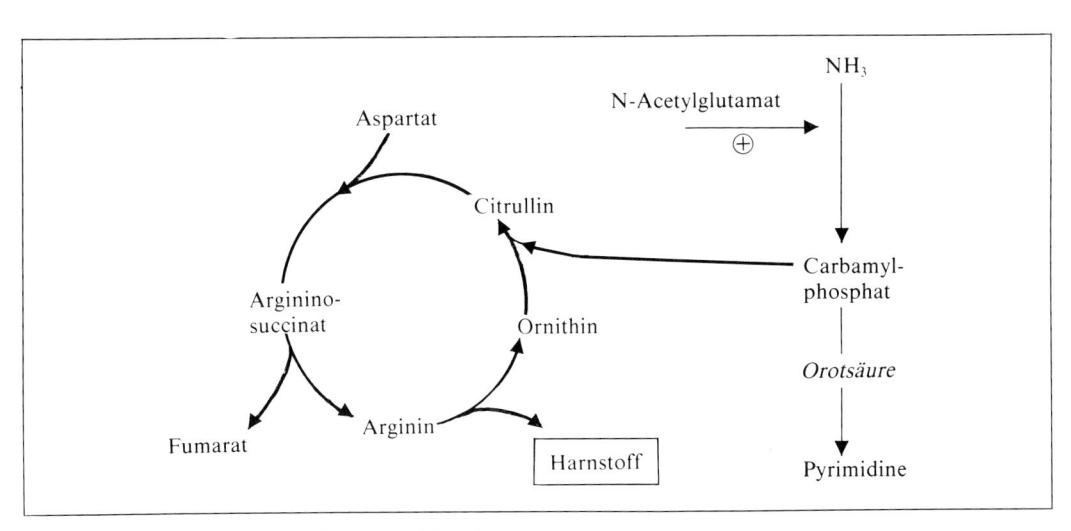

Die Stoffwechselwege um die Harnstoffsynthese sind in Abbildung 24 dargestellt.

Diagnostik [2]

Bei Vorliegen einer Hyperammoniämie im Säuglingsalter sollte nach dem in Abbildung 23 dargestellten Flußdiagramm vorgegangen werden.

Die Hyperammoniämie bei einer Organazidurie ist durch den kompetitiven Einbau der pathologisch erhöhten Säure an Stelle des Acetylrestes in »N-Acetyl-Glutamat« zu erklären. N-Acetylglutamat ist Coferment für die Carbamylphosphatsynthese, welche am Beginn der Harnstoff-, wie auch der Pyrimidinsynthese steht. Eine Störung der Carbamylphosphatsynthese, die auch bei Organazidurien besteht, hat somit auch eine fehlende Orotazidurie zur Folge.

Die Diagnose der transitorischen Hyperammoniämie des Neugeborenen ergibt sich aus der Kombination von normalen Arginin- und Citrullinkonzentrationen. Typische Konstellationen von Serumparametern bei Störungen der Harnstoffsynthese sind in Tabelle 37 angegeben. Für die Analyse der Enzyme der Harnstoffsynthese ist eine Leberbiopsie notwendig (50–100 mg Leber für alle Harnstoffzyklusenzyme). Die Arginase und die Argininosuccinatlyase können auch in den Erythrozyten nachgewiesen werden.

Therapie des hyperammoniämischen Koma

1. *Peritonealdialyse*
Einlaufvolumen 50–200 ml/kg mit einer Verweildauer von 20–30 Minuten. (Austauschtransfusionen sind nicht indiziert, da sie wegen der bestehenden Eiweißbelastung wenig

Abb. 24. Stoffwechselwege um die Harnstoffsynthese.

Tabelle 37. Serumparameter bei erblichen Störungen der Harnstoffsynthese (nach *Batshaw et al.* [2])

Störung	Ammoniak (µmol/l)	Citrullin (µmol/l)	Arginin (µmol/l)	HCO_3^- (mmol/l)
Carbamylphosphatsynthetase	1025 ± 270	0 − Spur	11 ± 10	19 ± 1
Ornithintranscarbamylase	1114 ± 190	0 − Spur	25 ± 16	22 ± 1
Argininosuccinatsynthetase	807 ± 182	2656 ± 1413	16 ± 10	22 ± 3
Argininosuccinatlyase	892 ± 76	176 ± 94	22 ± 19	22
Transitorische Hyperammoniämie	15 − 35	6 − 20	30 − 84	18 − 23

effektiv sind). Die Effektivität der Peritonealdialyse kann durch Bestimmung von NH_3 im Dialysat gut nachkontrolliert werden. Bei der Peritonealdialyse wird Abfallstickstoff nicht nur in Form von NH_3, sondern auch als Glutamin-N und Alanin-N abgegeben.

2. L-Arginin-HCl

Als 10%ige Lösung 2–4 mmol/kg/Tag. Die Arginintherapie soll die Möglichkeit der N-Ausscheidung über andere Metaboliten wieder ermöglichen.

3. Na-Benzoat

250–500 mg/kg/Tag als 3%ige Lösung i. v. Na-Benzoat bildet nach Koppelung an Glycin Hippursäure, welche eine alternative Möglichkeit der N-Ausscheidung darstellt. Hippursäure ist für die renale Ausscheidung gut geeignet, weil die renale Clearance 5× größer ist als die glomeruläre Filtrationsrate. Na-Benzoat ist atoxisch (Vorsicht bei Hyperbilirubinämien: Konkurrenz mit Bilirubin am Albumin). Die Koppelung an Glycin erfolgt in der Leber. Bei schwerer Leberschädigung kann deshalb die Behandlung nicht effektiv sein. Die Bildung von Hippursäure sollte möglichst labordiagnostisch überwacht werden. Bei Langzeitbehandlung mit Na-Benzoat ist die gleichzeitige Gabe von Folsäure und Vitamin B 6 notwendig.

4. Phenylacetat

250 mg/kg/Tag als 3%ige Lösung i. v. Phenylacetat bildet nach Koppelung an Glutamin Phenylacetylglutamin, welches ebenfalls eine alternative Möglichkeit der N-Ausscheidung darstellt. Die Synthese erfolgt vor allem in der Niere, was einen Vorteil bei bestehender Leberdysfunktion darstellt. Vorteile der N-Ausscheidung über Glutamin sind:
– Glutamin enthält pro Molekül 2 N-Atome
– Glutamin ist bei allen Störungen der Harnstoffsynthese stark erhöht.

Nachteile: Phenylacetat hat einen unangenehmen Geruch. Als Nebenwirkungen wurde über Durst, Übelkeit und Benommenheit berichtet.

5. Eiweißarme Kost

0,5–1,0 g/kg/Tag.

Therapie bei definierten Störungen der Harnstoffsynthese

1. *N-Acetylglutamatsynthetasemangel:*
   Carbamylglutamat (1–3 mmol/kg/Tag)
   L-Arginin 2 mmol/kg/Tag (1–4 mmol)
2. *Carbamylphosphatsynthetasemangel,*
   Ornithintranscarbamylasemangel,
   Citrullinämie,
   Argininosuccinurie.
   a) Eiweißarme Kost 0,5–1,0 g/kg/Tag;
   b) Substitution mit essentiellen Aminosäuren: 0,7 g/kg/Tag;
   c) L-Arginin: 1 mmol/kg/Tag (= 0,18 g/kg/Tag);
   d) Na-Benzoat und/oder Phenylacetat: 250 mg/kg/Tag
3. *Argininämie.*
   Argininarme Kost.

Vereinzelt wurde über die günstige Auswirkung von Ketoanalogen essentieller Aminosäuren berichtet [6].

Literatur

1 Abramsky, O.; Goldschmidt, Z.: Treatment and prevention of acute hepatic encephalopathy by intravenous levodopa. Surgery 75: 188–190 (1974).
2 Batshaw, M. L.; Thomas, G. H.; Brusilow, S. W.: New approaches to the diagnosis and treatment of inborn errors of urea synthesis. Pediatrics 68: 290–297 (1981).
3 Berlow, S.: Progress in phenylketonuria: Defects in the metabolism of biopterin. Pediatrics 65: 837–841 (1980).
4 Bessman, A. N.; Mirick, G. S.; Hawkins, R.: Blood ammonia levels following the ingestion of casein and whole blood. J. clin. Invest. 37: 990–993 (1958).
5 Blasberg, R.; Lajtha, A.: Substrate specificity of steady state amino acid transport in mouse brain slices. Archs Biochem. Biophys. 112: 361 (1965).
6 Böhles, H.; Heid, H.; Harms, D.; Schmid, D.; Fekl, W.: Argininosuccinic aciduria: Metabolic studies and effects of treatment with keto-analogues of essential amino acids. Eur. J. Pediatr. 128: 225–233 (1978).
7 Contoyiannis, P. A.; Draginis, E.; Adamopoulos, D. A.; Triantafyllou, G.: Levodopa in coma due to fulminant hepatitis. Br. med. J. 1: 272–275 (1975).
8 Curtius, H.-Ch.: Atypical phenylketonuria due to tetrahydrobiopterin deficieny. Diagnosis and treatment with tetrahydrobiopterin, dihydrobiopterin and sepiapterin. Clin. Chim. Acta 93: 461–465 (1977).
9 Daniel, P. M.; Love, E. R.; Moorehouse, S. R.; Pratt, O. E.: Aminoacids, insulin and hepatic coma. Lancet ii: 179 (1975).
10 Everett, G. M.; Borcherding, J. W.: L-dopa, effect on concentrations of dopamine, norepinephrine, and serotonin in brains of mice. Science 168: 849–850 (1970).
11 Fenton, J. C. B.; Knight, E. J.; Humpherson, P. L.: Milk and cheese diet in portal-systemic encephalopathy. Lancet i: 164 (1966).
12 Fischer, J. E.; Baldessarini, R. J.: False neurotransmitters and hepatic failure. Lancet ii: 75 (1971).
13 Fischer, J. E.; James, J. H.; Baldessarini, R.: Changes in brain amines following portal flow diversion and acute hepatic coma: effects of levodopa (L-dopa) and intestinal sterilization. Surg. Forum 23: 348–352 (1972).
14 Fischer, J. E.; Funovics, J. M.; Aguirre, A.; James, J. H.; Keane, J. M.; Wesdorp, I. C.; Yoshimura, N.; Westman, T.: The role of plasma amino acids in hepatic encephalopathy. Surgery 78: 276–281 (1975).
15 Greenberger, N. J.; Carley, J. E.; Schenker, S.: Diet therapy of chronic hepatic encephalopathy (CHE): role of vegetable protein and carbohydrate loading. Gastroenterology 69: 825–829 (1975).
16 Grüttner, R.: Evaluation of late initiation of therapy; in Bickel (ed.), Phenylketonuria and some other inborn errors of amino acid metabolism, p. 277 (Thieme, Stuttgart 1971).
17 Iob, V.; Coon, W. W.; Sloan, M.: Altered clearance of free amino acids from plasma of patients with cirrhosis of the liver. J. Surg. Res. 6: 233–237 (1966).
18 Krass, E.; Bittner, R.; Meves, M.; Beger, H. G.: Insulinkonzentration im Pfortaderblut des Menschen nach Glukoseinfusion. Klin. Wschr. 52: 404–407 (1974).
19 Marco, J.; Diego, J.; Villanueva, M.; Diaz-Fierros, M.; Valverde, I.; Segovia, J. M.: Elevated plasma glucagon levels in cirrhosis of the liver. New Engl. J. Med. 189: 1107–1111 (1973).
20 Parkes, J. D.; Sharpstone, P.; Williams, R.: Levodopa in hepatic coma. Lancet ii: 1341–1342 (1970).
21 Strohmeyer, G.: Diätetik und künstliche Ernährung; in Buchborn (Hrsg.), Therapie innerer Krankheiten, pp. 571–581 (Springer, Berlin, Heidelberg, New York 1973).

Störungen des Pankreas

Die cystische Fibrose des Pankreas (CF, Mukoviszidose)

Die CF ist eine erbliche, generalisierte Störung der exokrinen Drüsen, von welchen lediglich sehr zähes Sekret produziert wird.
Häufigkeit: ca. 1:1800; ca. 5% Heterozygote in der Allgmeinbevölkerung.
Die Erkrankung ist autosomal-rezessiv erblich. Es besteht somit ein Wiederholungsrisiko von 25%.

Pathophysiologie

Das zähflüssige Sekret verstopft die abführenden Gänge der exokrinen Drüsen und führt durch Stauung zu zystischer Erweiterung und nachfolgender reaktiver Fibrosierung des Gewebes.
– Die Viskosität des Pankreassaftes ist erhöht. Es besteht gleichzeitig ein Ungleichgewicht zwischen Chymotrypsin- und Bikarbonat-Wasser-Ausscheidung [5].
– Überhöhte NaCl-Konzentration im Schweiß der Patienten.
– Überhöhte Kalzium- und Proteinkonzentration im Speichel der Patienten [4].
– Ziliendyskinesie der Bronchialschleimhaut [11].
– Die Pankreasinsuffizienz ist Ursache der ausgeprägten Fett- und N-Verluste mit dem Stuhl. Die Fettmalabsorption ist Ursache des Mangels an fettlöslichen Vitaminen.
– Ca. 5% der Patienten entwickeln sekundär einen Diabetes mellitus.

Diagnostik

Die Diagnose wird durch Bestimmung der Na^+- bzw. Cl^--Konzentration des Schweißes nach Pilocarpin-Iontophorese gestellt. Pilocarpin stimuliert die Aktivität der Schweißdrüsen.
Schweiß: Normal: 20 mmol Na^+/l bzw. 20 mmol Cl^-/l;
Mukoviszidose: Über 60–70 mmol/l.

– Bei ausreichender Schweißproduktion kann die Elektrolytbestimmung bereits jenseits des 1. Lebenstages gemacht werden.
– Am 1. Lebenstag können die Na^+- bzw. Cl^--Konzentrationen bis ca. 40 mmol/l betragen. Die Werte sinken bereits ab dem 2. Lebenstag ab.
– Bei Patienten mit Asthma bronchiale sind Na^+- bzw. Cl^--Konzentrationen von 40–60 mmol/l möglich.
– Die Elektrolytkonzentration korreliert nicht mit der Schwere der Erkrankung.

Der zur Frühdiagnostik durchgeführte BM-Test-Mekonium zeigt Albumingehalte von mehr als 20 mg/g Trockensubstanz Mekonium an. Es muß jedoch mit falsch positiven (Frühgeborene, Darmfehlbildungen, Melaena, Enteropathia exsudativa, Amnioninfektsyndrom. Beachte: Hautpflege mit milcheiweißhaltigen Mitteln) wie auch mit falsch negativen Testergebnissen gerechnet werden.

Ernährungstherapie bei CF

Die Pankreasinsuffizienz macht ein therapeutisches Eingreifen in die Ernährungsphysiologie notwendig.

1. Anhebung der Gesamtkalorienzufuhr

CF-Patienten sollten eine Kalorienzufuhr von 150% einer entsprechenden Normalperson erhalten, um die bestehenden Verluste auszugleichen. Es besteht ein durchschnittlicher täglicher Verlust von 30 g Fett, dies entspricht ca. 300 Kalorien. Bei Fieber steigt der Kalorienbedarf um ca. 10% pro °C an. Bei Säuglingen und Kleinkindern sind 200 Kal./kg/Tag bei einer Proteinzufuhr von ca. 4 g/kg/Tag anzustreben.

2. Fettsubstitution

Mittelkettige Triglyceride (MCT) werden ohne vorhergehende Spaltung durch Pankreasfermente und unabhängig von den Gallensäuren in die Portalvene aufgenommen. Durch den Austausch langkettiger Triglyceride durch MCT kann der Fettverlust mit dem Stuhl vermindert und eine Verbesserung der Energieausnutzung erzielt werden.
1 Gramm MCT enthält ca. 8,2 Kalorien.
MCT sind bei Zimmertemperatur von dünnflüssiger Konsistenz und leicht gelblicher Farbe. MCT sind geruch- und geschmacklos. Die MCT-Zulage sollte ca. 2% der Kalorienmenge betragen.
Essentielle Fettsäuren (Linolsäure). Ein Mangel an essentiellen Fettsäuren wird in unterschiedlichem Ausmaß bei CF-Patienten vorgefunden. Die optimale Zufuhr von essentiellen Fettsäuren beträgt 3–5% der Kalorienmenge. Wenn die orale Substitution mit hochwertigen Ölen schlecht vertragen wird, kann auf die intravenöse Verabreichung von Fettemulsionen ausgewichen werden.

3. Substitution von fettlöslichen Vitaminen

Bei CF-Patienten ist ein Mangel an Vitamin A, E und K häufig. Ein Vitamin-D-Mangel dagegen ist sehr selten. Auf einen Vitamin-K-Mangel und die dadurch entstehende Gerinnungsstörung ist besonders bei gleichzeitiger oraler Antibiose zu achten.
Empfohlene Dosierung:
Vitamin A: 5000–10000 I.E./Tag;
Vitamin E: 1 I.E./kg/Tag;
Vitamin K: 50–100 µg/Tag.
Praktisches Vorgehen:
Für die Mehrzahl der Patienten ist ein Multivitaminpräparat in 2–3-facher Normaldosierung anzuraten.

4. Proteinsubstitution

Die N-Retention kann durch Proteinhydrolysate (z. B. Kasein- oder Laktalbuminhydrolysat) bzw. eine Mischung kristalliner Aminosäuren verbessert werden. Ein Nachteil dieser Diätformen ist der schlechte Geschmack.

5. Kochsalzverluste

Durch die hohen NaCl-Konzentrationen im Schweiß kann sich bei starkem Schweißverlust eine ausgeprägte Hyponatriämie, wie auch eine Hypochlorämie entwickeln. Bei
– heißem Wetter,
– körperlicher Anstrengung und
– Fieberzuständen
ist auf eine ausreichende NaCl-Substitution zu achten.
Empfohlene NaCl-Zulage:
1. Lebensjahr: 1 g/Tag;
2.–3. Lebensjahr: 2 g/Tag;
nach dem 4. Lebensjahr: 3–5 g/Tag.

Tabelle 38. Linsolsäuregehalt verschiedener Fette und Öle

Rinderfett	3%
Schweinefett	8%
Heringsöl	2%
Kokosfett	2%
Palmöl	10%
Baumwollsaatöl	50%
Olivenöl	8%
Erdnußöl	31%
Maiskeimöl	50%
Sonnenblumenöl	65%
Safloröl	75%
Sojabohnenöl	54%
Leinöl	14%

Bei hohem Fieber kann die intravenöse NaCl-Substitution durch NaCl 0,9% bzw. 3% notwendig werden. Bei bestehendem Cor pulmonale muß die NaCl-Substitution wegen der nachfolgenden Volumenexpansion mit größter Vorsicht erfolgen.

6. Substituiton mit Pankreasfermenten

Durch die Pankreasfermentsubstitution wird vor allem die Fettassimilation verbessert. Durch eine verminderte Pankreassekretion von Bikarbonat bei gleichzeitiger Übersäuerung des Magens resultiert ein relativ saures Medium im Duodenum, welches keine optimale Aktivität der Pankreasfermente erlaubt. Eine gleichzeitige Einnahme von alkalisierenden Substanzen mit der Nahrung wird deshalb erwogen.

Praktisches Vorgehen:
a) 2,5 g Bikarbonat 30 Minuten *nach* der Mahlzeit;
b) Mg-Al-Hydroxid z. B. (Maaloxan®) 30 ml, 30 Minuten *nach* der Mahlzeit;
c) Cimetidin 300 mg, 30 Minuten *vor* der Mahlzeit [9].

Verabreichung von Pankreasfermenten:
Säuglinge und Kleinkinder erhalten 4–5 mal täglich ½ bis 1 Teelöffel eines Pankreasfermentpulvers oder Granulates (Beachte: Unterschiedliche Fermentkonzentration); ältere Kinder erhalten 1–5 Tabletten/Mahlzeit eines Pankreasfermentpräparates.

> Auch bei kleineren Zwischenmahlzeiten sollte eine Pankreasfermentsubstitution erfolgen.

7. Argininsubstitution

Visköser Schleim behindert die Absorptionsvorgänge an der Darmschleimhaut. Zur Beseitigung dieses mechanischen Hindernisses scheint sich L-Arginin günstig zu erweisen [10].
Dosierung: 1 g L-Arginin/kg/Tag.

Diabetes mellitus
Coma diabeticum

Pathophysiologie (Abb. 25)

Die Hyperglykämie ist bedingt durch:
1. Insulinmangel mit verminderter peripherer Glukoseutilisation;
2. Erhöhten Glykogenabbau;
3. Gesteigerte Gluconeogenese aus Aminosäuren.

Die metabolische Azidose ist bedingt durch:
1. Anhäufung von Ketonkörpern;
2. Renalen Alkaliverlust;
3. Verminderte Ausscheidung von H^+ bei eingeschränkter glomerulärer Filtration.

Klinik

Polyurie (Beachte: Enuresis), Polydipsie, Gewichtsabnahme, verminderter Hautturgor, trockene Schleimhäute, niedriger Blutdruck, Tachykardie, flacher Puls, Müdigkeit → Bewußtseinstrübung → Koma. Tiefe Azidoseatmung, Acetongeruch.

Für die Hirnfunktionsstörung im Coma diabeticum sind die Elektrolytverschiebungen, die intrazelluläre Dehydratation und die Hypoxie durch Minderdurchblutung verantwortlich.

Labordiagnostik

1. Hyperglykämie

Als Screening-Test ist der von *Berger* angegebene Tränen-Glukose-Test geeignet [1], da die Tränenflüssigkeit normalerweise weniger als 0,5 mmol/l Glukose enthält und damit im Glukoteststreifen negativ ist. Eine positive Reaktion des Teststreifens mit der Tränenflüssigkeit läßt eindeutig auf pathologische Blutzuckerkonzentrationen schließen.

2. Glukosurie und Acetonurie

3. Metabolische Azidose

pH: erniedrigt, BE: negativer Basenüberschuß, HCO_3^-: erniedrigtes Standardbikarbonat, pCO_2: erniedrigter pCO_2 als Zeichen des respiratorischen Kompensationsversuches.

4. Serumosmolarität erhöht

Die erhöhte Serumosmolarität ist durch die Hyperglykämie bedingt.

Beispiel:
Blutzucker 900 mg/dl = 9000 mg/l = $\frac{9000}{180}$ = 50 mOsm/l.

> Ein Blutzuckeranstieg um 100 mg/dl = (5,5 mmol/l) entspricht einem Anstieg der Serumosmolarität um ca. 5,5 mOsm/l.

5. Elektrolytstörungen

In den meisten Fällen besteht eine Hyponatriämie (Natriumverluste bei osmotischer Diurese und fehlender Insulinwirkung auf die renale Reabsorption) und eine Hypochloridämie. Kalzium und Phosphor sind meist erniedrigt. Die Serumkaliumkonzentration liegt meist im Normbereich oder ist erhöht. Erst bei der Komabehandlung erfolgt der Kaliumrückstrom in den Intrazellulärraum und somit eine Demaskierung des Kaliummangels.

> Auch bei normalem oder erhöhtem Serumkalium liegt ein intrazellulärer K^+-Mangel vor.

6. Blutbild

Leukozytose mit Linksverschiebung, Hämatokrit und Hämoglobin als Zeichen der Dehydratation erhöht.

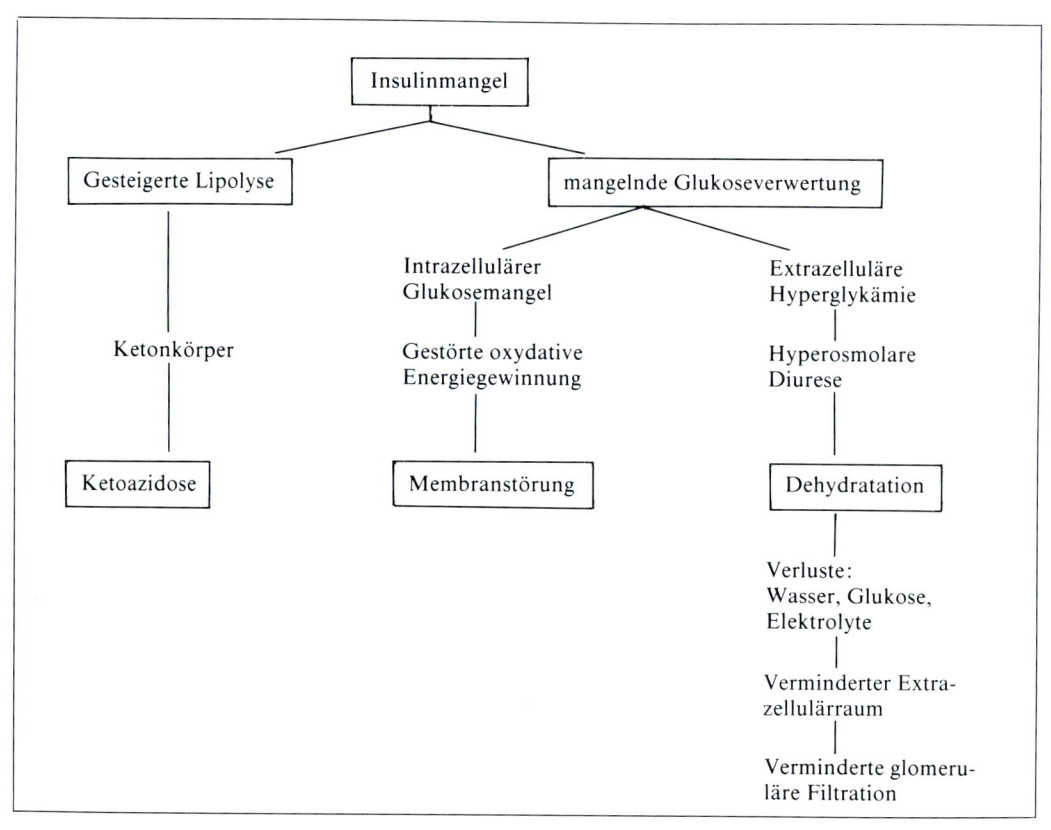

Abb. 25. Pathogenese des Coma diabeticum.

Differentialdiagnose

Hypoglykämie	Coma diabeticum
Unvermittelter Beginn	Langsamer Beginn
Schwitzen	Trockene Haut
Blässe	Gesichtsrötung
Hyperreflexie	Reflexarmut

> Eine Glukoseinjektion kann die Situation klären. Bei der Hypoglykämie erwacht der Patient sofort, wenn 20–40 ml einer hochprozentigen (z. B. 40%igen) Glukoselösung i. v. injiziert werden.
> Selbst beim Coma diabeticum schadet Glukose in dieser Dosierung nicht.

Therapie des Coma diabeticum

1. Allgemeine Maßnahmen

- Bei Somnolenz oder Bewußtlosigkeit sollte immer eine Magensonde gelegt werden, da bei bestehender Magenatonie immer die Gefahr einer Aspiration besteht;
- Blasenkatheter (Flüssigkeitsbilanzierung);
- Wärmeschutz (Energiedefizit);
- Dekubitusprophylaxe;
- Infektionsprophylaxe (antibiotische Abschirmung).

2. Spezielle Maßnahmen

Die Prinzipien der Behandlung des Coma diabeticum sind:
- Rehydratation;
- Insulinsubstitution;
- Azidosebekämpfung.

Bei der diabetischen Ketoazidose liegt eine hypertone Dehydratation (s. u.) vor. Die Senkung der Serumosmolalität soll somit langsam erfolgen, um ein langsames Angleichen der intrazellulären Osmolarität zu ermöglichen. Die Normalisierung der Serumosmolarität sollte in 48 Stunden angestrebt werden.

Berechnung des zu verabreichenden Volumens:
Volumensubstitution in den ersten 24 Stunden: ½ Defizit (Defizitausgleich in 48 h), Ausmaß der Dehydratation + Erhaltungsbedarf (1500 ml/m²) + laufende Verluste (Bilanzierung).

> Im Coma diabeticum kann immer von einem Flüssigkeitsdefizit von 100 ml/kg ausgegangen werden. Für die ersten 24 Stunden sind somit 50 ml/kg als ½-Defizit anzusetzen.

Zeitlicher Ablauf der Rehydratation:
1. 20 ml/kg in der 1. Stunde;
2. 10 ml/kg in der 2.–6. Stunde;
3. Rest gleichmäßig über 18 Stunden verteilen.

Geeignete Infusionslösungen

Für die Infusionsbehandlung eignet sich am besten eine Lösung, die Natrium und Chlorid in dem für das Serum charakteristischen Verhältnis enthält:
D. h. ca. 150 mmol/l Na$^+$ und ca. 100 mmol/l Cl$^-$.
Bei mangelnder Verfügbarkeit ist auch eine 0,9%ige NaCl-Lösung geeignet.
Die 0,9% NaCl-Lösung kann bis zum Erreichen von Blutzuckerwerten von 250–300 mg/dl verwendet werden. Danach Umstellung auf eine glukosehaltige Lösung, z. B. 0,9% NaCl : 5% Glukose = 1:1.
Sobald wie möglich sollte mit der oralen Flüssigkeitsaufnahme begonnen werden. Dafür eignen sich besonders Obstsäfte (kaliumhaltig!).

Elektrolytsubstitution

Beim Coma diabeticum besteht im Mittel folgendes Elektrolytdefizit:
Na$^+$: 8 mmol/kg;
Cl$^-$: 5 mmol/kg.
Sobald die Diurese einsetzt, sollte die Kaliumsubstitution in einer Dosierung von 3–5 mmol/kg/Tag in Form eines Kaliumphosphatpuffers (K$_2$HPO$_4$) erfolgen. Durch die Phosphatzufuhr wird gleichzeitig die Konzentration von 2,3-Diphosphoglycerat im Serum angehoben und damit die O$_2$-Abgabe in den peripheren Geweben erleichtert.

> Bei Phosphatapplikation ist immer auf die Entwicklung einer Hypokalzämie zu achten.

Azidosebehandlung

Die wirksamste Azidosebekämpfung erfolgt durch die Normalisierung des Stoffwechsels durch Rehydratation und Insulingabe. Die Pufferung mit Bikarbonat sollte nur sehr zurückhaltend erfolgen, weil:
- durch eine Alkalose die Sauerstoffdissoziationskurve nach links verschoben wird und nachfolgend durch eine verminderte Sauerstoffabgabe im Gewebe das Entstehen einer Laktatazidose begünstigt wird;
- durch eine Alkalose der Übertritt von Kalium in den Intrazellulärraum beschleunigt ist und somit das Auftreten einer Hypokaliämie begünstigt wird;
- sich Bikarbonat mit H^+ verbindet und nachfolgend in CO_2 und H_2O dissoziiert. Während Bikarbonat nur langsam die Blut-Liquorschranke überwindet, diffundiert CO_2 sehr schnell durch diese Schranke und verursacht bzw. verschlimmert eine zerebrale Azidose.

Aus diesen Gründen sollte eine Bikarbonattherapie erst bei pH Werten von 7,2 und darunter erfolgen.
Dosierung: pH 7,1–7,2: 40 mmol HCO_3^-/m^2
pH 7,1 und darunter: 80 mmol HCO_3^-/m^2
Bikarbonat sollte nicht als Bolus, sondern in einer Infusion über 2 Stunden verabreicht werden. Danach erfolgt die erneute Feststellung des Säure-Basen-Zustandes.

Insulinzufuhr

Die Insulintherapie erfolgt intravenös.
1. Initial als i. v. Bolus: 0,1 I.E. Altinsulin/kg (Blutzucker unter 800 mg/dl), 0,2 I.E. Altinsulin/kg (Blutzucker über 800 mg/dl).
2. Kontinuierliche Infusion von 0,1 I.E. Altinsulin/kg/Stunde.
3. Nach entsprechendem Blutzuckerabfall wird die Insulindosis entsprechend angepaßt (z. B. Reduktion auf 0,05 I.E./kg/ Stunde).

Die intravenöse Insulintherapie ist wegen der kurzen Halbwertszeit von Insulin (ca. 5–10 Minuten) gut steuerbar.
Praktische Durchführung: Der 6-Stunden-Bedarf wird berechnet und die Insulinmenge mit NaCl 0,9% auf 50 ml aufgefüllt. Infusion mit Hilfe eines Perfusors.

> *Beachte:* Insulin wird vor allem von Glas adsorbiert. Bei Verwendung von Plastikgerät sind die Insulinverluste geringer. Es hat sich bewährt, zur Verhinderung der Adsorption den insulinhaltigen Lösungen Humanalbumin zuzusetzen (2 ml Humanalbumin 20% pro 50 ml/ Perfusorspritzeninhalt.

Das diabetische Kind bei Operationen

Präoperative Führung

Ziel der präoperativen Behandlung ist es, eine ausgeglichene und stabile Stoffwechsellage zu erreichen. Die Operation selbst ist nur im Coma diabeticum unmöglich [3]. Der Patient muß zuerst aus der Stoffwechseldekompensation herausgeführt werden. Gelegentlich, vor allem bei Diabetesneumanifestation, zeigt sich dann, daß die anfangs vermutete chirurgische Erkrankung stoffwechselbedingt war, wie z. B. die Pseudoappendizitis oder Pseudoperitonitis diabetica.
Für den Diabetiker gelten folgende Narkosekontraindikationen [7]:
- Drohende oder manifeste Stoffwechseldekompensation;
- vorliegende oder soeben überwundene Hypoglykämie;
- Schock.

Die Wahl des Operationszeitpunktes ist wichtig, da die in vielen Fällen unvermeidlichen

> Diabetiker sollten am Wochenanfang und am frühen Morgen operiert werden.
> Um einer morgendlichen Ketonämie vorzubeugen, wird am Vorabend der Operation eine fettfreie Abendmahlzeit verabreicht.

Stoffwechselentgleisungen unter vollem Einsatz von Labor und Pflegepersonal abgefangen und ausgeglichen werden müssen.

Vorgehen am Morgen des Operationstages bei ausgeglichener Stoffwechselsituation

1. $\frac{1}{2}$–$\frac{2}{3}$ der üblichen morgendlichen Insulindosis s.c.
2. Gleichzeitiges Anlegen einer Dauertropfinfusion. (Glukose 5% + Elektrolyte; 2000 ml/m^2/Tag).

Hierdurch ist eine ausreichende Hydrierung und Zuckerzufuhr gewährleistet.

Vorgehen bei Notfalloperationen und schlechter Stoffwechseleinstellung

– Blutzucker über 300 mg/dl: Infusion: NaCl 0,9%; Blutzucker unter 300 mg/dl: Infusion: Glukose 5% + Elektrolyte;
– Altinsulin 0,05 I.E./kg i.v. als initialer Bolus, dann Altinsulin 0,05–0,1 I.E./kg/Stunde kontinuierlich i.v. $\frac{1}{2}$-stündliche Blutzuckerkontrollen. Es werden somit die Grundsätze der Komabehandlung mit niedrigen intravenösen Insulindosen angewendet [6]. Intraopertiv sollten Blutzuckerkonzentrationen zwischen 150 und 250 mg/dl angestrebt werden.

Intraoperative Führung [8]

Durch die Operationsbelastung kommt es zur Ausschüttung streßinduzierter, antiinsulinär wirkender Hormone, wie Adrenalin, Cortisol und Wachstumshormon [2]. In der Folge ist während der Narkose ein Blutzuckeranstieg zu verzeichnen, der bei Diabetikern die mehrfache Höhe des Ausgangswertes erreichen kann.
Die infolge einer narkoseinduzierten Atemdepression eintretende Hypoventilation und Hyperkapnie fördert die Hyperglykämie.
Bei Narkosen mit Methoxyfluor und Halothane erfolgt durch Dämpfung des sympathikoadrenalen Systems kein Blutzuckeranstieg. Auch dem bei der Neuroleptanalgesie verwendeten Dehydrobenzperidol kommt eine stark adrenolytische Wirkung zu. Bei apparativer Narkosebeatmung bleibt wegen der besseren Beherrschung der Atemdepression das Maß möglicher Blutzuckersteigerungen in Grenzen. Die während der Beatmung fast immer entstehende respiratorische Alkalose übt häufig einen »pseudoinsulinähnlichen« Effekt mit leichtem Blutzuckerabfall aus.

Entschließt man sich zur Lokalanästhesie, so sollte auf die Adrenalinbeimischung zum Anästhetikum verzichtet werden. Schon geringe Adrenalindosen führen bereits beim Stoffwechselgesunden zu einem prompten Blutzuckeranstieg.
Notwendige Korrekturen des Blutzuckerspiegels erfolgen durch die intravenöse Altinsulinzufuhr (0,05–0,1 I.E./kg/Stunde).

Postoperative Überwachung

Postoperativ, in der Situation einer parenteralen Ernährung, bietet sich die Weiterführung der gut steuerbaren intravenösen Insulinzufuhr an.
Der Insulinbedarf muß postoperativ individuell neu ermittelt werden. Es kann mit dem 1$\frac{1}{2}$-fachen präoperativen Bedarf bei gleicher Kalorienzufuhr gerechnet werden.
Diabetiker müssen frühzeitig mobilisiert werden.

Literatur

1 Berger, W.; Keller, U.; Guncaga, J.; Ritz, R.: Coma diabeticum. Therapiewoche 24: 2657–2659 (1974).
2 Efendic, S.; Cerasi, E.; Luft, R.: Trauma: Hormonal factors with special reference of diabetes mellitus. Acta anaest. scand. (Suppl.) 55: 107–110 (1974).
3 Fehner, H. U.; Wegmann, T.; Oberholzer, J.; Kern, F.: Diabetesprobleme in der Chirurgie. Schweiz. med. Wschr. 90: 978–980 (1960).
4 Gugler, E.; Pallavicini, C. L., Swerdlow, H.; DiSant'Agnese, P. A.: The role of calcium in submaxillaris saliva of patients with cystic fibrosis. J. Pediat. 71: 585–590 (1967).

5 Hadorn, B.; Johansen, P. G.; Andersson, C. M.: Pancreozymin secretion test of exocrine pancreatic function in cystic fibrosis and the significance of the results for the pathogenesis of the disease. Can. med. Ass. J. 98: 377–382 (1968).
6 Martin, M. M.; Martin, A. L. A.: Continuous low-dose infusion of insulin in the treatment of diabetic ketoacidosis in children. J. Pediat. 89: 560–563 (1976).
7 Pflüger, H.: Hypoxie und Hyperkapnie als auslösende Faktoren der Narkosehyperglykämie. Anästhesist 13: 129–132 (1964).
8 Pflüger, H.: Anästhesieprobleme bei Diabetes mellitus. Med. Klinik 66: 1225–1228 (1971).
9 Regan, P.; Malagelada, J.; DiMagno, E. P.; Glanzman, S.: Comparative effects of antacids, cimetidine and enteric coating on the therapeutic response to oral enzymes in severe pancreatic insufficiency. New Engl. J. Med. 297: 854–857 (1977).
10 Solomons, C. C.: The use of buffered L-arginine in the treatment of cystic fibrosis. Pediatrics 47: 384–387 (1971).
11 Spock, H. X.; Heick, H. M.; Cress, H.; Logan, W. S.: Abnormal serum factor in patients with cystic fibrosis of the pancreas. Pediatr. Res. 1: 173–176 (1967).

Störungen des Darmes

Nahrungsproteinintoleranzen

Die Nahrungsproteinintoleranz ist ein klinisches Erscheinungsbild, das aus der Sensibilisierung gegen ein Nahrungsprotein oder mehrere resultiert. Am häufigsten sind die Unverträglichkeiten gegenüber Kuhmilchprotein, Sojaprotein und dem Weizenprotein Gluten.

> Gleichzeitig kann eine transitorische Unverträglichkeit gegenüber Gluten und Sojaprotein auftreten. In gleicher Weise kann eine Zöliakie von einer transitorischen Kuhmilchintoleranz begleitet sein. Sekundär besteht meist eine Laktoseintoleranz. Der Grad der Enteropathie korreliert nicht mit dem Grad der klinischen Unverträglichkeit.

Kuhmilchproteinintoleranz [10]

Die Kuhmilchproteinintoleranz ist eine transitorische Unverträglichkeit aller oder einzelner in der Kuhmilch vorkommender Proteine (s. Tabelle 39).

> Muttermilch enthält kein β-Laktoglobulin.

Pathophysiologie

Die Allergisierung gegenüber Kuhmilchproteinen führt zu einer villösen Atrophie der Dünndarmschleimhaut. Häufig bestehen eosinophile Infiltrate in der Lamina propria der Dünndarmmukosa.

Klinik

Klinische Symptome treten meist ab dem 2. Lebensmonat und häufig im Anschluß an eine unspezifische Enteritis auf. Ca. 25% der Patienten zeigen gleichzeitig allgemeine allergische Reaktionen, wie Milchschorf, Ekzeme, asthmoide Bronchitiden. Das akute Krankheitsbild ist durch das plötzliche Auftreten von starkem Erbrechen und Durchfall gekennzeichnet. Die chronische Verlaufsform zeigt einen schleichenden Beginn mit Erbrechen, Durchfall und zunehmender Dystrophie. Es werden besonders wäßrige Stühle mit Blutbeimengungen beobachtet.

Tabelle 39. Zusammensetzung des Kuhmilcheiweißes

3–4 g Eiweiß/dl Milch. Ca. 80% Kasein und ca. 20% lösliche Molkenproteine	
Kasein	ca. 2,5 g/dl Milch
β-Laktoglobulin (allergieauslösend?)	0,3 g/dl Milch
α-Laktoglobulin	0,07 g/dl Milch
Rinderserumalbumin	0,03 g/dl Milch
Rindergammaglobulin	0,06 g/dl Milch

Es lassen sich 3 Verlaufsformen abgrenzen:
1. Akute, anaphylaktische Form 20%;
2. chronische, leichte Form 43%;
3. chronische, schwere Form 37%.

Diagnose

Die Diagnose einer Kuhmilchproteinintoleranz wird durch Belastung mit Kuhmilcheiweiß gestellt. Bedingungen für die Durchführung der Belastung sind, daß sie durchgeführt wird:
– nach einer 6–8wöchigen Remissionsphase;
– unter den Überwachungsmöglichkeiten einer Klinik;
– wegen der Gefahr eintretender Schocksymptome nur bei liegender Infusion.

Praktisches Vorgehen bei der Belastung

Nach normaler Laktosebelastung (2 g Laktose/kg p.o.) wird abgestuft mit einer adaptierten Säuglingsmilch auf Kuhmilchbasis belastet.
– Nur Sauger in Milch tauchen und verabreichen. Wenn keine Reaktion erfolgt, dann
– 5 ml Milch; wenn vertragen, dann
– nach 1 Stunde 10 ml Milch. Wenn vertragen, dann
– nach 24 Stunden 5 ml Milch/kg. Wenn vertragen, dann
– nach 48 Stunden 10 ml Milch/kg.

Der Belastungsversuch wird bei einer anaphylaktischen Reaktion abgebrochen. Das Fehlen von Symptomen nach 48 Stunden macht die Diagnose einer Kuhmilchproteinintoleranz unwahrscheinlich. Setzt verzögert eine Reaktion ein, so ist der Nachweis einer Zottenatrophie mittels Dünndarmbiopsie hilfreich.

Labordiagnostik

Anämie, Eosinophilie, Hypoproteinämie, Eisenmangel, Kuhmilchantikörper.

Therapie der Kuhmilchproteinintoleranz

Prinzip der Behandlung ist der Allergenentzug. Kuhmilch und alle Nahrungsmittel auf Kuhmilchbasis werden aus der Kost des Kindes eliminiert.

Es ist zu bedenken, daß in ca. 20% mit einer Kreuzallergie gegen Sojaprotein zu rechnen ist. Präparate auf Sojabasis müssen daher mit Vorsicht eingesetzt werden (z. B. Lactopriv®, Multival plus®).

Es besteht eine sekundäre Disaccharidintoleranz, so daß die laktosereiche Muttermilch für die Behandlung schwerer Fälle wenig geeignet ist.

Verbotene Nahrungsmittel:
Milch und Milchprodukte. Besonders ist auf Nahrungsmittel mit versteckten Milchzusätzen zu achten: z. B. Speiseeis, Wurstwaren, Fleischkäse, Backwaren mit Milchzusatz.

Die Dauer der Therapie richtet sich nach dem Schweregrad der Intoleranz. Meist genügt eine Diätdauer von 2–3 Jahren bis wieder Kuhmilchprotein vertragen wird.

Als präventiver Faktor wird eine ausschließliche Ernährung mit Muttermilch für mindestens die ersten 4 Lebenswochen angesehen.

Akuttherapie

1. Schockbehandlung (s. u.).
2. Parenterale Nährstoffzufuhr.
3. Der vorsichtige orale Nahrungsaufbau sollte durch eine Elementar-Diät erfolgen. Als Elementar-Diäten stehen Proteinhydrolysate bzw. Mischungen kristalliner Aminosäuren zur Verfügung.

Es stehen zur Verfügung:
– Kasein- und Laktalbuminhydrolysate (z. B. Pregestimil®, Nutramigen®, Alfaré®);
– Hydrolysate auf Fleischbasis (z. B. Maizena MBF®);
– Mischung kristalliner Aminosäuren (z. B. in BSD 1800®).

Zöliakie

Seit der Entdeckung von *Dicke* (1950), daß Weizenmehl, nicht aber Weizenstärke, zur Steatorrhoe bei Zöliakie führt, wurde herausgearbeitet, daß bei dieser Erkrankung eine permanente Intoleranz gegenüber Gluten, dem Keimprotein des Weizens, des Roggens, der Gerste und des Hafers vorliegt. Die Schädigung erfolgt durch Gliadin, die alkohollösliche Fraktion des Glutens [1].

Pathologie

Die Zöliakie ist eine Erkrankung vor allem des proximalen Dünndarms. Der wesentliche, bereits lupenmikroskopisch erkennbare Befund ist eine flache, atrophische Dünndarmschleimhaut. Die Schleimhautkrypten sind im Vergleich zur Zottenlänge kompensatorisch verlängert (Zottenlänge: Krypte = 2:1). Die Lamina propria ist von Lymphozyten und Plasmazellen infiltriert [7].

Ätiologie (Zwei Hypothesen)

1. *Enzymhypothese:* Fehlen einer für den vollständigen Abbau des Gliadins notwendigen Peptidase.
2. *Immunhypothese:* Mukosaschädigung ist das Ergebnis einer abnormen, lokalen Immunreaktion gegenüber Gliadin.

Klinik

Der Zeitpunkt des Auftretens klinischer Symptome ist vom Einführen getreidehaltiger Nahrung abhängig. *Alle in Deutschland im Handel befindlichen Säuglingsnahrungen sind glutenfrei.* Am häufigsten treten die Krankheitssymptome deshalb gegen Ende des 1. und im 2. Lebensjahr auf. Es gibt jedoch auch nahezu symptomfrei verlaufende Krankheitsformen und die sogenannten »late responders«, bei denen erst eine Gliadineinwirkung von 2 oder mehr Jahren zu einer entsprechenden Schleimhautläsion führt [6].

Folge der Zottenatrophie ist ein Malabsorptionssyndrom.

Symptome der Zöliakie

1. *Diarrhoe:* Anfangs sind die Durchfälle intermittierend und im Zusammenhang mit Infekten. Später setzt chronischer Durchfall ein. Der Stuhl ist charakteristischerweise hell, locker, übelriechend (Haferbreiaussehen). Durchfälle können jedoch fehlen, die Kinder können sogar obstipiert sein (ca. 10%) und ein erweitertes Kolon aufweisen. Das klinische Bild kann dann einem M. Hirschsprung ähnlich sein.

2. *Dystrophie:* Als Folge der Malabsorption kommt es zu schweren Gedeihstörungen. Die Kinder magern sichtbar ab. Besonders auffällig ist der Schwund des subkutanen Fettgewebes und der Muskulatur an Gesäß und Extremitäten. Das Längenwachstum ist beeinträchtigt.

3. *Großes Abdomen:* Bei einem Diätfehler tritt sofort ein geblähtes Abdomen auf. Dieses kann sogar das einzige klinische Symptom bleiben.

4. *Psychische Alteration:* Gibbons schrieb 1889, daß ein Kind mit Zöliakie »extrem reizbar, verdrießlich, launisch oder mürrisch ist. Nichts scheint ihm zu gefallen und insgesamt ist es nicht es selbst« [5].

Komplikationen der umbehandelten Zöliakie

Komplikationen treten meist erst im Erwachsenenalter auf:
– Mineralisationsstörungen des Knochens (Cave: Spontanfrakturen).
– Erhöhtes Risiko der Ausbildung eines Dünndarmlymphoms [6].

Diagnose

Die Dünndarmbiopsie ist die wichtigste Untersuchung zur Diagnose einer Zöliakie.

Für die korrekte Diagnose einer Zöliakie müssen folgende Bedingungen im Verlauf von 3 Biopsien erfüllt sein:

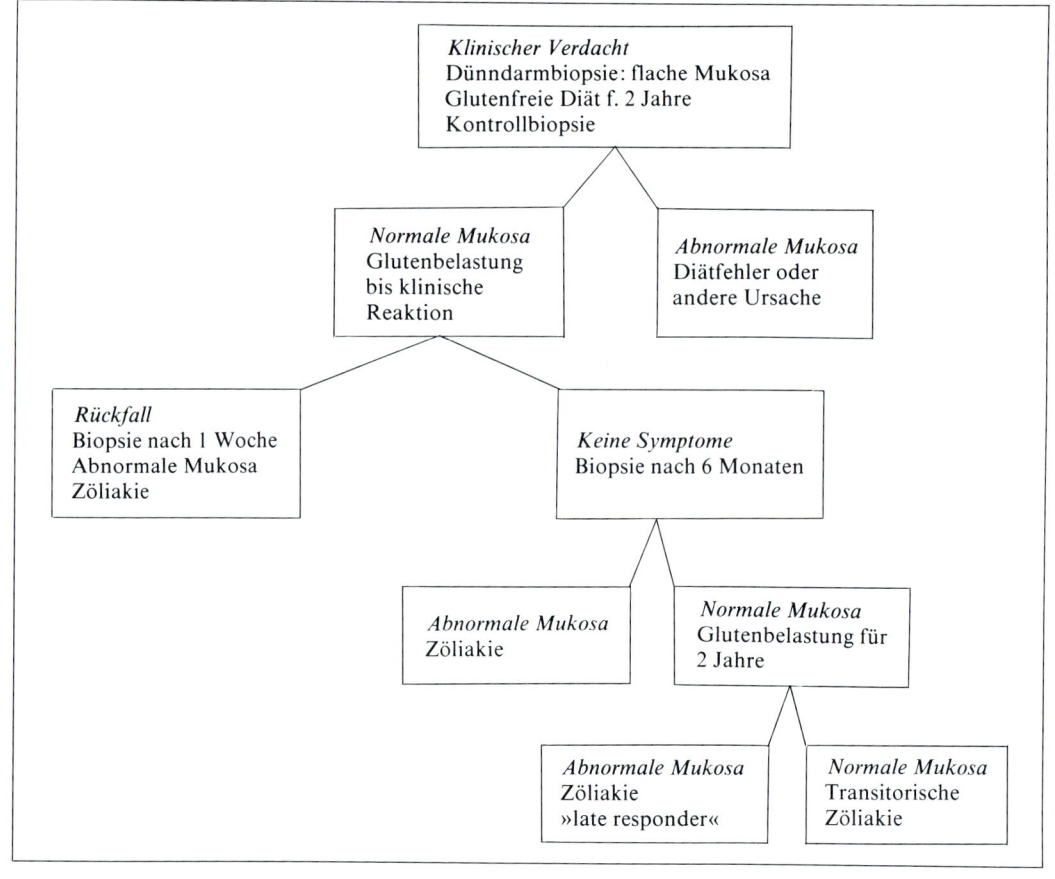

```
┌─────────────────────────────────────────────────────────────┐
│                    Klinischer Verdacht                      │
│              Dünndarmbiopsie: flache Mukosa                 │
│                 Glutenfreie Diät f. 2 Jahre                 │
│                     Kontrollbiopsie                         │
│                    /              \                         │
│        Normale Mukosa          Abnormale Mukosa             │
│        Glutenbelastung         Diätfehler oder              │
│        bis klinische           andere Ursache               │
│        Reaktion                                             │
│         /        \                                          │
│   Rückfall      Keine Symptome                              │
│   Biopsie nach 1 Woche   Biopsie nach 6 Monaten             │
│   Abnormale Mukosa                                          │
│   Zöliakie                                                  │
│                      /              \                       │
│              Abnormale Mukosa    Normale Mukosa             │
│              Zöliakie            Glutenbelastung für        │
│                                  2 Jahre                    │
│                                  /        \                 │
│                         Abnormale Mukosa  Normale Mukosa    │
│                         Zöliakie          Transitorische    │
│                         »late responder«  Zöliakie          │
└─────────────────────────────────────────────────────────────┘
```

Abb. 26. Diagnostisches Vorgehen bei Verdacht auf Zöliakie.

– Charakteristische Atrophie der Dünndarmschleimhaut. Die Biopsie erfolgt in der ersten Jejunalschlinge.
– Klinische und bioptische Besserung nach glutenfreier Diät;
– Klinisches und bioptisches Rezidiv nach erneuter Glutenbelastung.

Der diagnostische Ablauf ist in Abbildung 26 dargestellt.

Labordiagnostik

Steatorrhoe, Anämie (als Folge von Eisen-, Folat- und auch Vitamin-B_{12}-Mangel), Hypoprothrombinämie (Vitamin-K-Mangel), Hypoproteinämie, Elektrolytimbalanz.

In den ersten zwei Lebensjahren bietet der folgende Serum-Immunglobulinquotient bei einem Zahlenwert über 2 einen Hinweis auf eine Zöliakie:

$$\frac{\text{Ig A} \times 1000}{\text{Ig G} \times \text{Ig M}} > 2$$

Das Zusammentreffen mehrerer klassischer Symptome ist selten, so daß bereits der Gedanke an die Möglichkeit einer Zöliakie von größter Wichtigkeit ist.

Therapie der Zöliakie

Die Behandlung der Zöliakie besteht in einer *vollständigen* und *lebenslangen* Elimination von Gluten aus der Nahrung. Verboten sind somit Nahrungsmittel aus Weizen, Roggen, Gerste und Hafer. Erlaubt, und somit die Grundsäulen der Ernährung des Kindes mit Zöliakie sind: Reis, Mais und Kartoffeln.

Bei der Zöliakiebehandlung ist folgendes zu beachten:

- Wegen der Mukosaschädigung besteht eine vorübergehende Intoleranz von Disacchariden und langkettigen Triglyzeriden. Diese sollten zu Beginn der Behandlung aus der Nahrung entfernt werden.
- Gelegentlich besteht eine gleichzeitige Kuhmilchunverträglichkeit, so daß vorübergehend kuhmilchfrei ernährt werden muß.
- Zu Beginn der Behandlung ist die Absorption des Intestinums noch sehr ungenügend, so daß eine Anreicherung der Nahrung mit Mineralien und Vitaminen zu empfehlen ist.
- Es ist besonders auf das Vorliegen von Weizenmehl in versteckter Form zu achten (z. B. Dosennahrung, Kaugummi, evtl. Schokolade).
- Glutenfreie Beikost ist speziell gekennzeichnet (Abb. 27).
- Wurde bei einem Kind die Diagnose Zöliakie gestellt, so ist den Eltern der Beitritt zu

Deutsche Zöliakie-Gesellschaft e.V.,
Ganzenstraße 13,
D-7000 Stuttgart 80

zu empfehlen. Bei dieser Gesellschaft ist u. a. für alle Mitglieder ein Handbuch mit Rezepten und Aufstellungen von Industrieprodukten erhältlich.

Transitorische Glutenintoleranz

Die Diagnose einer transitorischen Glutenintoleranz kann gestellt werden, wenn ein Kind mit entsprechenden Symptomen auf eine glutenfreie Diät anspricht, aber nach Reexposition weiterhin gedeiht und nach weiteren 2 Jahren einer glutenhaltigen Ernährung eine normale Schleimhaut aufweist. Diese Diagnose sollte bei einem Kind in Betracht gezogen werden, das gastrointestinale Symptome beim ersten Kontakt mit Weizenprotein, z. B. nach einer durchgemachten schweren Gastroenteritis, zeigt.

Abb. 27. Symbol für glutenfreie Nahrungsmittel.

Morbus Crohn (Ileitis terminalis)

Chronische, entzündliche Darmerkrankungen wurden lange als Spielformen der Colitis ulcerosa angesehen. Erst die Beschreibung der »regionalen Enteritis« als eigenes Krankheitsbild durch *Crohn et al.* [4] zeigte die Eigenständigkeit dieses Krankheitsbildes auf. Zunehmend muß diese Diagnose bereits im Kindesalter gestellt werden.

Klinik

Der M. Crohn kann sich in jedem Teil des Gastrointestinaltraktes, vom Mund bis zur Perianalregion, manifestieren. Gehäuft ist jedoch das terminale Ileum befallen. Nach der vorherrschenden Symptomatik lassen sich

eine mehr akute und eine mehr chronische Verlaufsform unterscheiden:
Aktue Form: Gewöhnlich unter dem klinischen Bild einer Pseudoappendicitis.
Chronische Form: Häufige spastische Oberbauchbeschwerden, Rezidivierende Durchfälle.

> Eine Analfistel ist häufig ein frühes und wegweisendes Symptom.

Besonderheiten im Kindesalter

Ein Wachstumsstillstand, Fieberschübe unklarer Genese, Gelenkbeschwerden und eine Anämie können der gastrointestinalen Symptomatik um Jahre vorauseilen. Besonders der Wachstums- und Entwicklungsstillstand ist eine der schwerwiegendsten Folgen der entzündlichen Darmerkrankung im Kindesalter. (Symptome: Stillstand des linearen Wachstums, mangelnde Gewichtszunahme, Ossifikationsverzögerung, verzögerte Geschlechtsentwicklung). Ungenügende Nahrungsaufnahme und Malabsorption mögen dabei wesentliche Faktoren darstellen. Eine durch die enteralen Eiweißverluste bedingte Katabolie ist häufig stark ausgeprägt.

Geläufige extraintestinale Manifestationen des M. Crohn:
Monarthritis, Polyarthritis, Uveitis, Vulvitis, Analfisteln, rektovaginale Fisteln, Erythema nodosum.

Diagnose

Zur Diagnosestellung wird folgendes Vorgehen vorgeschlagen:
1. Rektoskopie.
2. Bei Verdacht auf M. Crohn: Röntgen-MDP.
3. Coloskopie + multiple Biopsien (Bei der Biopsie müssen auch submuköse Gewebsbezirke erfaßt werden). Bei der Coloskopie sollte immer das Coecum erreicht werden.

Typische Befundbilder: Stenosierungen, Wandstarre des betroffenen Segments, Pflastersteinrelief der Schleimhaut.

Histologie: Epitheloidzellige Granulome.

Labordiagnostik

Leukozytose mit Linksverschiebung, stark beschleunigte BKS, häufige Thrombozytose, Eisenmangelanämie, Serum IgA erhöht.

Therapieformen bei Morbus Crohn

Medikamentöse Therapie

– Salazosulfapyridin (Azulfidine®) bei Dickdarmbefall (100 mg/kg/Tag).
– Prednison (z. B. Decortin®) initial: 2 mg/kg/Tag. Erhaltung: 0,5 mg/kg/2. Tag.
– Azathioprin (Imurek®) (2 mg/kg/Tag). Azathioprin hat eine einsparende Wirkung auf Prednison [8]. Azathioprin sollte initial in einer Dosierung von 5 mg/kg/Tag eingesetzt werden und nach 4 Wochen auf 2–3 mg/kg/Tag reduziert werden.
– Metronidazol (Clont®) (10 mg/kg/Tag). Metronidazol wirkt vor allem auf die Anaerobierbesiedlung des Darmes. Es hat bei bestehender Fistelbildung, entzündlichen Veränderungen des Rektosigmoids und der Analregion einen positiven Effekt [2].

Operative Therapie

Eine Indikation zu operativem Eingreifen besteht bei: Intestinalen Massenblutungen, Perforationen, schweren Stenosen, abdominellen Abszessen und toxischem Megakolon.

Ernährungstherapie

Das akute Stadium des M. Crohn im Kindesalter kann einen medizinischen Notfall darstellen.
Im akuten Erkrankungsstadium ist totale parenterale Ernährung (TPE) angezeigt. Die TPE bewirkt:
a) Ruhigstellung des Darmes und Linderung der Abdominalbeschwerden. Eine subjektive Besserung des Beschwerdebildes kann bereits nach kurzer Zeit eintreten.

b) Karenz gegenüber Nahrungsallergenen.
c) Behandlung der Malnutrition.
Wegen der meist ausgeprägten katabolen Stoffwechselsituation besteht ein Proteindefizit. Die Aminosäurezufuhr sollte deshalb mindestens 3 g/kg/Tag betragen. Die Dauer der TPE richtet sich nach dem Schweregrad der Akuterkrankung. In leichteren Fällen kann nach ca. 1 Woche auf eine Elementardiät übergegangen werden.
d) Behandlungsmöglichkeit enteraler- und enterokutaner Fisteln. Zum Fistelverschluß muß eine TPE-Dauer von 6–10 Wochen veranschlagt werden [9].

Nach der Phase der TPE muß auf eine Elementardiät übergegangen werden. Die günstige Wirkung von Elementardiäten basiert auf:
– Mangelnder Allergenwirkung,
– Balaststoffarmut,
– Vollständiger Resorption im Dünndarm.
Bei entsprechenden Bilanzuntersuchungen hat sich jedoch gezeigt, daß lediglich Präparate mit hohem Protein- bzw. Aminosäureanteil geeignet sind [3].

»Reinduktionstherapie«

Wegen der günstigen Wirkung der Elementardiät, auch unabhängig von der medikamentösen Therapie, sollte auch bei fehlender Akutsymptomatik zweimal pro Jahr eine jeweils 4wöchige »Reinduktionstherapie« mit Elementardiät durchgeführt werden.

Praktisches Vorgehen bei der Verwendung von Elementardiäten (s. auch Band II dieses Handbuches)
a) Zur Vermeidung osmotisch bedingter Nebenreaktionen ist eine anfängliche Verdünnung auf eine Osmolarität um 300 mOsm/l anzustreben. Die Originalverdünnung des Präparates kann innerhalb einer Woche erreicht werden.

b) Dem Pflegepersonal ist mitzuteilen, daß die normalerweise unter Elementardiät auftretenden Stühle von schleimiger Konsistenz und grün-schwärzlicher Farbe sein können.
c) Geeignete Präparate: s. Tabelle 49, S 141.

Literatur

1 Anderson, C. M.; Frazer, A. C.; French, J. M.: Coeliac disease. Gastrointestinal studies and the effect of dietary wheat flour. Lancet *i*: 836–838 (1952).
2 Blichfeldt, P.; Blomhoff, J. P.; Myhre, E.; Gjorne, E.: Metronidazole in Crohn's disease. A double blind cross-over clinical trial. Scand. J. Gastroent. *13:* 123–126 (1978).
3 Böhles, H.; Koch, H.; Heid, H.; Fekl, W.: Klinische und metabolische Untersuchungen im akuten Stadium von Morbus Crohn unter Verwendung totaler parenteraler Ernährung und Elementardiät. Infusionstherapie *4:* 263–268 (1977).
4 Crohn, B. B., Ginzburg, L.; Oppenheimer, G. D.: Regional ileitis: a pathologic and clinical entity. J. Am. med. Ass. *99:* 1223–1227 (1932).
5 Gibbons, R. A.: The coeliac affection in children. Edinburgh Med. J. *35:* 321 (1889).
6 Holmes, G. K. T.; Stokes, P. L.; Sorahan, T. M.; Prior, P.; Waterhouse, J. A. H.: Coeliac disease, gluten-free diet and malignancy. Gut *17:* 612–619 (1976).
7 McNicholl, B.; Egan-Mitchell, B.; Stevens, F.; Keane, R.; Baker, S.: Mucosal recovery in treated childhood coeliac disease (glutensensitive enteropathy). J. Pediat. *89:* 418–424 (1976).
8 Rosenberg, J. L.; Levin, B.; Wall, J. B.; Kirsner, J. B.: A controlled trial of Azathioprine in Crohn's disease. Dig. Dis. *20:* 721–725 (1975).
9 Stehr, K.; Böhles, H.; Grosse, K. P.: Morbus Crohn im Kindesalter; in Gall, Groitl (Hrsg.), Entzündliche Erkrankungen des Dünn- und Dickdarmes: Morbus Crohn, Colitis ulcerosa, pp. 139–144 (Perimed Verlag, Erlangen 1982).
10 Stern, M.: Kuhmilchproteinintoleranz – Klinik und Pathogenese. Mschr. Kinderheilk. *129:* 18–26 (1981).

Flüssigkeitstherapie bei Hyperbilirubinämie

Die geläufigen Ursachen einer Hyperbilirubinämie im Neugeborenenalter sind Tabelle 40 zu entnehmen.

> *Bilirubinikterus* bei Anstieg unkonjugierten, indirekten Bilirubins (oranger Farbton der Kinder).
> *Biliverdinikterus* bei Anstieg konjugierten, direkten Bilirubins (grün-grauer Farbton der Kinder).
> Bei Anstieg des direkten Bilirubins in der Neugeborenenperiode ist immer eine Sepsis (z. B. Harnwegsinfektion) auszuschließen.

Tabelle 40. Geläufige Ursachen der Hyperbilirubinämie im Neugeborenenalter

Ikterus durch indirektes Bilirubin
a) Hämolyse
   – Blutgruppenunverträglichkeit (Rh, ABO usw.)
   – Angeborene Störungen des Erythrozytenstoffwechsels
b) Zustand nach Hämatomblutungen
c) Materno-fötale Transfusion
d) Verspätetes Abklemmen der Nabelschnur
e) Metabolische Störungen.

Ikterus durch direktes Bilirubin
a) Sepsis
b) Neugeborenenhepatitis
c) Gallengangsdysplasie oder Gallengangsatresie

Therapie bei Hyperbilirubinämie

Das praktische Vorgehen bei bestehender Hyperbilirubinämie ist aus Abbildung 28 ersichtlich.

1. Phototherapie

Das in der Haut abgelagerte Bilirubin wird durch Licht einer Wellenlänge um 450 nm (Blaulicht) durch Photooxydation und Isomerisation derart verändert, daß es vor allem über die Galle ausgeschieden werden kann [1].

> Bei Ikterus durch konjugiertes, direktes Bilirubin ist Phototherapie kontraindiziert. (Cave: Bronze-Baby-Syndrom).

Flüssigkeitsbedarf unter Phototherapie [3]:
Unter Phototherapie steigt der Wasserbedarf um das 1,5fache an. Die Perspiratio insensibilis steigt von 2,5 auf 3,7 ml/kg/Stunde an.

2. Austauschtransfusion

Die Indikation zur Austauschtransfusion ergibt sich aus Abbildung 28. Hierbei werden die an die Blutgruppenantikörper gebundenen Erythrozyten mit passendem Spenderblut ausgetauscht.

> Bei Rh-Unverträglichkeit erfolgt der Austausch immer mit Rh-negativem Blut.
> Bei ABO-Unverträglichkeit ist ein Austausch mit O-Erythrozyten, die in AB-Plasma resuspendiert wurden, immer möglich. Zum Austausch verwendetes Blut sollte nicht älter als 48 Stunden sein.

Auszutauschende Blutmenge:
Die kindlichen Blutvolumina können wie folgt (Tab. 41) geschätzt werden:

Tabelle 41. Kindliche Blutvolumina

Gewicht	Blutvolumen (ml/kg)
Neugeboren– 10 kg	85
10–20	80
20–30	75
30–40	70
über 40	65

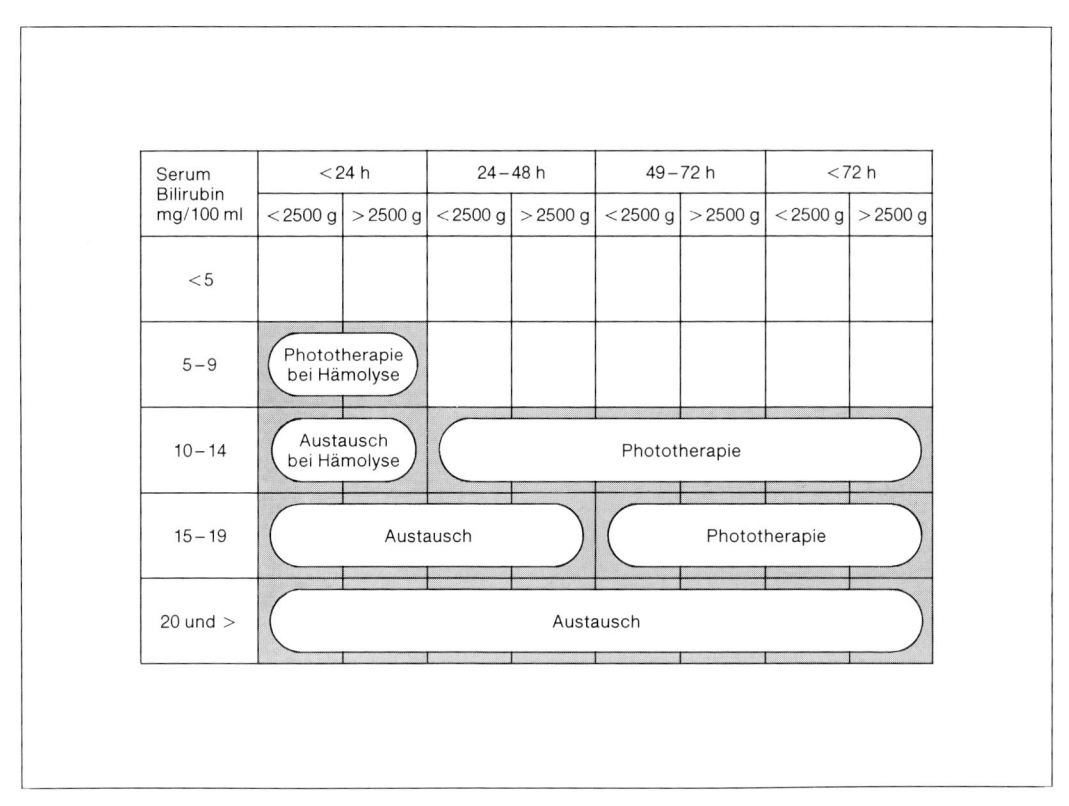

Serum Bilirubin mg/100 ml	<24 h		24–48 h		49–72 h		<72 h	
	<2500 g	>2500 g	<2500 g	>2500 g	<2500 g	>2500 g	<2500 g	>2500 g
<5								
5–9	Phototherapie bei Hämolyse							
10–14	Austausch bei Hämolyse		Phototherapie					
15–19	Austausch				Phototherapie			
20 und >	Austausch							

Abb. 28. Praktisches Vorgehen bei bestehender Hyperbilirubinämie.

Im Regelfall wird die zweifache Menge des kindlichen Blutvolumens ausgetauscht. Damit werden ca. 80% der kindlichen Erythrozyten ersetzt. Durch einen Austausch mit dem zweifachen Blutvolumen kann eine Halbierung der Serumbilirubinkonzentration erwartet werden.

Austauschtransfusion mit Albuminvorgabe:
Albumin kann zur Verbesserung der Bilirubinbindung über eine periphere Vene ca. 1 Stunde vor der Austauschtransfusion verabreicht werden.
Die Vorgabe von Albumin soll nicht durchgeführt werden, wenn eine ausgeprägte Anämie bzw. eine Herzinsuffizienz vorliegt. Dosierung: 1 g Humanalbumin/kg Körpergewicht als 20%ige Lösung. Mit der Albumininjektion kommt es zu einem Anstieg der Serumbilirubinkonzentration.

Praktische Durchführung der Austauschtransfusion:
Zu Beginn des Austausches wird ein Defizit von ca. 20 ml angelegt. Aus dieser Blutmenge werden gewünschte serologische Untersuchungen sowie die Bilirubinbestimmung durchgeführt. Der weitere Austausch erfolgt in Schritten von 10–20 ml Blut bis zum Erreichen von 170 ml/kg, was ca. dem doppelten Blutvolumen des Kindes entspricht. Pro 100 ml Blut erfolgt die Zugabe von 2,5 ml Kalziumglukonat 10%, wenn mit ACD-stabilisiertem Blut ausgetauscht wird. Wird der Austausch bei einem Kind mit Hydrops durchgeführt, muß nach jeweils 50 ml der zentrale Ve-

nendruck gemessen werden. Die Plasmaproteinkonzentration ist beim Hydrops gering und wird durch die Austauschtransfusion kontinuierlich angehoben. Die extrazelluläre Ödemflüssigkeit strömt in den intravaskulären Raum zurück und das Plasmavolumen expandiert. Damit besteht die Gefahr der Herzinsuffizienz. In diesem Fall wird das wiederholte Anlegen eines Volumendefizits notwendig. Austauschgeschwindigkeit: 2–4 ml/kg/Minute.

> Eine gute Austauschtransfusion wird langsam durchgeführt. Ein Teil der zuletzt entnommenen Blutmenge dient der erneuten Bilirubinbestimmung und für künftige Kreuzproben. Nach der erfolgten Austauschtransfusion müssen Atmung und Puls für weitere 4 Stunden kontrolliert werden. Nach 4 Stunden kann das Kind wieder gefüttert werden.

Lage des Nabelvenenkatheters

Die ideale Lage des Nabelvenenkatheters ist in unmittelbarer Nähe des rechten Herzvorhofes, weil hier:
a) größter Blutfluß und
b) aussagekräftigste Messung des zentralen Venendrucks möglich sind.

Die einzuführende Katheterlänge geht aus folgender Aufstellung hervor:

Geburts-gewicht	1000 g	1500 g	2000 g	2500 g	3000 g
einzuführende Länge	6 cm	7 cm	8 cm	9 cm	10–12 cm

Legt man der Längenberechnung die Schulter-Nabel-Entfernung zugrunde, dann gilt:

Länge des Nabelvenenkatheters = 0,8 × Schulter-Nabel-Entfernung + 0,2 [2].

Literatur

1 Cremer, R.; Perryman, P.; Richards, D.: Influence of light on the hyperbilirubinemia of infants. Lancet *i*: 1094 (1958).
2 Dunn, P. M.: Localisation of the umbilical catheter by post-mortem measurement. Archs Dis. Childh. *41*: 69–74 (1966).
3 Engle, W. D.; Baumgart, S.; Schwartz, J. G.; Fox, W. W.: Insensible water loss in the critically ill neonate. Am. J. Dis. Child. *135*: 516–520 (1981).

Störungen des Herz-Kreislauf-Systems

Angeborene Herzfehler

Tabelle 42. Einteilung der angeborenen Herzfehler (AHF) nach deren Lungendurchblutung [3].

1. *AHF mit überwiegend Lungenstauung*
   - Hypoplastisches Linksherz
   - Koarktationssyndrom
   - Totale Lungenvenenfehleinmündung
2. *AHF mit überwiegend aktiv vermehrter Lungendurchblutung*
   - Vorhofseptumdefekt
   - Ventrikelseptumdefekt
   - Ductus Botalli
   - Endokardkissendefekte
   - Singulärer Ventrikel
   - Truncus arteriosus
3. *AHF mit verminderter Lungendurchblutung*
   - Fallot-Tetralogie
   - Pulmonalatresie
   - Hypoplastisches Rechtsherz
4. *AHF mit Parallelschaltung der Kreisläufe*
   - Transposition der großen Arterien.

Azidose

Schwere angeborene Herzfehler führen im Neugeborenen- und Säuglingsalter durch eine Hypoxämie zur metabolischen Azidose (Laktatazidose s. u.)

- Bei metabolischer Azidose überwiegen Herzfehler mit verminderter Lungendurchblutung oder Parallelschaltung der Kreisläufe.
- Bei zusätzlicher Lungenfunktionsstörung, sei es auf dem Boden einer Herzinsuffizienz oder einer anatomisch verursachten Lungenstauung, tritt eine CO_2-Retention hinzu und führt zum Bild der gemischten Azidose.
- Eine respiratorische Azidose weist auf Herzfehler mit vorwiegend vermehrter Lungendurchblutung hin.
- Kaliberschwankungen eines offenen Ductus arteriosus Botalli ziehen Intensitätsschwankungen der metabolischen Azidose nach sich.

Herzinsuffizienz [2]

Nur selten ist ausschließlich ein Ventrikel betroffen, so daß die Zeichen der Rechtsherzinsuffizienz (Hepatomegalie, Ödeme, Halsvenenfüllung) oder der Linksherzinsuffizienz (Dyspnoe, Orthopnoe, Lungenödem) isoliert vorliegen. Die Symptome sind besonders beim jungen Säugling verdeckt durch unspezifische Krankheitszeichen wie z. B.: Trinkunlust, Unruhe, Schwitzen.

Therapie der Herzinsuffizienz

Allgemeine therapeutische Maßnahmen
- Lagerung: Leichte Überhöhung des Oberkörpers. Fixierung von Säuglingen in leichter Schräglage.
- Sedierung: Ruhige Umgebung, Medikamente: Atosil, Chloralhydrat.
- Sauerstoffzufuhr: Bei Säuglingen mit Haube; bei Kindern mit Schlauchbrille.

Sauerstoffdosierung bei Verwendung einer Nasen- oder Nasopharyngealsonde pro m^2 Körperoberfläche:

O_2-Fluß (l/min)	1,25	2,5	3,75	5,0
%O_2 in Inspirationsluft	30%	40%	50%	60%

– Nahrung: NaCl-arme Kost. Bei Säuglingen sollte die Nahrung in 8–10 Einzelportionen per Sonde verabreicht werden.

Spezielle therapeutische Maßnahmen

a) *Digitalisierung:* (β-Methyldigoxin z. B. Lanitop®, Amp. 2 ml = 2 Tbl. = 15 gtts. = 0,2 mg. Orale = parenterale Dosierung).

Sättigungsdosis:
Neugeborene und Säuglinge im 1. Monat: 0,03 mg/kg;
ab 2. Monat: 1,0 mg/m².
Es hat sich bewährt, die Vollsättigung innerhalb von 3 Tagen zu erreichen, und zwar sollen am 1. Tag 50%, am 2. Tag 50% und am 3. Tag 30% der Vollsättigung gegeben werden. Die *Erhaltungsdosis* ab 4. Tag beträgt 20% der Vollsättigung.
Die Tagesdosis ist auf 2 Einzelgaben zu verteilen.
Bei teilweise sehr glykosidempfindlichen Kindern sollte die Digitalisierung in verminderter Dosis vorgenommen werden (z. B. schwere Pneumonie, Mukoviszidose).

> Kinder mit chronischer Niereninsuffizienz haben eine verringerte Digoxinausscheidung. Die Dosis muß deshalb reduziert werden. Normale Serumdigoxinkonzentration: 1–2 ng/ml.

b) *Diuretika:* 1. Furosemid (Lasix®). Dosierung: 1–2 mg/kg/Tag. Die Langzeittherapie kann zur Hypokaliämie und damit zur Digitalisüberempfindlichkeit führen. 2. Bei Langzeittherapie sollte Spironolacton als 2. Diuretikum verwendet werden. Als Aldosteronantagonist bewirkt es Natriumausscheidung und Kaliumretention. Dosierung: 5 mg/kg/Tag an den ersten 5 Behandlungstagen, danach 2–4 mg/kg/Tag.

c) *Azidoseausgleich:* Alle Störungen des Säure-Basengleichgewichtes vermindern die Kontraktilität des Myokards.

Herzoperationen

Postoperative Therapie

Flüssigkeitsbedarf

Der Flüssigkeitsbedarf nach Herzoperationen ist durch die Neigung zur Natriumretention bestimmt. Besonders nach Operationen mit extrakorporalem Kreislauf besteht eine residuale Natrium- und Wasserbelastung [1].

Als *Richtlinien für den Flüssigkeitsbedarf* gelten:

1. Nach Herzoperationen mit extrakorporalem Kreislauf
60 ml/kg/24 Stunden für die ersten 10 kg Körpergewicht
30 ml/kg/24 Stunden für weitere 10 kg Körpergewicht
15 mg/kl/24 Stunden für das restliche Körpergewicht.

2. Nach Herzoperationen ohne extrakorporalen Kreislauf
100 ml/kg/24 Stunden für die ersten 10 kg Körpergewicht
50 ml/kg/24 Stunden für weitere 10 kg Körpergewicht
25 ml/kg/24 Stunden für das restliche Körpergewicht.

Postoperative Störungen des Elektrolythaushaltes

1. Hyponatriämie: Bedingt durch eine inadäquate ADH-Sekretion.
Therapie:
a) Flüssigkeitsrestriktion,
b) Zusätzliche Natriumsubstitution bei Serumkonzentrationen unter 125 mmol/l.
2. Hypokaliämie: Sehr häufig nach Operationen am offenen Herzen.
Beachte: Gefahr der Digitalisüberempfindlichkeit. Die erste postoperative Digitalisdosis sollte erst ab Serumkaliumkonzentrationen von 2,5 mmol/l verabreicht werden.

Diätetisches Vorgehen nach Herzoperationen

- Wegen der Häufigkeit einer Magendilatation nach Herzoperationen ist bei allen postoperativen Patienten eine Magenablaufsonde zu legen.
- Nach Extubation und Entfernung der Magenablaufsonde sollte die erste Nahrungsaufnahme frühestens nach weiteren 4 Stunden erfolgen (Schluckstörungen, Aspirationsgefahr).
- Die orale Nahrungsaufnahme wird mit Glukose 5% (10–30 ml) alle 2 Stunden begonnen. Werden 2 Fütterungen problemlos vertragen, kann 7%ige Säuglingsmilch weiter verabreicht werden.
- Nach Herzoperationen erhalten alle Kinder eine NaCl-arme Diät.

Literatur

1 Cohn, L. H.; Angell, W. W.; Shumway, N. W.: Body fluid shifts after cardiopulmonary bypass. I. Effects of congestive heart failure and hemodilution. J. thorac. cardiovasc. Surg. *62:* 423–427 (1971).
2 Keck, E. W.: Die Behandlung der Herzinsuffizienz im Säuglings- und Kindesalter. Notfallmedizin *6:* 14–19 (1980).
3 Singer, H.; Richter, K.: Die Bedeutung der Blutgasanalyse in der Diagnostik der kardio-pulmonalen Erkrankungen des Neugeborenen und jungen Säuglings. Therapiewoche: *29:* 1260–1270 (1979).

Onkologische Erkrankungen

Hyperurikämie unter Chemotherapie

Harnsäure entsteht als Endprodukt des Purinstoffwechsels. $2/3$ der entstehenden Harnsäure werden über die Nieren ausgeschieden. Zu Beginn einer Chemotherapie von Hämoblastosen (im Kindesalter vor allem die akute lymphatische Leukämie) und malignen Lymphomen besteht die Gefahr einer sekundären Hyperurikämie. Dies trifft vor allem für Leukämien mit hohen peripheren Leukozytenkonzentrationen (über $30000/mm^3$) und einer ausgeprägten Organinfiltration zu. Die extreme Erhöhung der Serumharnsäurekonzentration ist Folge eines gesteigerten Kernzerfalls. Die Hauptgefahr besteht in einer Tubulusschädigung mit nachfolgendem Nierenversagen. Begünstigend für die Ausfällung von Harnsäurekristallen wirken Dehydratation und saurer Urin-pH.

Prophylaxe

Hyperurikämieprophylaxe in den ersten 7 Tagen der zytostatischen Behandlung.
1. Ausreichende Bewässerung bereits vor Beginn der zytostatischen Behandlung.
2. Flüssigkeitszufuhr mit Beginn der ersten Zytostatikadosis: $2,5 \text{ l}/m^2/\text{Tag}$.
3. Allopurinol: $300 \text{ mg}/m^2/\text{Tag}$.
4. Alkalisierung des Urins: $90 \text{ mmol HCO}_3^-/m^2/\text{Tag}$.

> Bessere Löslichkeit der Urate im alkalischen Urin.
> Urin-pH 5,5: ca. 50% der Harnsäure gelöst.
> Urin-pH 7,0: ca. 99% der Harnsäure gelöst.

5. Kontrolle des zentralen Venendruckes.
   Die Diurese mit großen Volumina ist wichtiger als die Alkalisierung des Urins [1].

Zur Frage der Elektrolytimbalanzen bei onkologischen Patienten wird im Band V dieses Handbuches Stellung genommen.

Ernährungstherapie

Bei der Behandlung pädiatrischer Tumorerkrankungen, speziell der Leukämie, konnte nachgewiesen werden, daß die Aufrechterhaltung eines guten Ernährungszustandes, bzw. dessen Verbesserung, durch gezielte Ernährungstherapie für den Patienten von großer Bedeutung ist.
Dies zeigt sich in:
– Verbesserter Toleranz von Chemotherapie, Strahlentherapie und chirurgischer Therapie;
– geringeren toxischen Effekten der onkologischen Therapieformen;
– verbessertem Immunstatus;
– verbessertem subjektiven Befinden [2–4].

Ausführlich wird zu Kachexie und Ernährungstherapie onkologischer Patienten in den Bänden IV und V dieses Handbuches Stellung genommen.

Literatur

1 Conger, J. D.; Falk, S. A.: Intrarenal dynamics in the pathogenesis and prevention of acute urate nephropathy. J. clin. Invest. *59:* 786–793 (1977).

2 Filler, R. M.; Jaffe, N.; Cassady, J. R.; Traggis, D. G.; Das, J. B.: Parenteral nutritional support in children with cancer. Cancer *39:* 2665–2669 (1977).

3 Ollenschläger, G.: Zur Pathogenese und Therapie der Malnutrition in der Onkologie. Z. Ernährungswiss. *21:* 124–145 (1982).

4 Van Eys, J.: Malnutrition in children with cancer. Incidence and consequence. Cancer (Suppl.) *43:* 2030–2035 (1979).

Schädel-Hirn-Trauma und Hirnödem

Physiologische Grundlagen

Die Durchblutung des Gehirns wird durch Autoregulation konstant gehalten. Sie hat einen Anteil von ca. 15% des Herzzeitvolumens und beträgt ca. 50–55 ml/100 g/Minute. Die Hirndurchblutung ist der Quotient aus: effektivem Blutdruck/zerebralem Gefäßwiderstand.
- Die autoregulativen Vorgänge können durch extremen Blutdruckanstieg oder Blutdruckabfall durchbrochen werden.
- Bei Anstieg des arteriellen pCO_2 steigt die Hirndurchblutung an.
- Bei Abfall des arteriellen pO_2 steigt die Hirndurchblutung an.
- Ein pH-Abfall im extrazellulären Bereich verengt die Hirngefäße.
- Eine Erhöhung des Liquordrucks führt zur Erhöhung des arteriellen Blutdruckes (Cushing-Reflex).

Liquordruck unter Normalbedingungen:
a) Systole bei Inspiration: 10 ± 2 mmHg,
b) Diastole bei Exspiration: 5 ± 2 mmHg.
Liquorproduktion: 0,4 ml/Minute.

Pathophysiologie des Schädel-Hirn-Traumas

Die pathophysiologischen Abläufe sind in Tabelle 43 dargestellt.
- Der Perfusionsdruck des Gehirns, welcher eine Resultierende aus arteriellem Mitteldruck und Hirndruck ist, geht gegen 0.
- Eine Hirnschwellung führt zu einer venösen Strömungsverlangsamung. Der Hirndruck wird stark vom venösen Druck beeinflußt.

Tabelle 43. Pathophysiologische Abläufe bei der Entstehung des Hirnödems nach Schädel-Hirn-Trauma

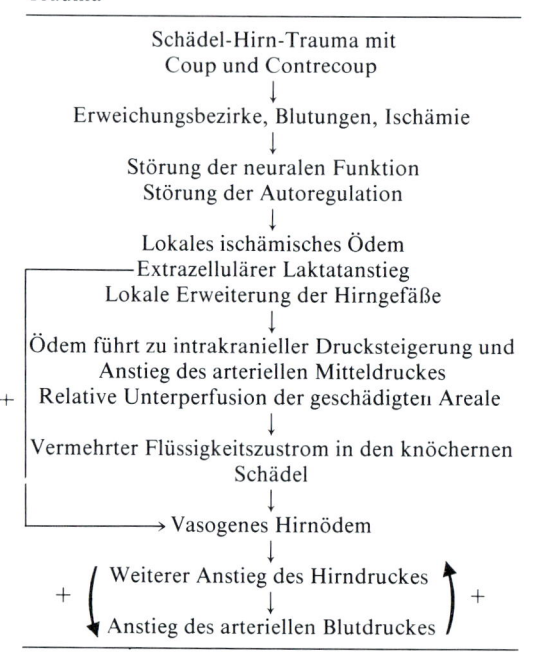

Schädel-Hirn-Trauma mit Coup und Contrecoup
↓
Erweichungsbezirke, Blutungen, Ischämie
↓
Störung der neuralen Funktion
Störung der Autoregulation
↓
Lokales ischämisches Ödem
—Extrazellulärer Laktatanstieg
Lokale Erweiterung der Hirngefäße
↓
Ödem führt zu intrakranieller Drucksteigerung und Anstieg des arteriellen Mitteldruckes
+ Relative Unterperfusion der geschädigten Areale
↓
Vermehrter Flüssigkeitszustrom in den knöchernen Schädel
↓
→ Vasogenes Hirnödem
↓
+ { Weiterer Anstieg des Hirndruckes
↓
Anstieg des arteriellen Blutdruckes } +

Klinik

Zeichen des steigenden Hirndrucks sind:
1. Verschlechterung der Bewußtseinslage;
2. Pulsirregularität (Abfall oder Anstieg der Pulsfrequenz);
3. Blutdruckanstieg;

> Zur Aufrechterhaltung des Hirnperfusionsdruckes wird bei erhöhtem intrakraniellem Druck der Systemblutdruck erhöht *(Cushing-Reflex)*. Ein erhöhter Blutdruck weist somit auf ein Hirnödem hin. Beachte: Blutdruck nicht absenken!

4. Atmungsirregularität (langsam, irregulär, periodisch);
5. Weitstellung der Pupillen;
6. Temperaturanstieg.

Therapie des Schädel-Hirn-Traumas

1. Dexamethason (so frühzeitig nach dem Unfallereignis wie möglich; noch am Unfallort).

Initialbolus (je nach Bedarf 10–100 mg)
1. Tag 8 mg Dexamethason alle 2 Stunden;
2. Tag 4 mg Dexamethason alle 2 Stunden;
3. Tag 8 mg Dexamethason alle 2 Stunden;
4. Tag 4 mg Dexamethason alle 2 Stunden;
5.–8. Tag 4 mg Dexamethason alle 4 Stunden.

2. Infusion hyperosmolarer Lösungen unter genauer Ein- und Ausfuhrkontrolle.
Mannit: 0,5 – maximal 2,0 g/kg,
Humanalbumin 20%.

Cave:

– Beeinträchtigung der Hirnperfusion durch Verschlechterung der Kreislauffunktion.

– Reboundeffekt nach Beendigung der Infusion. Er ist bei verschiedenen Substanzen unterschiedlich ausgeprägt:
Harnstoff > Sorbit > Mannit.
Der Reboundeffekt ist durch die Ansammlung osmotisch aktiver Substanzen in der Ödemflüssigkeit bedingt.
– Bei intrakraniellen Blutungen ist die Gabe hypertoner Lösungen kontraindiziert.

3. Nach Dehydratation muß ein Volumenausgleich durch eine Eiweißlösung erfolgen (Humanalbumin oder Plasma).
4. Sauerstoffgabe: Senkung des Hirndruckes bei gleichzeitiger Anhebung des Blutdruckes.
5. Kontrollierte Hyperventilation. Der arterielle pCO_2 wird auf 25–30 mm Hg abgesenkt. Die Senkung des pCO_2 führt zur Vasokonstriktion in den gesunden Arealen. Dies führt zu einer Verbesserung der Perfusion geschädigter Areale mit bestehender vasomotorischer Paralyse (»inverse steal Syndrom«; »Robin-Hood-Syndrom«)
6. Senkung des Venendrucks.
7. Dextran 40 und Humanalbumin wirken onkotisch und verbessern die rheologischen Eigenschaften des Blutes.

Die Verbrennungskrankheit

Schweregrad von Verbrennungen

Die Ausdehnung einer Verbrennung läßt sich schon kurz nach der Verletzung abschätzen und in Prozent der Körperoberfläche ausdrükken. Dabei ist im Kindesalter zu berücksichtigen, daß der Kopf im Vergleich zu dem des Erwachsenen eine relativ große Körperoberfläche darstellt. Dies wird durch geringere Proportionen der Ober- und Unterschenkel wieder ausgeglichen. Die Abschätzung der betroffenen Körperoberfläche erfolgt entsprechend der »Neunerregel« nach *Wallace* [2] (Abb. 29).

Kopf und Hals 9%, vorderer und hinterer Rumpf je 2 × 9%, jede obere Extremität 9%, jede untere Extremität 2 × 9% und Damm 1%. Für das Kindesalter kann man die Regel wie folgt korrigieren: Für jedes Lebensjahr unter 10 Jahren wird 1% zum Kopf dazugezählt und dafür 0,5% von jeder unteren Extremität abgezogen.

Die Prognose einer Verbrennung hängt nicht nur von ihrer Ausdehnung, sondern auch von ihrer Tiefe ab. Für das Ausmaß der örtlichen Schädigung ist entscheidend, welche Temperaturen im Gewebe erreicht wurden. Bei der klassischen Einteilung unterscheidet man drei Verbrennungsgrade:

a) *Verbrennung 1. Grades*
Betrifft nur die Epidermis. Rötung und Schwellung. Klingt nach einigen Tagen wieder ab. Schmerzhaft.

b) *Verbrennung 2. Grades*
Betrifft außer der Epidermis auch Teile der Dermis, die epithelialen Anhangsgebilde bleiben erhalten. Blasenbildung. Schmerzhaft.

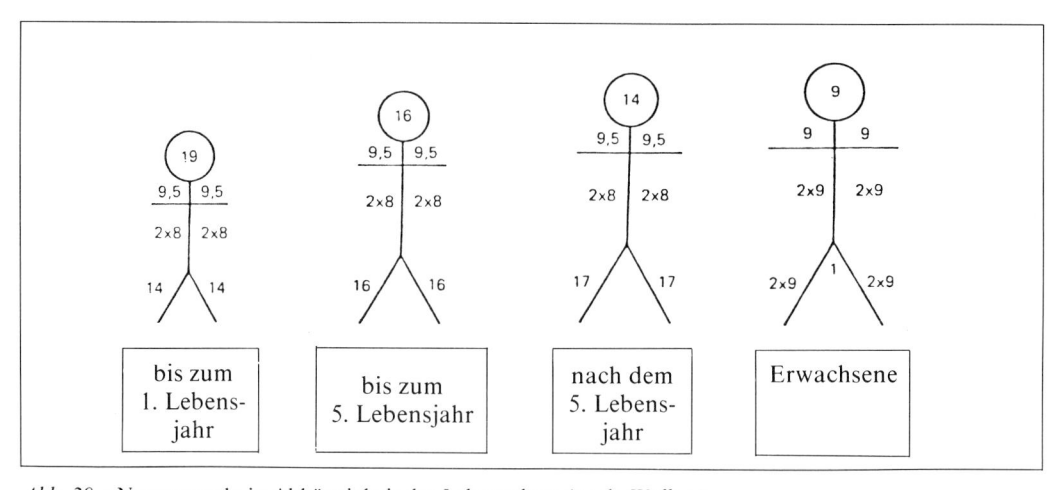

Abb. 29. »Neunerregel« in Abhängigkeit des Lebensalters (nach *Wallace*).

c) *Verbrennung 3. Grades*
Die Läsion betrifft Epidermis, Dermis und noch darunter liegende Gewebe.

> Eine trockene, grauweiße Oberfläche, die nicht schmerzhaft ist, deutet auf eine tiefe Verbrennung hin.

Unter Berücksichtigung von Ausdehnung und Tiefe einer Verbrennung gilt für Kinder folgende Einteilung nach *Budenandt* [1]:

a) *Leichte Verbrennungen*
　1. Grades: Unter 10% der Körperoberfläche;
　2. Grades: Unter 5% der Körperoberfläche;
　3. Grades: Unter 2% der Körperoberfläche.

b) *Mittelschwere Verbrennungen*
　1. Grades: Über 10% der Körperoberfläche;
　2. Grades: 5–10% der Körperoberfläche;
　3. Grades: 2–10% der Körperoberfläche.

Beteiligung von Händen, Füßen, Gesicht und Genitalien auch bei geringerer Ausdehnung.

c) *Schwere Verbrennungen*
Jede Verbrennung über 10% der Körperoberfläche, ausschließlich nur 1. Grades. Elektrische oder Säureverbrennungen auch bei geringerer Ausdehnung.

d) *Kritische Verbrennungen*
　2. Grades: Über 20–25% der Körperoberfläche;
　3. Grades: Über 10–15% der Körperoberfläche, je nach Alter des Kindes.

Eine der wesentlichen Gefahren in den ersten Stunden nach der Verbrennung ist ein durch das sich rasch entwickelnde Flüssigkeitsdefizit eintretender Schock. Da der kindliche Organismus, bezogen auf die Körperoberfläche, wasserärmer ist als der des Erwachsenen, erleidet das Kind bei vergleichbaren Verbrennungsflächen einen größeren Flüssigkeitsverlust als der Erwachsene.

> Bei Säuglingen und Kleinkindern muß man bereits bei einer Ausdehnung von 5% der Körperoberfläche mit einem Schock rechnen. Unbedingt Einweisung in Klinik!

Der Flüssigkeitsverlust erfolgt
1. über die Wundflächen und
2. in das Interstitium unter Ausbildung eines örtlichen und allgemeinen Ödems infolge der erhöhten Kapillarpermeabilität.
Bei der Ödemflüssigkeit handelt es sich um eine isotone Lösung mit einem Gehalt von 150 mmol Na^+/l und 105 mmol Cl^-/l sowie 3–5% Eiweiß.

> Der Flüssigkeitsverlust durch Exsudation, Ödem und Verdunstung beläuft sich auf ca. 5 ml/% verbrannter Körperoberfläche/kg in den ersten 24 Stunden nach der Verbrennung.

Infolge der Verbrennung tritt eine stark *katabole Situation* auf. Der Haupteiweißverlust erfolgt durch Einschmelzung von Protein und vermehrter Ausscheidung von Stickstoff über den Urin. Ca. 25% des Eiweißverlustes gehen auf Kosten der Wundexsudation.

Therapie bei Verbrennungen

Flüssigkeitssubstitution

1. Anlegen einer *intravenösen Dauertropfinfusion*.
Es kommt schnell zu einem Abfall des Plasmavolumens. Dieser kann bereits 1 Stunde nach der Verbrennung ca. 20–30% des zirkulierenden Blutvolumens betragen.
2. Es ist entscheidend, daß die für die erste Hilfe gewählte Infusionslösung NaCl in ausreichender Menge enthält.
Praktisches Vorgehen: Einer 500 ml Infusionsflasche, die eine Lösung von 0,9% NaCl und 5% Glukose im Verhältnis 1:1 enthält, werden 5–15 ml einer 8,4%igen Natriumbikarbonatlösung und 25–50 ml einer 20%igen Humanalbuminlösung zugegeben.
Der Zusatz von Natriumbikarbonat erfolgt:
a) Zur Anhebung des Natriumgehaltes und

b) Zum Ausgleich einer sich entwickelnden Azidose.

Kalium wird der Infusion nach Normalisierung der Urinausscheidung (2 mmol/kg/24 Stunden) zugefügt.

3. *Flüssigkeitsbedarf* (Physiologischer Erhaltungsbedarf + Zusatzbedarf):

a) Physiologischer Erhaltungsbedarf:
   Bis 10 kg: 100 ml/kg,
   bis 20 kg: 80 ml/kg,
   bis 40 kg: 60 ml/kg.

b) Zusatzbedarf:
   1. Tag: 5 ml/kg/% verbrannte Körperoberfläche;
   2. Tag: 3 ml/kg/% verbrannte Körperoberfläche;
   3. Tag: 1 ml/kg/% verbrannte Körperoberfläche.

4. *Infusionsgeschwindigkeit:* In den ersten 4 Stunden ca. 20 ml/kg/Stunde. Ist die Urinausscheidung ungenügend oder weist das Kind Schockzeichen auf, so muß die Flüssigkeitsmenge vorübergehend auf bis zu 40 ml/kg/Stunde erhöht werden.

5. Um das bestehende *Ödem* nicht zu verstärken, wird ab dem 2. Tag eine $^1/_3$ isotone NaCl-Lösung (NaCl 0,9% + Glukose 5% = 1:2) und ab dem 3. Tag eine $^1/_5$ isotone NaCl-Lösung (NaCl 0,9% + Glukose 5% = 1:4) verwendet.

Vom 4. Tag an ist mit einer Rückresorption der Ödeme zu rechnen. Der zentrale Venendruck steigt an. Ein Druck von über +10 cm H_2O zeigt eine beginnende Belastung des Kreislaufs an. Es besteht jetzt die Gefahr von Herzinsuffizienz, Lungenödem und Hirnödem. Bei intakter Nierenfunktion kündigt sich diese Phase durch eine erhöhte Urinausscheidung an. Am 1. und 2. Tag dagegen werden trotz hoher Infusionsmengen selten Werte eines zentralen Venendrucks von über 3–4 cm H_2O erreicht.

6. *Kontrollparameter der Infusionstherapie:*
a) Urinausscheidung;
b) Hämatokrit.

Es werden eine Urinausscheidung von 1–2 ml/kg/Stunde und ein Hämatokrit zwischen 35 und 40% angestrebt.

Spezialsituationen

– Urinausscheidung unter 1 ml/kg/Stunde und gleichzeit ansteigender Hämatokrit über 40%.
Maßnahme: Erhöhung der Infusionsgeschwindigkeit.

– Urinausscheidung über 2 ml/kg/Stunde bei normalem oder abfallendem Hämatokrit.
Maßnahme: Reduktion der Infusionsgeschwindigkeit.

– Urinausscheidung normal oder überschießend und trotzdem ansteigender Hämatokrit. Spricht für relativen Salzmangel oder Kolloidmangel.
Maßnahme: Infusion von Serumzubereitungen (z. B. Biseko®) (10 ml/kg in 60 Minuten).

– Besteht bei tiefen Verbrennungen eine Hämo- bzw. Myoglobinurie, sollten die Nierentubuli gut gespült werden und gleichzeitig der Urin-pH zur besseren Löslichkeit von Hämoglobin und Myoglobin in den alkalischen Bereich angehoben werden.

Zur Frage des Nährstoffbedarfs nach Verbrennungen wird in Band IV dieses Handbuches Stellung genommen.

Literatur

1 Budenandt, I.: Flüssigkeitszufuhr bei Verbrühungen und Verbrennungen. Notfallmedizin *3:* 532–536 (1977).
2 Wallace, A. B.: Treatment of burns – a return to basic principles. Brit. J. plast. Surg. *2:* 232 (1949).

Grundprinzipien der enteralen Ernährungstherapie

Definition des Ernährungszustandes

Die Definition des Ernährungszustandes ist die Voraussetzung zur Beurteilung der Notwendigkeit und der Art einer künstlichen Ernährungsform.
Folgende Parameter spiegeln den Zustand verschiedener Komponenten der Gesamtkörpermasse wider:

1. Körperlänge

2. Körpergewicht
Gewichtsverluste können ein Hinweis für einen Malnutritionszustand sein. Als »signifikante Gewichtsabnahme« wird ein Gewichtsverlust von 5% innerhalb eines Monats oder von 10% innerhalb von 6 Monaten bezeichnet. Größere Verluste, bzw. gleiche Gewichtsverluste in kürzerer Zeit, sind »schwere Gewichtsverluste«.

3. Triceps-Hautfalte
Die Dicke der Triceps-Hautfalte ist ein guter Parameter zur Beurteilung der Fettmasse des Körpers [6]. Die Messung erfolgt mit einem Kaliper am nicht dominanten Arm in Oberarmmitte zwischen Acromion und Olecranon (Abb. 30, 31).

4. »Lean Body Mass« (= Körperprotein + Körperwasser);
Bei Hunger, Streß und Verletzungen wird der Proteinpool des Körpers aufgezehrt, was sich in einer Verminderung der »lean body mass« niederschlägt. Zwei Parameter geben Auskunft über den Zustand der »lean body mass«:

a) *Armmuskelumfang:* Armumfang des nicht dominanten Armes in Humerusmitte. Der Armumfang muß wegen des Fettanteils mittels der gemessenen Triceps-Hautfaltendicke korrigiert werden:
Armmuskelumfang =
Armumfang − [3,14 × Tricepshautfalte] (in cm)

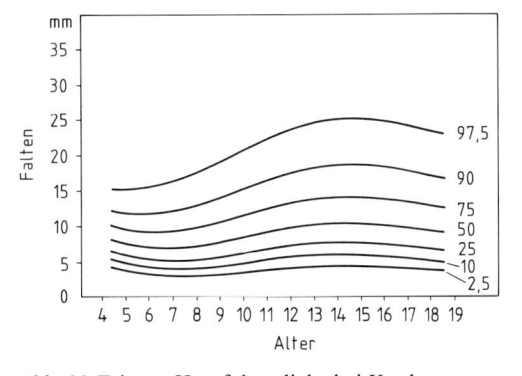

Abb. 30. Triceps-Hautfaltendicke bei Knaben.

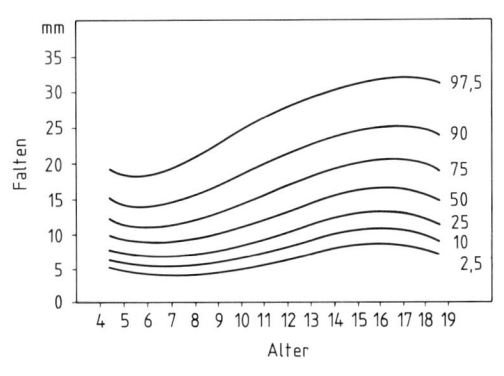

Abb. 31. Triceps-Hautfaltendicke bei Mädchen.

b) Kreatinin-Längen-Index [3]: Die Ausscheidung von Kreatinin im Urin ist proportional der Muskelmasse. Die Kreatininausscheidung im 24-Stunden-Urin wird mit der einer Person gleicher Körperlänge und Idealgewicht verglichen.

5. Funktionsproteine
Serumproteine mit kurzer Halbwertszeit, wie z. B. Präalbumin, retinolbindendes Protein oder Cholinesterase, sind ein guter Indikator für den Versorgungszustand mit Protein. In Streßsituationen ist die Serumkonzentration von Albumin, Präalbumin etc. vermindert. Eine über 1 Woche anhaltende Hypalbuminämie ist ein Hinweis auf eine Malnutrition.

6. Stickstoffbilanz
Die Bilanz wird durch Gegenüberstellung von N-Zufuhr und N-Verlust berechnet. Für den Routinegebrauch kann der N-Verlust aus dem Harnstoff-N eines 24-Stunden-Urins berechnet werden [9]. Über Haut und Stuhl werden nur geringe N-Mengen verloren. Außer bei schweren Durchfallzuständen kann der Nicht-Harnstoff-N-Verlust durch einen konstanten Faktor angegeben werden. Für klinische Zwecke ist im Kindesalter die Zurechnung von 2 g Stickstoff ausreichend.
Für klinische Zwecke gilt somit:

$$\text{N-Bilanz} = \frac{\text{Proteinzufuhr}}{6{,}25} - (\text{Harnstoff-N} + 2)$$

7. Beurteilung des Immunstatus
a) Absolute Lymphozytenzahl
  Gesamtlymphozytenzahl = (% Lymphozyten × Leukozytenzahl) : 100
b) Intrakutantestung mit verschiedenen Antigenen (Mumps, Candida). Die Hautreaktion im Sinne einer Rötung und Induration wird nach 48 Stunden abgelesen und bei einem Durchmesser über 5 mm als regelrecht beurteilt.

> Bei einer Serumalbuminkonzentration unter 3,0 g/dl, welche nicht durch Verdünnungseffekte hervorgerufen wurde, kann mit einer Einschränkung der Immunitätslage gerechnet werden [1].

Beurteilung der Qualität von Nahrungseiweiß

Biologische Wertigkeit

Die minimale Eiweißmenge, bei der eine ausgeglichene N-Bilanz erzielt wird, bezeichnet man als »Bilanzminimum«.
Das Bilanzminimum ist für verschiedene Proteine unterschiedlich, in Abhängigkeit von der biologischen Wertigkeit.
Ursache ist die unterschiedliche Aminosäurenzusammensetzung der verschiedenen Nahrungsproteine. Die Werte für die biologische Wertigkeit werden häufig in Prozent des höchstwertigen Proteins (Vollei) angegeben. Tabelle 44 zeigt Beispiele für die biologische Wertigkeit von Proteinen. Es gibt Proteine (z. B. Vollei- oder Milchproteine), die einen so hohen Gehalt an essentiellen Aminosäuren haben, daß man sie bis zu einem gewissen Grade ohne Verlust der biologischen Wertigkeit mit nichtessentiellen Aminosäuren verdünnen kann. Durch Mischen ist auch eine Steigerung der biologischen Wertigkeit zu erzielen. Ein bekanntes Beispiel ist ein Gemisch aus 35% Eiprotein und 65% Kartoffelprotein (Kartoffel-Ei-Diät).

Tabelle 44. Beispiele für die biologische Wertigkeit von Proteinen

Protein	für Bilanzminimum notwendige Dosis (g/kg KG)
Vollei	0,50
Milch	0,55
Kartoffel	0,56
Rindfleisch	0,60
Mais	0,65
Weizen	0,85

Tabelle 45. E/T-Ratio von Proteinen

Protein	E/T-Ratio
Vollei	3,22
Muttermilch	3,13
Rindfleisch	2,79
Reis	2,61
Hafer	2,30
Weizen	2,02

E/T-Ratio

Zur Charakterisierung von Nahrungsproteinen müssen außer den essentiellen auch die nichtessentiellen Aminosäuren berücksichtigt werden. Hierfür hat sich die E/T-Ratio eingebürgert.

$$\text{E/T-Ratio} = \frac{\text{g essentielle Aminosäuren}}{\text{g Gesamt-N des Proteins}}$$

Die E/T-Ratio sagt nichts über die biologische Wertigkeit des Proteins aus. Beispiele für die E/T-Ratio sind aus Tabelle 45 ersichtlich.

Abschätzung des Energiebedarfs [2]

Der Bestand der Zellmasse ist die Grundlage zur Beurteilung des Energiebedarfs. Für die Bildung von 1 kg Zellmasse sind etwa 5400 Kalorien erforderlich [12], für die gleiche Masse reinen Fettes 9100 Kalorien. Es ist bekannt, daß sich die Energieumsätze für Zellmassen- und Fettsynthese etwa wie 45:55 verhalten. Berücksichtigt man, daß 1 kg Zellmasse 92,5 mmol Kalium enthält, so ergibt sich, daß pro mmol retinierten Kaliums für die Synthese von Zellmasse und Fett in dem genannten Verhältnis 110 Kalorien benötigt werden. Da der Zellmassenbestand bei Frühgeborenen etwa 50% der Körpermasse ausmacht, läßt sich der Energiebedarf also folgendermaßen berechnen:

$$TE = \frac{\text{Gewicht[kg]}}{2} \times 120 + (\text{retin. K}^+ \text{[mmol]}) \times 110$$

TE = Täglicher Energiebedarf (kcal)

Das retinierte Kalium ist leicht aus der zugeführten und der renal ausgeschiedenen Menge zu bestimmen.

Beispiel:

Bei Frühgeborenen werden pro kg Körpergewicht etwa 0,55 mmol K^+ täglich retiniert. Für einen 2000 g schweren Säugling erhält man also den täglichen Energiebedarf von 120 + 121 = 241 Kalorien oder ca. 120 kcal/kg.

Formen der enteralen Ernährungstherapie

Sondennahrung

Definierte Diät

Industriell gefertigte Kostformen, welche die Grundnährstoffe in fester Relation zueinander und alle essentiellen Faktoren in ausreichender Menge enthalten. Eine ausgewogene Normalkost dagegen ist Schwankungen unterworfen.

Definierte bilanzierte Diät

Diese Diäten sind hinsichtlich ihrer Zusammensetzung standardisiert und kontrolliert. Die Bilanzierung erfolgt im Hinblick auf einen bestimmten Verwendungszweck.

Grundsätzlich sind zwei Formen der definierten Diät zu unterscheiden:

a) *Nährstoffdefinierte Diät = Formuladiät (NDD)* [s. Tab. 46, 47, 48] besteht vorwiegend aus konventionellen Nährstoffen. Besonders als Sondennahrung geeignet.
b) *Chemisch definierte Diät (CDD)* [s. Tab. 49]. Sie besteht vorwiegend aus Bausteinen der Nährstoffe, die synthetisch oder durch Abbau gewonnen sein können. Elementardiäten dieser Art sind aus reinen L-Aminosäuren oder definierten Oligopeptiden, einfachen Kohlenhydraten, essentiellen Fetten, Vitaminen und Mineralstoffen zusammen-

gesetzt. Sie enthalten keine Ballaststoffe und werden rückstandslos verwertet. Die Resorption erfolgt in den oberen Dünndarmabschnitten. Sie eignet sich speziell zur Ernährung nach Darmresektionen, insbesondere beim »Short Gut Syndrome«, bei Darmfisteln und chronischen, entzündlichen Darmerkrankungen.

- Der wesentliche Vorteil der chemisch definierten Diät gegenüber einer Formuladiät ist, daß keine Verdauungssekrete benötigt werden.
- Chemisch definierte Diäten sind hyperosmolar (s. Tabelle 49).
- Die Energiedichte ist im allgemeinen 1 kcal/ml.

Die in der Erwachsenenmedizin verwendeten Sondennahrungen (s. Tabelle 46–49) sind grundsätzlich auch in der Pädiatrie einsetzbar.

Berücksichtigt werden muß jedoch – vor allem im ersten Lebenshalbjahr – eine evtl. unphysiologische Belastung des Mineral-, Säurebasen- und Stickstoffhaushaltes. Es sind somit regelmäßige Kontrollen dieser Parameter notwendig.

Hinsichtlich der Osmolarität sollte grundsätzlich eine langsame Adaptation an die Tonizität der entsprechenden Präparate erfolgen. Ausgehend von 300 mOsm/l ist eine Adaptation innerhalb von 1–2 Wochen möglich.

Klinisch ist vor allem auf das plötzliche Auftreten von Durchfällen zu achten. Bei entspre-

Tabelle 46. Instantisierte „Standard"-Formuladiät für Sonde [nach Sailer (11)]. (Quelle: „Grüne Liste" 1980, Herstellerangaben) Angaben pro 1000 kcal ($\triangleq$ 4200 kJ)

	Berodiät S (Boehr. Ingelh.)	Biosorb (Pfrimmer)	Fresubin (Fresenius)	Nutricomp (B. Braun)	Meritene (Wander)	Sonana pikant (Humana)	Sonana süß (Humana)
Nährstoffrelation (Energie %) EW:F:KH	12:26:62	16:36:48	14-15:10-16: 69-76	18:24:58	35:9:56	25:32:43	22:30:48
Eiweiß (g)	29 Milch- + Sojaprotein	40 Milchprotein + Casein	35 Mischprotein Milch, Soja, Fleisch	44 Milch- + Sojaprotein Cystein	89 Milchprotein	62 Milchprotein + Casein	55 Milchprotein + Casein
Fett (g) davon Linolsäure	29 11 (12 g MCT)	40 27	7–18 g 4	27 15 (4 g MCT)	10 4	35 17	33 17
Kohlenhydrate (g) Mono/Di-Sacch. (ohne Laktose) Laktose Oligo/Poly-Sacch.	155 26 2 127	117 9 15 93	171–195 0,6–15 16–31 92–164	145 12 1 132	139 1 133 5	108 17 57 34	125 99 26
Osmolarität (mosm/l)	276	290	Keine Angaben	205	736	Keine Angaben	Keine Angaben
Nährstoffdichte				1 kcal/ml			
Ballaststoffe (g) ∅	∅	∅	∅	∅	∅	∅	∅

chender klinischer Notwendigkeit kann einer Malnutrition während der Adaptationsphase durch zusätzliche peripher-venöse Ernährung vorgebeugt werden.

Zur Frage der Sondennahrung und ihrer Applikationstechniken wird ausführlich in Band II dieses Handbuches Stellung genommen.

Mittelkettige Triglyceride (MCT)

Triglyceride aus mittelkettigen Fettsäuren ($C_8 - C_{10}$) haben eine besondere Bedeutung bei Malassimilationssyndromen (s. z. B. Mucoviscidose). Die Unterschiede des Stoffwechsels von mittelkettigen und langkettigen Triglyceriden sind in Abbildung 32 dargestellt. Mittelkettige Triglyceride kommen in der Natur nur in wenigen Nahrungsfetten vor. Ko-

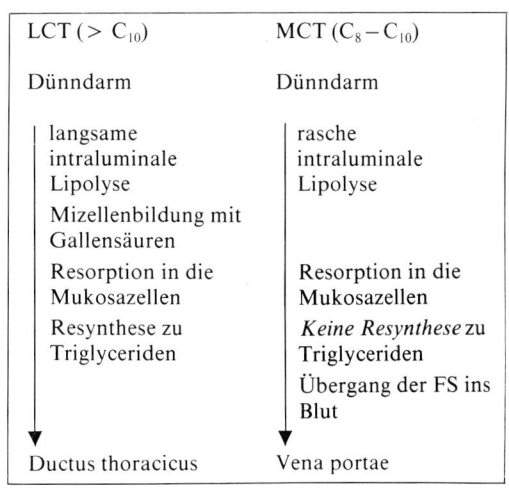

LCT ($> C_{10}$)	MCT ($C_8 - C_{10}$)
Dünndarm	Dünndarm
langsame intraluminale Lipolyse	rasche intraluminale Lipolyse
Mizellenbildung mit Gallensäuren	
Resorption in die Mukosazellen	Resorption in die Mukosazellen
Resynthese zu Triglyceriden	*Keine Resynthese* zu Triglyceriden
	Übergang der FS ins Blut
↓	↓
Ductus thoracicus	Vena portae

Abb. 32. Resorption von langkettigen (LCT) und mittelkettigen (MCT) Triglyceriden.

Tabelle 47. Flüssige „Standard"-Formuladiäten für Sonde [nach *Sailer* (11)]. (Quelle: „Grüne Liste" 1980, Herstellerangaben) Angaben pro 1000 kcal ($\triangleq$ 4200 kJ)

	Biosorb Sonde (Pfrimmer)	Clinifeed 400 (Cassella Riedel)	Clinifeed 500 (Cassella Riedel)	Clinifeed LL5 (Cassella Riedel)	Fresubin-fl. (Fresenius)	Meritene flüssig (Wander)	Nutricomp F (B. Braun)	Nutro-Drip (Wander)	Sokoham (Hameln)
Nährstoffrelation (Energie %) EW:F:KH	16:36:48	15:30:55	24:20:56	18:27:55	15:30:55	34:19:46	17:24:59	16:36:48	14:40:46
Eiweiß (g)	40 Milchprotein + Casein	38 Milcheiweiß	59 Milchprotein	45 Fleisch + Sojaprotein	38 Milch- + Sojaprotein	82 Milchprotein	43 Milch- + Sojaprotein	40 Fleisch + Milch Gemüse	36 Milchprotein
Fett (g) davon Linolsäure	40 27	33 Keine Angaben	22 4	39 Keine Angaben	34 18	20 10	26 15 (4 g MCT)	40 13	44 25
Kohlenhydrate (g) Mono/Di-Sacch. Laktose Oligo/Poly-Sacch.	118 5 15 98	147 46 25 76	140 48 10 82	138 28 – 110	138 35 – 102	112 Keine Angaben – –	149 12 1 136	120 15 23 82	112 9 – 103
Osmolarität mosm/l	250	740	810	590	300	625 (mosm/kg)	340	314	Keine Angaben
Nährstoffdichte					1 kcal/ml				
Ballaststoffe (g)	∅	∅	∅	∅	∅	∅	∅	6,0	26

Tabelle 48. Alternative Formuladiät für Sonde [nach Sailer (11)]. (Quelle: „Grüne Liste" 1980, Herstellerangaben) Angaben pro 1000 kcal ($\triangleq$ 4200 kJ)

	Biosorbin MCT (Pfrimmer)	Meritene-MCT (Wander)	Portagen (Mead Johnson)	Precitene (Wander)	Precitene-N (Wander)	Survimed (Fresenius)
Nährstoff- relation (Energie %) EW:F:KH	20:30:50	25:43:32	14:42:44	11:8:81	21:8:71	14:9:77
Eiweiß (g)	49 Milchprotein +Casein +Cystin	64 Milchprotein	34 Casein	27 Eiklar- protein	54 Eiklar- protein	35 Milch, Soja, Fleisch, Protein teilabgebaut
Fett (g)	33	47	46	9	9	9
Linolsäure	5	4	–	4	4	6
MCT	26	38	46	–	–	–
Kohlenhydrate (g)	123	81	112	201	175	194
Mono/Di-Sacch.	11	1,8	112	31	28	11–44
Laktose	1	63	–	–	–	2
Oligo/Poly- Sacch.	111	16	–	170	147	148–180
Osmolarität mosm/l	240	407	Keine Angabe	495	462	400
Nährstoffdichte			1 kcal/ml			
Ballaststoffe (g)	∅	∅	∅	∅	∅	∅

Tabelle 49. Chemisch-Definierte Diäten [nach Sailer (11)]. (Quelle: „Grüne Liste" 1980, Herstellerangaben) Angaben pro 1000 kcal ($\triangleq$ 4200 kJ)

	Protein als L-Aminosäuren		Protein als def. Oligopeptide
	AKV (Fresenius)	BSD 1800 (Pfrimmer)	Peptisorb (Pfrimmer)
Nährstoffrelation (Energie %) EW:F:KH	9:7:84	18:1:81	18:12:70
Eiweiß (g)	22 L-Aminosäuren	45 L-Aminosäuren	45 def. Oligopeptide + L-AS
Fett (g)	8	1	14
Linolsäure	4	1	4
MCT	1	–	8
Kohlenhydrate (g)	212	208	175
Mono/Di-Sacch.	69	17	8
Laktose	–	–	2
Oligo/Poly-Sacch.	143	191	165
Osmolarität (mosm/l H_2O)	keine Angaben	578	400
Nährstoffdichte		1 kcal/ml	
Ballaststoffe (g)	∅	∅	∅

kosfett enthält zu 15% Fettsäuren mit einer Kettenlänge von 8 und 10 C-Atomen.
Zu Formuladiäten mit MCT siehe Tabelle 48.

	Kasein	Molkenprotein
Muttermilch	40%	60%
Kuhmilch	82%	18%

Milchernährung des Säuglings

Kuhmilchernährung

Die Basis der künstlichen Säuglingsernährung ist die Kuhmilch. Da zwischen Muttermilch und Kuhmilch beträchtliche Unterschiede bestehen, muß die Kuhmilch erst verändert werden, um für den Säugling verträglich zu sein.

> Die Kuhmilch ist eiweiß- und salzreicher, aber kohlenhydratärmer als die Muttermilch.

Qualitative Unterschiede der einzelnen Nährstoffanteile

1. Eiweiß
Der hohe Kaseinanteil am Protein der Kuhmilch bewirkt ein grobes Ausflocken im Magen des Säuglings und eine damit verbundene längere Magenverweildauer. Das Aminosäuremuster des Muttermilchproteins ist den Besonderheiten des noch teilweise unreifen Enzymsystems des Neugeborenen in auffälliger Weise angepaßt.

2. Fett
Bei gleichem Fettanteil beider Nahrungen sind die Fettfraktionen qualitativ erheblich voneinander verschieden. Kuhmilch (= Butter)-Fett besteht zu 70% aus gesättigten Fettsäuren (besonders Palmitin- und Stearinsäure) und zu 30% aus ungesättigten Fettsäuren. In der Muttermilch ist das Verhältnis ungesättigter zu gesättigten Fettsäuren etwa gleich. Der Reichtum an ungesättigten Fettsäuren bewirkt eine bessere Fettausnutzung. Muttermilch enthält ca. 5 mal mehr Linolsäure (ca. 10% der Gesamtfettsäuren) als Kuhmilch.

3. Kohlenhydrate
Muttermilch enthält ausschließlich Laktose. Nach Austritt aus der Brustdrüse liegt ein Gleichgewichtszustand von α- und β-Laktose vor. α-Laktose wird von der Dünndarmlaktase bevorzugt gespalten. β-Laktose gelangt daher leichter in die unteren Dünndarmabschnitte und das Kolon. In wäßriger Lösung entsteht aus β-Laktose durch Mutarotation eine Mischung von α- und β-Laktose. Die Mutarotation läuft in der Muttermilch wesentlich langsamer ab als in der Kuhmilch und ein größerer Teil der β-Laktose gelangt zu distalen Darmabschnitten, um hier die spezifischen Wirkungen zu entfalten.

Tabelle 50. Zusammensetzung reifer Mutter- und Kuhmilch

pro 100 g	Eiweiß (g)	Fett (g)	Zucker (g)	Salze (g)	Energie (kcal)
Muttermilch	1,2–1,5	3,5–4,0	6–7	0,25	66
Kuhmilch	3,5–3,7	3,5–4,0	4–5	0,70	66

Im Handel befindliche Kuhmilcharten

- Normale *Trinkmilch*.
  (Mindestfettgehalt 3%).
- *Markenmilch*.
  Mindestfettgehalt 3,5%. Keimzahl nicht über 50000/ml. In 0,1 ml kein Nachweis von E. coli. Pasteurisiert.
- *Vorzugsmilch*.
  Rohe, nicht pasteurisierte Milch. Im Fettgehalt nicht eingeschränkt, jedoch mindestens 3%.
  Keimzahl nicht über 15000/ml. In 0,01 ml kein Nachweis von E. coli.
- *Kondensmilch*.
  Homogenisierte, hitzesterilisierte, auf die Hälfte des Volumens eingeengte Kuhmilch.

Zur Ernährung des Säuglings geeignete Kuhmilchverdünnungen

Die älteste und billigste Methode der künstlichen Ernährung ist die Verdünnung der Kuhmilch mit Schleim- bzw. Stärkeabkochungen unter Zusatz von Zucker.

1. Halbmilch
Zur Reduktion des hohen Eiweiß- und Salzgehaltes verdünnt man die Kuhmilch mit Wasser im Verhältnis 1:1.
Aus Kondensmilch: 1 Teil Kondensmilch + 3 Teile Wasser

2. ⅔-Milch
2 Teile Milch + 1 Teil Wasser. Nicht vor dem 4. Lebensmonat.

Bei Milchverdünnungen entsteht ein Brennwertdefizit, welches durch Kohlenhydratzusätze ausgeglichen wird. Kochzucker und Glukose dienen dabei als 1. Kohlenhydrat, sowie Schleimzusätze als 2. Kohlenhydrat.
Schleime haben zusätzlich eine Schutzkolloidwirkung, d. h. sie bewirken eine feinere Gerinnung des Kuhmilchproteins im Säuglingsmagen. Der Kohlenhydratanteil sollte jedoch 50% der Gesamtkalorien nicht überschreiten.

Muttermilchernährung

Zusammensetzung der Muttermilch

Jahrelang galt als gesichert, daß die reife menschliche Milch eine Eiweißkonzentration von ca. 1,1–1,2 g/dl enthält. Diese Werte wurden durch die Methode der Gesamtstickstoffbestimmung ermittelt (N × 6,25). Es wurde somit auch Nichtprotein-N erfaßt.
Nach Ermittlung der Eiweißkonzentration über die Aminosäurenanalyse wurde eine Proteinkonzentration von ca. 0,9 g/dl ermittelt [7, 8].
Die quantitative *Verteilung der wichtigsten N-haltigen Fraktionen* in Mutter- und Kuhmilch ist [5]:

	Muttermilch mg N/ml	Kuhmilch mg N/ml
Eiweiß-N	1,3	5,3
Nicht-Eiweiß-N	0,4	0,3
Kasein-N	0,41	4,3
Molkenprotein-N	0,76	1,0

Während in der Kuhmilch IgG und IgM dominieren, enthält die menschliche Milch hauptsächlich sekretorisches IgA. Dessen Konzentration liegt im Kolostrum bei 20 bis 50 mg/ml und fällt bis zum 5. Lebenstag steil auf Werte um 1 mg/ml ab. Nach 3-wöchiger Laktation beträgt die Konzentration ca. 0,3 mg/ml [10].
Die Konzentration von Laktoferrin ist im Kolostrum 3,5 bis 4 mg/ml und in der reifen Milch noch 1,7 mg/ml. Laktoferrin weist spezifische Bindungsstellen für Eisen auf, welches damit für das bakterielle Wachstum nicht mehr zur Verfügung steht.
Zelluläre Komponenten der menschlichen Milch: Kolostrum enthält $0,5–10 \times 10^6$ Zellen/ml, davon sind ca. 90% Makrophagen.

Physiologie der Milchsekretion

In den ersten 2–4 Tagen nach der Geburt sondert die Brust das visköse, durch den erhöhten Eiweiß- und Karotingehalt gelblich gefärbte

Kolostrum ab (ca. 10–40 ml/Tag). Das »Einschießen der Milch« erfolgt zwischen dem 2. und 5. Tag, kann sich jedoch bis zum 8. Tag verzögern. Die Milchsekretion wird durch den Saugreiz angeregt. Die Zusammensetzung der Frauenmilch ist nicht konstant. Vor allem ist die Kolostralmilch durch einen erhöhten Eiweiß- und Salzgehalt gekennzeichnet. Die Morgenmilch ergibt die höchste Kalorienzahl bei höchstem Fett- und Eiweißgehalt. Während des Stillens nimmt der Fettgehalt in der zweiten Hälfte der Mahlzeit zu.

Ein gesunder Säugling trinkt an der Brust täglich folgende Mengen:
1. Woche ca. 480 g
2. Woche ca. 500 g
4. Woche ca. 600 g
8. Woche ca. 700 g
von da an ca. 800–900 g

Säuglingsmilchnahrungen

Die Ernährungskommission der Deutschen Gesellschaft für Kinderheilkunde unterscheidet [4]:

1. Adaptierte Säuglingsmilchnahrung
(s. Tabelle 51)

Protein (g/dl)	1,4–1,8
Fett (g/dl)	3,3–4,2
Laktose (g/dl)	6,3–7,9
Asche (g/dl)	bis 0,39
Brennwert (kcal)	67–75

Der Eiweißgehalt beträgt höchstens 1,8 g/100 ml (Kasein : Molkenprotein = 40:60). Das Milchfett ist teilweise, bei Aponti sm und Multival sogar weitgehend durch pflanzliches Fett (vor allem aus Mais- und Weizenkeimöl) ausgetauscht.

Tabelle 51. Zusammensetzung von Frauenmilch, Frühgeborenenmilch, adaptierter Milch

(pro 100 ml)	Protein (g)	Fett (g)	KH (g)	Laktose (g)	Saccharose (g)	Fruktose (g)	Mineralien (mg)	Energie (kcal)
Frauenmilch								
Kolostralmilch	2,20	3,0	5,7	5,7	–	–	330	60–63
Übergangsmilch	1,60	3,60	6,5	6,5	–	–	240	64–68
(4.–14. Tag)								
Reife Milch	1,20	4,0	7,0	7,0	–	–	210	70–71
Frühgeborenenmilch (wie adaptierte Nahrungen, aber mit Proteingehalt über 2,0 g/100 ml)								
Humana 0	2,3	3,3	8,6	8,6	–	–	400	75
Milupa Meb	2,1	3,6	8,0	8,0	–	–	320	77
Nestle-Frühgeb.-								
Nahrung	2,3	3,3	8,6	8,6	–	–	400	75
Aletemil 0	2,3	3,3	8,7	6,4*)	–	–	400	74
*) Glukose als 2. Kohlenhydrat								
Adaptierte Milchen (im Verhältnis von Protein, Fett und Laktose der FM adaptiert)								
Aponti sm	1,7	3,5	7,5	7,5	–	–	350	70
Hippon A	1,7	3,7	7,0	7,0	–	–	290	68
Humana 1	1,7	3,5	7,3	7,3	–	–	390	69
Humana 2	1,4	4,2	7,3	7,2	–	–	340	75
Pre-Aptamil	1,8	3,7	7,2	7,2	–	–	260	69
Multival 1	1,7	3,4	6,7	6,7	–	–	380	67
Multival 2	1,7	4,0	6,3	6,3	–	–	380	71
Pre-Beba								
(früher Nan)	1,8	3,6	7,9	7,9	–	–	300	72
Pomila	1,6	3,7	7,5	7,5	–	–	300	72

Fettaustausch des Butterfettes wie bei teiladaptierten Nahrungen.
Als einziges Kohlenhydrat enthalten diese Präparate Laktose.
Der Salzgehalt beträgt 0,4% oder weniger.

> Adaptierte Milchen sind für Säuglinge bis zum 4. Lebensmonat gedacht.

2. Teiladaptierte Säuglingsmilchnahrungen
(s. Tabelle 52)

Protein (g/dl)	bis 2,0
Fett (g/dl)	3,0–3,8
Asche (g/dl)	bis 0,45
Brennwert (kcal)	67–75

Bei teiladaptierten Milchen liegt der Proteingehalt um 2%. Wie bei den adaptierten Milchen ist ein teilweiser Fettaustausch erfolgt.
Das Butterfett ist vollständig oder teilweise gegen ein Fettgemisch ausgetauscht. Das Verhältnis von gesättigten zu ungesättigten Fettsäuren sollte ca. 1:1 betragen mit einem Linolsäuregehalt, der mindestens 3%, nicht aber über 5% des Gesamtkaloriengehaltes der Säuglingsmilchnahrung liegt.
Als Kohlenhydrate sind meist Saccharose und Polysaccharide aus Mais- oder Reisstärke zugefügt.

> Teiladaptierte Milchen sind für Säuglinge ab der 8. Lebenswoche gedacht.

Säuglingsmilchen auf ⅔-Milchbasis (Tab. 53) sind sogenannte Anschlußnahrungen. Der Proteingehalt liegt zwischen 2,3 und 3,1%. Sie sind verhältnismäßig stark mit Polysacchariden zur Andickung versetzt und daher bei den Müttern wegen ihres angeblich hohen Sättigungsgrades beliebt. Das Verhältnis von Kasein zu Laktalbumin entspricht demjenigen der Kuhmilch (82:18).

> Die Nahrungen eignen sich für Säuglinge ab ca. dem 5. Lebensmonat.
> Je höher der Eiweißgehalt, in desto späterem Alter sollten die Nahrungen verabreicht werden.

Heilnahrungen (Tab. 54, 55) haben einen hohen Eiweiß-, aber niedrigen Fettgehalt.
Die Zugabe von pektinhaltigen Pflanzenbestandteilen (Banane, Apfel, Karotten) hat sich bewährt.
Herstellung der Mandelmilch (Tab. 55): 150 g süße Mandeln 24 Stunden in kaltem Wasser stehen lassen. Schälen. In Mühle zerkleinern. In Mixer unter Zusatz von 1 l Wasser ½ Stunde zerkleinern. Durch ein Seihtuch filtrieren. Mit 15 g Mondamin und 50 g Glukose aufkochen (Indikation: Neurodermitis).

Tabelle 52. Zusammensetzung von teiladaptierter Milch

(pro 100 ml)	Protein (g)	Fett (g)	KH (g)	Laktose (g)	Saccharose (g)	Fruktose (g)	Mineralien (mg)	Energie (kcal)
Aletemil	2,0	3,3	8,8	4,2	1,8	–	500	75
Aponti 1	1,9	3,3	8,8	4,6	2,9	–	360	74
Hippon 1	1,9	3,3	8,9	3,2	2,6	–	400	75
Humana Baby-fit 14%	1,9	3,3	8,1	3,1	2,9	0,1	450	72
KS Kölln-Säuglings-Nahrung	1,7	3,5	7,5	5,0	–	–	390	70
Lactana B	1,9	2,8	11,5	7,1	–	–	400	80
Aptamil	1,8	3,3	8,3	4,3	2,1	–	300	72
Beba 1	2,0	3,6	8,5	2,8	3,7	–	350	74
Pomil	2,0	3,3	8,5	6,0	0,9	–	450	74
Milumil	2,4	2,2	10,4	–	–	–	400	73

Tabelle 53. Zusammensetzung von Milchen auf ⅔-Basis (Anschlußnahrung)

(pro 100 ml)	Protein (g)	Fett (g)	KH (g)	Laktose (g)	Saccharose (g)	Fruktose (g)	Mineralien (mg)	Energie (kcal)
Milumil	2,4	2,2	10,4	–	–	–	400	73
Aletemil 2	2,5	3,0	9,8	3,6	4,0	–	560	76
Aponti 2	3,0	3,0	9,0	3,5	2,5	–	500	75
Hippon 2	3,0	3,3	8,4	4,4	1,1	–	660	78
Beba 2	3,0	3,1	9,2	–	–	–	660	77
Multival Nova	2,7	2,8	9,8	3,6	1,5	–	600	76
Nektarmil 2	3,1	3,1	12,4	–	–	–	600	90

Tabelle 54. Zusammensetzung von Heilnahrungen

(pro 100 ml)	Protein (g)	Fett (g)	MCT (g)	KH (g)	Laktose (g)	Saccharose (g)	Glukose (g)	Energie (kcal)
Aledin	3,1	1,45	1,45	7,2	0,2	–	+	68
al 110	2,9	3,1	–	7,1	0,05	–	7,1	67
Heilnahrung Töpfer	2,3	1,4	–	9,5	1,1	–	–	61
Humana Heilnahrung (14%)	2,4	1,4	–	9,0	3,2	1,5	0,4	58
Milupa Heilnahrung	2,7	1,2	–	9,0	1,8	1,1	0,5	57

Tabelle 55. Zusammensetzung von kuhmilchfreien Heilnahrungen

(pro 100 ml)	Protein (g)	Fett (g)	MCT (g)	KH (g)	Laktose (g)	Saccharose (g)	Glukose (g)	Energie (kcal)
Lactopriv B (Sojaprotein)	2,5	1,80	–	9,3	–	0,27	0,05	64
MB-F (Rinderherzprotein)	2,2	3,0	–	9,9	–	–	0,60	–
Multival plus (Sojaprotein)	2,5	2,7	–	9,3	–	4,6	4,6	68
Nutramigen (Kaseinhydrolysat)	2,4	2,9	–	9,5	–	–	–	72
Pregestimil (Kaseinhydrolysat) Mandelmilch	3,0	6,2	–	6,5	–	–	5,0	97

Literatur

1 Bistrian, B. R.; Blackburn, G. L.; Scrimshaw, N. S.; Flatt, J. P.: Cellular immunity in semistarved states in hospitalized adults. Am. J. clin. Nutr. *28:* 1148–1152 (1975).
2 Burmeister, W.: Die ausschließlich parenterale Ernährung bei Frühgeborenen und jungen Säuglingen. Klin. Pädiat. *186:* 22–28 (1974).
3 Butterworth, C.; Blackburn, G. L.: Hospital malnutrition and how to assess the nutritional status of a patient. Annapolis, Maryland, Nutrition today Inc. (1974).
4 Ernährungskommission der Deutschen Gesellschaft für Kinderheilkunde: Einteilung der Säuglingsmilchnahrungen auf Kuhmilcheiweißbasis. Mschr. Kinderheilk. *122:* 761 (1974).
5 Hambraeus, L.; Forsum, E.; Lönnerdal, B.: Nutritional aspects of breast milk versus cow's milk formula; in Hambraeus, Hanson, McFarlane (eds.), Food and Immunology, p. 116 (Almqvist & Wiksell, Stockholm 1977).
6 Jelliffe, D. B.: The assessment of the nutritional status of the community (*WHO,* Genf 1966).
7 Lönnerdal, B.; Forsum, E.; Hambraeus, L.: A longitudinal study of the protein, nitrogen and lactose contents of human milk from Swedish wellnourished mothers. Am. J. clin. Nutr. *29:* 1127 (1976).
8 Lönnerdal, B.; Forsum, E.; Gebre-Medhin, M.; Hambraeus, L.: Breast milk composition in Ethiopian and Swedish mothers. II. Lactose, nitrogen and protein contents. Am. J. clin. Nutr. *19:* 1134 (1976).
9 MacKenzie, T.; Blackburn, G. L.; Flatt, J. P.: Clinical assessment of nutritional status using nitrogen balance. Fed. Proc. *33:* 683–687 (1974).
10 Peitersen, B.; Bohn, L.; Andersen, H.: Quantitative determination of immunoglobulins, lysozyme and certain electrolytes in breast milk during the entire period of lactation, and in milk from the individual mammary gland. Acta paediat. scand. *64:* 709–717 (1975).
11 Sailer, D.: Anforderungen an die Sondendiät; in: Kleinberger, Dölp (Hrsg.), Basis der parenteralen und enteralen Ernährung. Klinische Ernährung Bd. 10 (Zuckschwerdt, München 1982).
12 Widdowson, E. M.: Growth and composition of the fetus and newborn; in: Assali (ed.), Biology of gestation, vol. II (Academic Press, New York 1968).

Grundprinzipien der parenteralen Ernährung im Kindesalter

Formen der parenteralen Ernährung

Es sind zwei Wege der parenteralen Ernährung möglich:
a) Zugang durch einen *zentralen Venenkatheter*, der die Infusion von stark hypertonen Lösungen aus kristallinen Aminosäuren und hochprozentiger Glukose erlaubt. Bei ausreichender Kalorienzufuhr ist mit einer Osmolarität der Lösung von ca. 1800 mOsm/l zu rechnen [23] (Abb. 33). Durch diese Applikationsform ist eine bedarfsdeckende Nährstoffzufuhr auf ausschließlich parenteralem Wege möglich.
b) Infusion über *periphere Venen*. Von den Venen wird nur eine Osmolarität von ca. 600–800 mOsm/l ohne Komplikationen, z. B. Thrombophlebitis, toleriert. Eine ausreichende Kalorienzufuhr ist nur durch Zusatz einer Fettemulsion (Fettemulsionen sind isoosmolar) bzw. eine Anhebung des Flüssigkeitsvolumens möglich. Ein häufiger Wechsel der Infusionsstellen ist jedoch nicht vermeidbar.
Methoden der Infusionstechnik werden in Band II dieses Handbuchs diskutiert.

Infusionskonzepte

Indikationen zur totalen parenteralen Ernährung
– Unmöglichkeit der enteralen Nahrungszufuhr: Fehlbildungen, ausgedehnte Darmresektionen, schwere Verletzungen, gastro-intestinale Fisteln.
– Schwere Malabsorptionszustände: Protrahierte Diarrhoen, nekrotisierende Enterokolitis, akute Schübe eines M. Crohn oder einer Colitis ulcerosa.
– Akute Pankreatitis.
– Schwere katabole Zustände, z. B. bei ausgedehnten Verbrennungen und konsumierenden Erkrankungen.
– Post-operativ, falls ersichtlich, daß eine ausreichende enterale Ernährung nicht innerhalb von 4–6 Tagen aufgenommen werden kann. Zwischenzeitlich ist eine meist periphervenöse Zusatzernährung indiziert.
– Therapie entero-enteraler bzw. entero-kutaner Fisteln.

Indikation für eine supplementäre, parenterale Ernährung über eine periphere Vene

– Atrophische Kinder mit ungenügender oraler Nahrungsaufnahme.

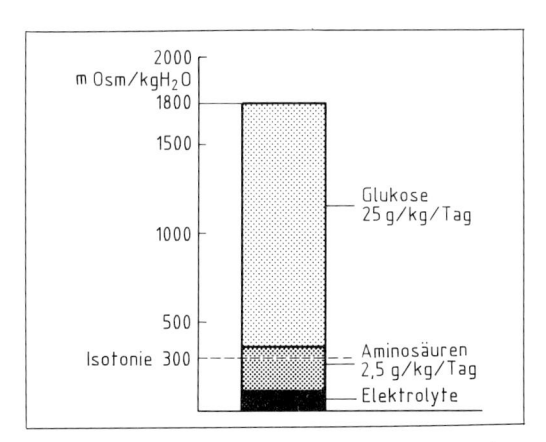

Abb. 33. Osmolalität einer zur totalen parenteralen Ernährung geeigneten Lösung.

– Kinder mit protrahiertem Krankheitsverlauf.
– Kurzzeitige postoperative parenterale Nahrungszufuhr.

Konzept der periphervenösen parenteralen Ernährung

Ist die totale parenterale Ernährung über eine zentrale Vene nicht indiziert, jedoch eine parenterale Nahrungszufuhr nicht zu umgehen, so sollte das Konzept der *periphervenösen parenteralen Ernährung* beachtet werden.
Wird eine hochprozentige Glukoselösung infundiert, so erfolgt durch die starke Insulinausschüttung eine Blockierung der körpereigenen Lipolyse, welche eine wesentliche Energiequelle darstellt. Die Energieausbeute ist somit auf die zugeführten Kohlenhydratkalorien beschränkt. *Blackburn* et al. [2] stellen ein Konzept vor, das sich die Stoffwechselsituation im adaptierten Hungerzustand zunutze macht. Bei mangelnder Insulinstimulation besteht eine gesteigerte Lipolyse und die Möglichkeit des Energiegewinns aus körpereigenen Fettspeichern. Beim Konzept der periphervenösen parenteralen Ernährung wird durch eine niedrige Kohlenhydratzufuhr die Glukoneogenese aus Aminosäuren unnötig, und diese können vermehrt zur Synthese von Funktions- und Strukturproteinen genutzt werden. Gleichzeitig ist bei einer nur gering ausgeprägten Insulinstimulation die Lipolyse nicht unterbunden. Mit einer Basiszufuhr von Kohlenhydraten konnte eine Verbesserung der Stickstoffretention gegenüber einer alleinigen Infusion einer Aminosäurelösung erzielt werden [11]. Aminosäuren sollten zu Kohlenhydraten im Verhältnis 1:2 stehen (z. B. 2,5% Aminosäuren: 5% Glukose).

Komponenten der parenteralen Ernährung

Aminosäuren

Für die parenterale Versorgung mit Aminosäuren sind zwei Fragen von übergeordneter Bedeutung:
1. Welche Aminosäurezufuhr ist notwendig?
   1,0–2,5 g L-Aminosäuren/kg/Tag.
2. Optimales Muster der Aminosäurenzusammensetzung?

Bezüglich des Aminosäuremusters wurden bisher verschiedene Konzepte vorgetragen. Die dabei wichtigsten sind:
– Bedarfsadaptiertes Muster nach *Rose* [19].
– Idealprotein nach *Longenecker* [15].
– FAO-Referenz – Protein [4].
– Plasmaadaptiertes Muster nach *Knauff* [13].
– Muttermilchadaptiertes Muster.

Es besteht grundsätzlich Bedarf an den klassischen 8 essentiellen Aminosäuren: Leuzin, Isoleuzin, Valin, Methionin, Phenylalanin, Tryptophan und Threonin.
Für junge Säuglinge gelten noch zusätzlich folgende Aminosäuren als essentiell: Tyrosin, Cystin, Histidin, Arginin, Prolin und Taurin [8, 18, 20]. Neben den essentiellen Aminosäuren sind nicht-essentielle Stickstoffdonatoren notwendig. Dafür sind die Aminosäuren Glycin, Serin, Alanin, Asparaginsäure und Glutaminsäure geeignet.

Kohlenhydrate

Glukose ist das primäre, zur parenteralen Zufuhr im Kindesalter geeignete Kohlenhydrat. Es ist zu beachten, daß im Postaggressionsstoffwechsel, bei zerebraler Schädigung (Postasphyxiesyndrom, zerebrale Blutung) sowie bei Frühgeborenen und hypotrophen Neugeborenen eine eingeschränkte Glukosetoleranz besteht.
Die zugeführte Glukosemenge sollte deshalb grundsätzlich langsam gesteigert werden. Beginn: 5–10 g/kg/Tag. Eine Steigerung bis zu 30 g/kg/Tag ist möglich.
Im Postaggressionsstoffwechsel muß bereits bei einer Glukosezufuhr von ca. 0,5 g/kg/Stunde mit einer Hyperglykämie gerechnet werden.

Bei Überschreiten einer Serumglukosekonzentration von 250 mg/dl sowie beim Auftreten einer osmotischen Diurese empfiehlt sich die Zugabe von Altinsulin (ca. 0,025–0,1 I.E. kg/Stunde i.v.). Dies gilt nicht für den Postaggressionsstoffwechsel, der auf Grund seiner hormonellen Veränderungen zumindest in seiner Akutphase anderen Gesetzmäßigkeiten folgt.

> Bei zu schnellem Absetzen der Glukoseinfusion droht eine reaktive Hypoglykämie (Ausschleichen!).

Die Stellung von Zuckeralkoholen (Sorbit, Xylit) bei der parenteralen Ernährung im Kindesalter ist noch nicht geklärt und es bestehen weiterhin gegensätzliche Meinungen [12]. Bei der Verwendung von Zuckeralkoholen sollte in jedem Falle eine Fruktoseunverträglichkeit ausgeschlossen sein, sowie die Serumlaktatkonzentration engmaschig überwacht werden. Sorbit und Xylit sollten maximal in einer Dosierung von 0,12 g/kg/Stunde verabfolgt werden.

Fett

Zur parenteralen Fettapplikation stehen stabile Fettemulsionen zur Verfügung. Sie bieten den Vorteil, daß neben der hohen Kaloriendichte von ca. 200 Kal/100 ml 20%ige Fettemulsion keine osmotische Belastung besteht.

Zusammensetzung der Fettemulsionen

Baumwollsaatöl und Sojabohnenöl sind zur Herstellung geeignet. Als Phosphatidemulgator kommt Eilezithin zur Anwendung.

Beispiel: Zusammensetzung von Intralipid®

	10%	20%
Sojabohnenöl	100 g	200 g
Eilezithin	12 g	12 g
Glyzerin	22,5 g	22,5 g
Aqua dest. ad	1000 ml	1000 ml

Die Fettpartikel entsprechen der Größe natürlicher Chylomikronen und werden mit der gleichen Geschwindigkeit wie diese aus der Blutbahn eliminiert. Der Glyzerinanteil der Emulsion sorgt für die Blutisotonie und hat gleichzeitig als Kohlenhydrat eine antiketogene Wirkung.

Verwertung intravenös verabreichter Fette

Die Verstoffwechselung der Fettemulsion erfolgt in Abhängigkeit der Lipoproteinlipaseaktivität [7]. Die Aktivität der Fettsäureoxydation ist von der Insulinkonzentration und somit von der Menge der zugeführten Kohlenhydrate abhängig. Reife Säuglinge können intravenös verabreichte Fette schneller metabolisieren als Frühgeborene. Ursächlich ist dabei der noch nicht ausgereifte Carnitinstoffwechsel des Frühgeborenen beteiligt.

Bei Frühgeborenen werden bei gleicher Fettzufuhr pro kg Körpergewicht höhere Serumspiegel der Triglyzeride und freien Fettsäuren erreicht. Bei Plasmatriglyzeridkonzentrationen über 1,7 mmol/l (150 mg/dl) ist die Lipoproteinlipase gesättigt und die Klärrate vermindert. Bei Übersättigung des Enzyms tritt hauptsächlich eine Klärwirkung durch das retikulohistiozytäre System auf. Eine Steigerung der Triglyzeridmetabolisierung ist durch die Zugabe von Heparin zu erzielen (50–100 I.E. Heparin/kg/Tag).

Die gebräuchlichen Fettemulsionen sind sehr reich an Linolsäure und führen zu einer Anhebung der Linolsäuregewebskonzentration. Die funktionellen Auswirkungen sind bisher nicht geklärt.

Zur Deckung des Bedarfes an *essentiellen Fettsäuren* ist die Zufuhr von 2% bis 4% der Nichtproteinkalorien als Linolsäure notwendig (0,5–1,0 g/kg/Tag). Bei dem bisherigen Kenntnisstand der Wirkung von parenteral verabreichten Fettemulsionen an Frühgeborene, Säuglinge und Kinder sollte eine Zufuhr von 3 g Fett/kg/Tag nicht überschritten werden.

Kontraindikationen zur Fettinfusion

- Infektionen;
- Beeinträchtigte Lungenfunktion;
- Hyperbilirubinämie;
- Streßsituationen.

Grundregeln bei der Infusion von Fettemulsionen

- Die Fettemulsion sollte so langsam wie möglich verabreicht werden. Die Lipidinfusion wird in einer Dosierung von 1,0 g/kg/Tag begonnen und bis zur Zielmenge täglich um 0,5 g/kg gesteigert.
- Um die Stabilität der Emulsion nicht zu beeinträchtigen, sollte sie möglichst nicht Glukose-, Aminosäure- oder Elektrolytlösungen direkt zugemischt werden und deshalb im Nebenschluß erfolgen.

Ist die Herstellung einer Mischung notwendig, so sollte die Fettemulsion immer als letzte Komponente zugegeben werden. Um die Stabilität der Liposomen nicht zu beeinträchtigen, sollten nachfolgende Elektrolytkonzentrationen in der Mischung nicht überschritten werden:
Na^+ 50 mmol/l
K^+ 20 mmol/l
2-wertige Ionen (z. B. Ca^{2+}; Mg^{2+} 2,5 mmol/l) (s. auch Band II dieses Handbuches).

Beurteilung der metabolischen Toleranz von Fettinfusionen

- In Streßsituationen bewirkt die Katecholaminausschüttung eine lipolytische Freisetzung von Fettsäuren, die sich auf den Glukosestoffwechsel behindernd auswirken und zur Hyperglykämie führen. In solchen Fällen sollten Triglyzeride nicht infundiert werden. Die Entscheidung, ob Fett infundiert werden darf oder ob zuerst die allgemeine Stoffwechselsituation normalisiert werden muß, kann nach *Grünert* [10] entsprechend folgendem Schema gefällt werden (Abb. 34): Das Gaschromatogramm der freien Fettsäuren beantwortet die Frage, ob körpereigene Fettsäuren mobilisiert werden. In diesem Fall liegen die Konzentrationen der freien Fettsäuren im Normbereich oder darüber. Ein Fettsäurebelastungstest klärt, ob eine Glukoseverwertungsstörung vorliegt. Diese äußert sich in einer reaktiven Hyperglykämie, welche eine Kontraindikation für die weitere Fettzufuhr darstellt. Ist die Fettsäurekonzentration erniedrigt, so kann Fett verabreicht werden.
- Die Kontrolle der Fettapplikation muß sich an der Serumtriglyzeridkonzentration orientieren, da eine sichtbare Trübung des Serums erst ab ca. 3,3 mmol/l (290 mg/dl) zu erwarten ist, eine Reduktion der Infusions-

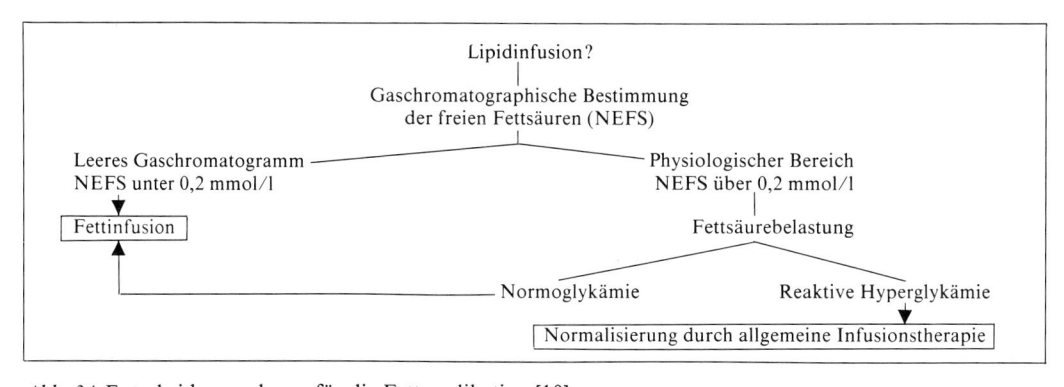

Abb. 34. Entscheidungsschema für die Fettapplikation [10].

menge bereits bei Überschreiten einer Serumtriglyzeridkonzentration von 1,7 mmol/l (150 mg/dl) erfolgen sollte.

Nebenwirkungen bei intravenöser Fettapplikation

Bei einer inadäquaten Fettmetabolisierung muß mit folgenden Veränderungen gerechnet werden:
- Verminderung der pulmonalen Diffusionskapazität [9];
- Blockierung der retikuloendothelialen Funktion [7];
- Gesteigerte Erythrozyten- und Thrombozytenaggregation [3].

Austauschbarkeit von Kohlenhydrat- gegen Fettkalorien

Die kalorische Austauschbarkeit von Kohlenhydraten gegen Fett wird an der Auswirkung auf die N-Retention gemessen. Bei einer hochkalorischen Ernährung ist dieser Austausch möglich [16]. Bei niederkalorischer Ernährung jedoch ist der N-sparende Effekt von Kohlenhydraten deutlich besser. In Streßsituationen und bei kataboler Stoffwechsellage sollten zur optimalen Nutzung des N-retinierenden Effektes 80% der Kalorien durch Kohlenhydrate gedeckt werden [11].

Überwachung der parenteralen Ernährung

Die klinische und laborchemische Überwachung der Patienten ist von größter Wichtigkeit. Die laborchemische Überwachung muß optimiert werden, da die notwendigen Blutmengen vor allem bei Frühgeborenen nicht zur Verfügung stehen.

Klinik
- Gewicht (Bewässerungszustand).
- Hautturgor, Schleimhautfeuchtigkeit.
- Exantheme (z. B. bei: Zinkmangel, Biotinmangel, essentiellem Fettsäuremangel, Vitamin-K-Mangel).

Hämatologische Untersuchungen
- Hämoglobin, Hämatokrit.
- Leukozyten (Infektion, Neutropenie bei Kupfermangel).

Mikrobiologische Untersuchungen
- Abstriche der Kathetereintrittspforte.
- Katheterspitze nach Entfernung.

Urin
- Glukoseausscheidung.
- Ketonkörper.

Serum
- Elektrolyte.
- Gesamteiweiß.
- Harnstoff, Kreatinin.
- Transaminasen, Bilirubin (Cave: Anstieg des direkten Bilirubins über 1,0 mg/dl weist auf eine Cholestase hin).
- Blutzucker.
- Säure-Basen-Haushalt.

Empfehlungen zur parenteralen Infusions- und Ernährungstherapie im Kindesalter

Die nachfolgenden Empfehlungen zur parenteralen Infusions- und Ernährungstherapie im Kindesalter wurden im Oktober 1982 von Altemeyer (Ulm), Böhles (Erlangen), Bürger (Giessen), Paust (Berlin), Pohlandt (Ulm), Schröder (Kiel) und Widhalm (Wien) zusammengestellt.

> Bevor eine parenterale Flüssigkeitszufuhr oder Ernährung begonnen wird, sollte sorgfältig geprüft werden, ob nicht eine enterale Zufuhr möglich und ausreichend ist.

I. Basisbedarf (Dosierungen pro kg Körpergewicht und Tag)

1. Wasser

1. Lebenstag	50– 70 ml	
2. Lebenstag	70– 90 ml	
3. Lebenstag	80–100 ml	
4. Lebenstag	100–120 ml	
5. Lebenstag	100–130 ml	
1. Lebensjahr	100–140 ml	
2. Lebensjahr	80–120 ml	
3.– 5. Lebensjahr	80–100 ml	
6.–10. Lebensjahr	60– 80 ml	
10.–14. Lebensjahr	50– 70 ml	

2. Elektrolyte

Natrium	3 –5	mmol
Kalium	1 –3	mmol
Kalzium	0,1–1	mmol
Magnesium	0,1–0,7	mmol
Chlorid	3 –5	mmol
Phosphat	0,5–1	mmol

Der Bedarf an Natrium und Kalium ist besonders bei Neugeborenen stark von der Diurese abhängig. Bei geringer Wasserzufuhr kann z. B. der Kaliumbedarf auf 0,5 mmol absinken. Der Bedarf an Kalzium und Phosphor ist besonders altersabhängig und bei Frühgeborenen am größten. Kalzium und Phosphat müssen in den angegebenen Dosierungen getrennt infundiert werden. Bei Mischung fällt Kalziumphosphat aus. Bei Wochen andauernder parenteraler Ernährung ist eine ausreichende Kalzium- und Phosphatdosierung wichtig, um eine Demineralisierung des Skeletts zu verhindern. Dies gilt besonders für Neugeborene und Säuglinge.

3. Kohlenhydrate

> Bei Kindern sollen grundsätzlich nur Lösungen mit Glukose als Kohlenhydrat angewendet werden.

Dies gilt besonders für Notfälle (Vermeidung von tödlichen Zwischenfällen durch Fruktose/Sorbitinfusionen bei unbekannter Fruktosestoffwechselstörung)!

II. Basisbedarf perioperativ

1. Prä- und postoperativ
Wie oben (unter I. Basisbedarf)
Posttraumatisch und postoperativ besteht grundsätzlich eine Tendenz zur Wasserretention. Im Normalfall sollte daher die Flüssigkeitszufuhr postoperativ/posttraumatisch an der unteren und die Natriumzufuhr an der oberen Grenze ausgerichtet werden.

2. Intraoperativ
Natriumreiche Lösung verwenden!
(70–100 mmol/l).
Dosierung pro kg Körpergewicht und Stunde

1.– 5. Lebensjahr	6–10 ml
6.– 9. Lebensjahr	4– 8 ml
10.–14. Lebensjahr	2– 6 ml

Bei peripheren Eingriffen (z. B. Extremitäten) an der unteren Grenze, bei Operationen im Thorax oder Abdomen an der oberen Grenze orientieren.

III. Parenterale Ernährung

Nährstoffbedarf (s. Tab.56)

Erläuterungen

1. Bevor eine parenterale Ernährung begonnen wird, sollte sorgfältig geprüft werden, ob nicht eine enterale Ernährung möglich und ausreichend ist.

   Für den Fall, daß eine enterale Ernährung nur in beschränktem Umfang möglich ist, wird eine ergänzende parenterale Ernährung empfohlen. Die oben gemachten Dosierungsempfehlungen gelten dann sinngemäß für die enterale und parenterale Ernährung insgesamt.

2. Voraussetzung für den Beginn einer parenteralen Ernährung ist ein stabiler Kreislauf, eine ausreichende Atmung oder Beatmung, ein ausgeglichener Wasser-Elektro-

Tabelle 56. Nährstoffbedarf bei parenteraler Ernährung (Dosierung pro kg KG und Tag)

	Glukose (g)	AS* (g)	Fett (g)	Energie (kcal)
1. Lebensjahr	8–15	1,5–2,5	2–3	60–100
2. Lebensjahr	12–15	1,5	2–3	70– 90
3.– 5. Lebensjahr	12	1,5	1–2	60– 70
6.–10. Lebensjahr	10	1,0	1–2	50– 60
10.–14. Lebensjahr	8	1,0	1	50

*Es wird empfohlen, in den ersten beiden Lebensjahren eine Aminosäurenlösung zu verwenden, deren Zusammensetzung den Besonderheiten des Neugeborenen und Säuglings angepaßt ist.

lyt- und Säuren-Basen-Haushalt und ein Blutzucker unter 150 mg/dl.

3. Es wird empfohlen, die Tagesdosen der einzelnen Bausteine simultan (über patientennahes Y-Stück oder 3-Wege-Hahn) und gleichmäßig über 24 Stunden zu infundieren und die Ernährung schrittweise in 3–5 Tagen aufzubauen.

4. Infusionsweg: Solange wie möglich über periphere Venen.

5. Bei Neugeborenen, insbesondere bei hypotrophen und unreifen Kindern, wird empfohlen, die parenterale Ernährung im Alter von 12 Lebensstunden zu beginnen. Bei Kindern mit normalem Ernährungszustand sollte die parenterale Ernährung erst dann begonnen werden, wenn zu erkennen ist, daß die Erkrankung den Beginn einer enteralen Ernährung in den nächsten 3 Tagen nicht zuläßt.

6. Kontrolluntersuchungen (Serumkonzentrationen von Na, K, Ca und Triglyzeriden) sollten nur im steady state der Infusion durchgeführt werden, in der Aufbauphase täglich, später 1–3 mal/Woche.

Der Blutzucker sollte in der Aufbauphase alle 6 Stunden kontrolliert werden.

– Zu Beginn einer parenteralen Ernährung sind eine täglich Bilanz der Flüssigkeitsein- und Ausfuhr sowie Gewichtskontrollen zu empfehlen.

– Bei mehrwöchiger parenteraler Ernährung Transaminasen, direktes Bilirubin, Kreatinin, Harnstoff, anorganischen Phosphor, alkalische Phosphatase, Gesamteiweiß und Zink im Serum 1 mal/Woche bestimmen.

Vitamine

Eine genaue Kenntnis des Bedarfs an den einzelnen Vitaminen fehlt. Es werden in Tabel-

Tabelle 57. Anhaltszahlen für die Tageszufuhr von Vitaminen (nach [1, 5, 6])

	Thiamin (mg)	Riboflavin (mg)	Niacin (mg)	Vit. B_6 (mg)	Vit. B_{12} (µg)	Folsäure (µg)	Vit. C (mg)	Vit. A (µg)	Vit. D (I. E.)	Vit. E (I. E.)	Vit. K (µg/kg)
1. Lebensjahr	0,2	0,5	5,0	0,4	0,2	50	35	400	400	4	15
2. Lebensjahr	0,3	0,8	9,0	0,6	0,9	100	20	250	400	7	15
3.– 5. Lebensjahr	0,6	0,9	11,0	0,9	1,2	100	20	300	400	9	30
6.–10. Lebensjahr	0,9	1,3	14,5	1,2	1,5	100	20	400	400	10	30
10.–14. Lebensjahr	1,0	1,6	17,0	1,6	2,0	100	20	575	400	12	10

le 57 Anhaltszahlen für eine empfohlene tägliche Zufuhr gegeben, die der Literatur [1, 6] entnommen wurden.

Spurenelemente

Der Bedarf an Spurenelementen unterliegt großen Schwankungen in Abhängigkeit von der Grunderkrankung und dem Alter des Patienten. Die genannten Zahlen sind nur als Anhaltspunkte zu verstehen [5] (s. Tab. 58).

Tabelle 58. Täglicher Spurenelementbedarf bei der parenteralen Ernährung

Spurenelemente	µmol/kg KG u. Tag
Eisen	1 –2 mol
Zink	1 –2 mol
Kupfer	0,2–0,4 mol
Mangan	0,1–0,2 mol

– Eisen und Zink sollten bei länger dauernder parenteraler Ernährung zugeführt werden.

– Umstritten ist die Notwendigkeit, weitere Spurenelemente gesondert zuzuführen in Anbetracht des Spurenelementgehalts der Aminosäurenlösungen. Der Bedarf nimmt mit zunehmendem Alter ab.

Vitamine und Spurenelemente brauchen bei normalem Ernährungszustand erst zugeführt zu werden, wenn die parenterale Ernährung eine Woche überschreitet.

Literatur

1 American Academy of Pediatrics, Committee on Nutrition. Minimum vitamin levels per 100 kcal of formula. Pediatrics 40: 916, 1967.
2 Blackburn, G. L.; Flatt, J. P.; Clowes, G. H.; O'Donnell, T. E.: Peripheral intravenous feeding with isotonic amino acid solution Am. J. Surg. *125:*447–480 (1973).
3 Cullen, C. F.; Swank, R. L.: Intravascular aggregation and adhesiveness of the blood elements associated with alimentary lipemia and injections of large molecular substances: Effect on blood-brain barrier. Circulation *9:* 335–340 (1954).
4 FAO-Nutrition meetings report series Nr. 37, WHO Technical report series, Nr. 301, Food and agriculture Org. of the U. N. Rome 1965.
5 Fomon, S. J.: Infant Nutrition (W. B. Saunders, Philadelphia 1974)
6 Food and Nutrition Board. Recommended Dietary Alowances, 8th rev. ed. National Academy of Science – National Research Council, Washington, D. C. 1973.
7 Forget, P. P.; Fernandes, J.; Begemann, P. H.: Utilisation of fat emulsion during total parenteral nutrition in children. Acta paediat. scand. *64:* 377–382 (1975).
8 Gaull, G.; Sturman, J. A.; Räihä, N. C. R.: Development of mammalian sulfur metabolism: absence of cystathionase in human fetal tissues. Pediat. Res. *6:*538–542 (1972).
9 Greene, H. L.; Hazlett, D.; Demarec, R.: Relationship between Intralipid-induced hyperlipemia and pulmonary function. Am. J. clin. Nutr. *29:*127–132 (1976).
10 Grünert, A.: Die mikroanalytische selektive Bestimmung der unveresterten langkettigen Fettsäuren im Serum. Z. klin. Chem. klin. Biochem. *13:*407–412 (1975).
11 Jeejeebhoy, K. N.; Anderson, G. H.; Nakhooda, A. F.: Metabolic studies in total parenteral nutrition with lipid in man. Comparison with glucose. J. clin. Invest. *57:*125–129 (1976).
12 Keller, U.; Froesch, E. R.: Vergleichende Untersuchungen über den Stoffwechsel von Xylit, Sorbit und Fruktose beim Menschen. Schweiz. med. Wochenschr. *102:*1017–1022 (1972).
13 Knauff, H. G.; Mayer, G. G.; Scholl, W.; Miller, B.: Über die Stickstoffbilanz bei parenteraler Ernährung mit verschiedenen Aminosäurelösungen. Dt. med. Wschr. *94:*1057–1062 (1969).
14 Löhlein, D.; Henkel, E.: Alternativen der peripher-venösen parenteralen Ernährung. Infusionstherapie *6:*1–7 (1979).
15 Longenecker, J. B.: In Albanese (ed.), Newer methods of nutritional biochemistry (Academic Press, New York, London 1963).
16 Munro, H. N.: Carbohydrate and fat as factors in protein utilization and metabolism. Physiol. Rev. *31:*449–453 (1951).
17 Nordenstrom, J.; Jarstrand, C.; Wiernik, A.: Decreased chemotactic and random migration of leukozytes during Intralipid infusion. Am. J. clin. Nutr. *32:*2416–2421 (1979).
18 Pohland, F.: Cystine: a semi-essential amino acid in the newborn infant. Acta paediat. scand. *63:*801–806 (1972).
19 Rose, W. C.: Amino acid requirements of man. Fed. Proc. *8:*546–549 (1961).
20 Snyderman, S. A.; Boyer, A.; Roitman, E.; Holt,

L.; Prose, P.: The histidine requirement of the infant. J. Pediat. *31:* 786–791 (1963).
21 WHO: Handbook on human nutritional requirements, WHO Monograph. Series Nr. 61, Genf (1974).
22 Wille, L.: Dosierungs- und Anwendungsrichtlinien für die Nährstofftherapie bei nicht-chirurgischen Erkrankungen; in Ahnefeld, Bergmann, Burri, Dick, Halmagyi, Rügheimer (Hrsg.), Grundlagen der Ernährungsbehandlung im Kindesalter. Klinische Anästhesiologie und Intensivmedizin, Bd. 16, pp. 142–163 (Springer, Berlin, Heidelberg, New York 1978).
23 Winters, R. W.: Total parenteral nutrition in pediatrics: The Borden Award Address. Pediatrics *56:* 17–23 (1975).

Sachregister

A
Aärometrie 10
Acetoacetat 41
Aceton 41, 109
N-Acetylglutamatsynthetasemangel 105
Adenosylcobalamin 75
ADH 9, 10, 46, 50
Adipsie 48
Adrenogenitales Syndrom mit Salzverlust 44
Adsorbentien 36
Adynamia episodica Gamstorp 42
Ahornsiruperkrankung 73, 74, 82
Akrodermatitis enteropathica 67
Aktivkohle 36
Aldosteron 7, **10**, 43
Alkalose, metabolische 6, 16, 17, **23**
Alkalose, metabolische, Differentialdiagnose der 23
Alkalose, metabolische, Pathogenese 23
Alkalose, metabolische, chlorreaktive 23
Alkalose, metabolische, chlorresistente 23
Alkalose, respiratorische 17, **24**
Alopezie 68, 77
Altinsulin 149
Aluminiumhydroxyd 62, 65
Aluminiumkarbonat 62
Aminoacidurie 88
Aminosäuren 148
Aminosäuren, aromatische 102
Aminosäuren, basische 65
Aminosäuren, essentielle, Bedarf an 148
Aminosäuren, verzweigtkettige 73, **102**
Aminosäureninfusion 148
Aminosäurenmuster 141, 148
Aminosäurenstoffwechsel, Störungen 95
Aminosäurenstoffwechsel, vitaminabhängige Störungen 74
Aminosäurenzusammensetzung 136, 148
Ammoniogenese 15
Ammoniak im Plasma 102, 103
Ammoniumchlorid 65
Anämie, megaloblastische 76
Analfistel 120

Anastomose, portocavale 86
Anionen, extrazelluläre 18
Anionenlücke 18
Anionensubstitution bei Alkalose 28
Anionensubstitution bei Azidose 28
Anschlußnahrung 145
Antikonvulsivtherapie 80
Antiperistaltika 36, 37
Antithrombin-III-Komplex 34
α-1-Antitrypsinmangel 101
Anurie 59
Arginin 24, 105, 148
Argininämie 105
Argininsubstitution 109
Argininosuccinurie 105
Armmuskelumfang 135
Ascorbinsäure 73
Atemnotsyndrom 25
Austauscherharz 61
Austauschtransfusion 122, 123
Avidin 77
Azidose 125
Azidose, hyperchlorämische metabolische 19
Azidose, metabolische 6, 15, **17**, 109
Azidose, metabolische, diagnostische Abklärung der 18
Azidose, persistierende proximale tubuläre 21
Azidose, renal tubuläre 19, 21
Azidose, renal tubuläre, distaler Typ 21
Azidose, respiratorische 17, **22**
Azidose, späte metabolische des Neugeborenen 19
Azidose, urämische 62
Azidoseatmung 109
Azidoseausgleich 126
Azidosebehandlung 112
Azidosebekämpfung 111

B
Basenüberschuß 13
Belastung, osmotische 149
Beutler-Test 87
BH_4-Test 96
Bikarbonat 2, 15, 16, **19**

Bikarbonat, Dosierung 19
Bikarbonat-Puffer 12
Bikarbonatverlust 19
Bilanzminimum 136
Bilirubinikterus 122
Biologische Wertigkeit 136
Biotin 73, 77
Biotinmangel 77
Blind loop syndrome 76
Blutbild 110
Blutgruppenunverträglichkeit 122
Blutmenge, auszutauschende 122
Blut-pH 12, 15
Blutungen, intrakranielle 131
Blutvolumina 122
Blutzucker 110
BM-Test-Mekonium 107
Brausepulver 65
Brenztraubensäure (Pyruvat) 20
Bronze-Baby-Syndrom 122
Butterfett 144

C

Calcitonin 55
Carbamazepin 49
Carbamylphosphatsynthetasemangel 105
Carboanhydrase **14**, 67
Carboanhydrasehemmer 19
Carboxylasemangel 77
Carnitinstoffwechsel 149
Chlorid 2, **6**
Chloriddiarrhoe 38
Chloriddiarrhoe, renale Veränderungen 38
Chloridmessung 6
Chlorid-Shift
Chloridüberschuß 6
Chloridverlust 6
Cholecalciferol 73, **79**
Cholin 73
Cholinesterase 136
Citrullinämie 105
Clearance des freien Wassers 47
Cobalamin 73, 75
Coeruloplasmin 70
Coma diabeticum 109, 111
Coma diabeticum, Azidose 111
Coma diabeticum, Dehydratation 110
Coma diabeticum, Differentialdiagnose 110
Coma diabeticum, Pathogenese 111
Coma hepaticum 101, 102
Coma hepaticum, Infusionstherapie 101
Coma hepaticum, Eiweißzufuhr 102
Coma hepaticum, Elektrolytimbalanzen 103
Cortisolproduktion 45
Cortisolsubstitution 45
Cushing-Reflex 130

Cyanocobalamin 75
Cystathioninurie 74
Cystin 148
Cystische Fibrose 107
Cytomegaliesepsis 101

D

Dampfdruck 4
Darm, Störungen 115
Darmresektion 138
DDAVP 48
Dehydratation **28**, 110, 131
Dehydratation, Behandlung 28
Dehydratation, Formen 27
Dehydratation, Natrium im Serum 27
Dehydratation, hypernatriämische 30
Dehydratation, hypertone 27, **30**
Dehydratation, hyponatriämische 29, 30
Dehydratation, hypotone 27, **29**, 30,
Dehydratation, isotone 27, **29**,
Dehydratation, klinische Zeichen 26
Dehydratationsschock des Kleinkindes 33
Dehydrobenzperidol 113
Demeclocyclin 51
Dexamethason 32, 131
Dextran 31, 33
Diabetes insipidus centralis (D.i.c.) 46, 47
Diabetes insipidus hypersalaemicus occultus Fanconi 48
Diabetes insipidus renalis 48, 49
Diabetes mellitus 107, **109**
Diabetes mellitus, Narkosen 113
Diabetes mellitus, Notfalloperationen 113
Diabetisches Kind bei Operationen 112
Diät, chemisch definierte (CDD) **137**, 138, 140
Diät, definierte 137
Diät, definierte bilanzierte 137
Diät, nährstoffdefinierte 137
Diätpräparate, sorbithaltige 91
Dialyse 61
Diarrhoe 117
Diarrhoe, osmotische 35
DiGeorge Syndrom 53
Digitalisierung 126
Dihydrobiopterin 95
1,25-Dihydroxycholecalciferol 79
Dihydrotachysterol 54, 62
2,4-Dinitrophenylhydrazin 74
Diphenylhydantoin 51
2,3-Diphosphoglycerat 111
Disaccharidasemangel 35
Disaccharidasenaktivität 35
Disaccharidintoleranz 115
Diurese, hyperosmolare 110
Diuretika 55, 126
Diuretika, Diabetes insipidus 49

Diuretika, Hypercalcämie 55
Diuretika, Nebenwirkungen 48
Diuretika, Nephrotisches Syndrom 64
Diuretika, Nierenversagen 60
Dünndarmbiopsie 117
Dünndarmlymphom 117
Dulcit 87
Durchfallerkrankungen 19, 34
Durchfallerkrankungen, diätische Behandlung 35
Durchfälle, parenterale 34
Durstversuch 46
Durstzentrum 47, 48
Dyspepsien 36
Dyspepsien, Elektrolyttherapie 36
Dyspepsien, Nahrungsaufbau 36
Dysplasien, bronchopulmonale 78
Dystrophie 117

E
Eisen 68
Eisenmangelanämie 68, 69
Eisenstoffwechsel, Normalwerte des 69
Eisenumsatz 68
Eisenzufuhr, orale 69
Eisenzufuhr, parenterale 69
Eiweiß 141
Eiweißkatabolie 7
Eiweißsynthese 7
Eiweißzufuhr 63
Elektrolyte **6,** 152
Elektrolyte im Stuhl 38
Elementardiäten 115, 121
Energie 141
Energiebedarf, Abschätzung 137
Energiebilanz 60
Enterokolitis, nekrotisierende 38, 39
Enzephalopathie, hepatische 102
Erbrechen, azetonämisches 41
Ergocalciferol 79
Ernährung, parenterale 147
Ernährung, parenterale, Formen 147
Ernährung, parenterale, Komponenten 148
Ernährung, parenterale, Nährstoffbedarf 153
Ernährung, parenterale, periphervenöse 148
Ernährung, parenterale, Überwachung 151
Ernährung, supplementäre parenterale 147
Ernährung, totale, parenterale (TPE) 86, 120
Ernährung, totale parenterale, Indikation zur 147
Ernährungstherapie, enterale 135
Ernährungstherapie, enterale, Formen 137
Ernährungstherapie, parenterale, Empfehlungen zur 151
Ernährungszustand 135
Ersatzeiweißpräparate, phenylalaminfreie 94
Erythema nodosum 120
Erythrozyten, Puffersysteme 12

E/T-Ratio 137
Extrazellulärraum 1
Extrazellulärraum, Tonizität 27

F
Fanconi-Syndrom 56
$FeCl_3$-Probe 74
Ferritin 68, 69
Fett 141, 149
Fettapplikation 150, 151
Fettinfusion, Grundregeln 149, 150
Fettinfusion, Kontraindikationen 150
Fettmalabsorption 107
Fettsäurebelastung 150
Fettsäuren 141
Fettsäuren, esentielle **108,** 149
Fettsäuren, ungesättigte 141
Fettsubstitution 108
Fieber 6
Fieber, Kalorienbedarf 108
Fieber, Wasserbedarf 6
Fieberschübe 120
Fibroosteoklasie 80
Fibroplasie, retrolentale 78
Fibrose, cystische 107
Fischer-Quotient 102
Flüssigkeitsbedarf 4, 29
Flüssigkeitsdefizit 31
Flüssigkeitsräume 1
Flüssigkeitssubstitution 133
Flüssigkeitsumsatz 4
Flüssigkeitsverlust 29, 133
Flüssigkeitszufuhr, tägliche 60
Folsäure 73, **76,** 105
Folsäurebedarf 76
Folsäuremangel 76
Formuladiät 137, 140
Formuladiät, instantisierte 138
Formuladiäten, flüssige 139
Frauenmilch, Zusammensetzung 143
fresh frozen plasma 34
Früchte, Zuckergehalt 92
Frühgeborene 149
Frühgeborenenmilch, Zusammensetzung 143
Fruktose 90, 92
Fruktosebelastung, intravenöse 91
Fruktose-1-Phosphat 90
Fruktose-1-Phosphataldolase 90, 91
Fruktose-1,6-Diphosphataldolase 91
Fruktose-6-Phosphat 90
Fruktosediphosphatasemangel 20
Fruktoseintoleranz 82, **90,** 91
Fruktoseintoleranz, Häufigkeit 90
Fruktoseintoleranz, hereditäre, erlaubte Nahrungsmittel 92

Fruktoseintoleranz, hereditäre, verbotene Nahrungsmittel 92
Funktionsproteine 136

G

Gärungsdyspepsie 35
Galaktit 87
Galaktokinasemangel 87
Galaktosämie 82, **86,** 87, 88, 90
Galaktosämie, Nahrungsmittel 88
Galaktose 87
Galaktose-1-Phosphat 90
Gemüsesorten, Zuckergehalt 93
Genitale, intersexuelles 44
Gerinnungsstörungen 34, 87, 91, 108
Gesamteiweißausscheidung 63
Gesamtkörperkalium 7, **28**
Gesamtkörperkaliumbestand, Verminderung 28
Gesamtkörperwasser 2
Gesamtosmolarität 27
Gliadin 117
Glukagon 91
Glukagonstimulationstest 84
Glukose 92, 148
Glukose-Elektrolyt-Gemisch 36
Gluten 115, 116
Glutenintoleranz 119
Glutenintoleranz, transitorische 119
Glykogen 85
Glykogenolyse 90
Glykogenosen 83, 84, 85, 86
Glykolyse 20
Guthrie-Test 87, 96

H

Hämoglobin, Pufferwirkung 13
Hämoglobinurie 60
Hämorrhagische Diathese 78
Hämosiderin 68
Hämosiderose 69
Halbmilch 142
Halothane 113
Harnsteinkomponenten 64
Harnstoff-Stickstoff 27
Harnstoffsynthese 104
Harnstoffsynthese, Störungen 105
Harnstoffzyklusenzyme 104
Harnwegserkrankungen 64
Hartnup'sche Erkrankung 74, 77
Heilnahrungen 35, 36, 144, 145
Heilnahrungen, Zusammensetzung 145
Henderson-Hasselbalch-Gleichung 13
Henry'sches Gesetz 13
Hepatitis B 101
Hepatomegalie 82
Herzfehler, angeborene 125

Herzinsuffizienz 125
Herz-Kreislauf-System, Störungen 125
Herzoperation 126
Herzoperationen, Ernährungstherapie 126
Herzoperationen, Elektrolythaushalt 126
Herzoperationen, Flüssigkeitsbedarf 126
HHH-Syndrom 104
Hickey-Hare-Test 47
H^+-Ionenkonzentration 12
Hippursäure 105
Hirnödem 130
Histidin 63, 148
Homocystinurie 76
Hormon, adiuretisches 46
Humanalbumin 33, 34, 64, 131
Hydramnion 37
Hydroxamsäure 65
β-Hydroxybutyrat 41
25-Hydroxycholecalciferol 79
Hydroxycobalamin 75
Hydroxylapatit 8
21-Hydroxylasemangel 44
17-α-Hydroxyprogesteron 44
Hyperaldosteronismus 10
Hyperammoniämien 103
Hyperammoniämie, transitorische 104
Hyperammoniämisches Koma 104
Hyperbilirubinämie 122
Hyperglykämie **109,** 148
Hyperhydratation 50
Hyperinsulinismus, organischer 82
Hyperkaliämie 60
Hyperkalzämiesyndrom 55
Hyperkalziurie, Formen 65
Hypermagnesiämie 9
Hyperosmolares Syndrom 32
Hyperoxalurie 74
Hyperparathyreoidismus 55
Hyperparathyreoidismus, sekundärer 62
Hyperphenylalaminämie 95, 96
Hyperventilation 15
Hypoaldosteronismus, hyporeninämischer 43
Hypogeusie 67
Hypoglykämie **82,** 83, 90, 91, 111
Hypoglykämie, frühe, transitorische 83
Hypoglykämie, ketonische 83
Hypoglykämie, klassische, transitorische 83
Hypoglykämie, leuzininduzierte 82
Hypoglykämie, postnatale 83
Hypoglykämie, reaktive 149
Hypoglykämie, schwere, rekurrierende 83
Hypoglykämie, sekundäre 83
Hypoglykämien, Abklärung der 82
Hypokalzämie, akute 54
Hypokalzämie des Neugeborenen 53
Hypokalzämiesyndrom 53

Hypomagnesiämie 55
Hypomagnesiämie, transitorische, des Neugeborenen 56
Hyponaträmie, Beurteilung der 29
Hypoparathyreoidismus 53, 55
Hypoparathyreoidismus, transitorischer kongenitaler 54
Hypophosphatämie 56
Hypophysektomie 47
Hypozitraturie 21
Hyperurikämie 128

I

Ikterus 122
Ileitis terminalis 119
Imerslund-Gräsbeck-Syndrom 76
Immunstatus 136
Infusionskonzepte 147
Insulin, Halbwertszeit 112
Insulinmangel 110
Insulinstimulation 148
Insulinsubstitution 111
Insulinverlust in Plastikgeräten 112
Insulinzufuhr 112
Intrakutantestung 136
Intrazellulärraum 2
Inulin 93
»inverse steal Syndrom« 131
Isoleuzin 102, 148

K

Kalium 2, **6**
Kalium, Aufgaben 7
Kalium, Auswascheffekt 8
Kalium, Verdauungssekrete 6
Kalium, pH-Wert 7
Kalium, Eiweißstoffwechsel 7
Kalium, Glucoseaufnahme 7
Kaliumhaushalt, Regulation 7
Kaliumhomöostase 62
Kaliummangel 7
Kaliummangel, Klinik 28
Kaliumsekretion, tubuläre 8
Kaliumsubstitution 29
Kaliumüberschuß 7
Kalzium 8
Kalzium, ionisiertes **8**, 53
Kalziumbedarf 8
Kalziumgluconat 54
Kalziummangel 8
Kalziumoxalatsteine 65
Kalziumstoffwechsel, Störungen 53
Kaolin 37
Kasein 115, 141
Katarakt 88
Kationen, extrazelluläre 18

Kartoffel-Ei-Diät 136
Ketoazidose 110
Ketogenese 41
Ketonkörper 17
Ketonkörpernachweis 41
Ketonurie 41
17-Ketosteroide 45
Kochsalzverluste, bei CF 108
Körpergewicht, Flüssigkeitsbedarf 4
Körperoberfläche, Flüssigkeitsbedarf 2
Körperoberfläche, Nomogramm 3
Körperräume 1
Kohlenhydrate 141, 152
Kohlenhydratinfusionen 148
Kohlenhydratspaltung 35
Kohlenhydratstoffwechsel, Störungen 82
Kompartimente 1
Kondensmilch 142
Kontraktionsalkalose 24
Kreatinin im Serum, Clearance 61
Kreatinin-Längen-Index 136
Kreislauf, extrakorporaler 126
Kuhmilch 141
Kuhmilch, Folsäuregehalt 76
Kuhmilch, Kalziumgehalt 9
Kuhmilch, Phosphorgehalt 9
Kuhmilch, Vitamin D-Gehalt 79
Kuhmilch, Zusammensetzung 141
Kuhmilcharten 142
Kuhmilcheiweiß, Zusammensetzung 115
Kuhmilchernährung 140
Kuhmilchprotein 115, 141, 142
Kuhmilchproteinintoleranz 115, 116
Kupfer 69, 70
Kupferbedarf 70
Kupfermangelzustände 70
Kussmaul-Atmung 25

L

Lactulose 102
Lähmungen, hyperkaliämische 42
Lähmungen, hypokaliämische 42
Lähmungen, periodische 42
Laktatazidose 17, 20
Laktatazidosen, Ursachen der 20
Laktoferrin 142
Laktoglobulin 115
Laktose 35, 140, 141
Laktosebelastung 116
Laktosegehalt der Muttermilch 35
late responders, Zöliakie 117
LCT, Resorption 139
L-Dopa 102
»Lean-Body-Mass« 135
Leber, Fettablagerungen 85
Leber, Kupfergehalt 71

Leberbiopsie 104
Leberzirrhose 88, 103
Legal'scher Schnelltest 41
Leuzin 102, 148
Linolsäure **108**, 138, 139, 140, 141
Lipidinfusionen,
　metabolische Toleranz 150
Lipolyse 110, 148
Lipoproteinlipase 149
Liquordruck 130
Liquor-pH 15
Liquorproduktion 130
Lithium 48, 51
L-Lysin-HCl 24
Lymphozytenzahl, absolute 136

M
Magnesium 2, **9**, 55
Magnesiumbedarf 9
Magnesiumresorption 9
Magnesiumrückresorption, tubuläre 9
Magnesiumsalze 56
Magnesiumstoffwechselstörungen 53
Makrophagen 142
Makrozirkulationsstörung 33, 34
Malabsorptionssyndrom 117
Maltodextrin 86
Mandelmilch 144
Mannit 60, 131
Markenmilch 142
MCT 108, 140
MCT, Resorption 139
Menkes-Syndrom 70
α-Mercaptoproprionylglycin 65
Metalloenzyme 69
Methionin 148
Methoxyfluor 113
Methylcobalamin 75
β-Methylcrotonylacidurie 74
β-Methyldigoxin 126
Methylmalonacidurie 76
Metronidazol 120
Mikrozirkulationsstörung 33, 34
Milch, adaptierte 90, 143
⅔-Milch 142
Milchen auf ⅔-Basis 144
Milchen, teiladaptierte 90, 144
Milchen, volladaptierte 90
Milchernährung 140
Milchsäure 20
Milchsekretion 142
Mineralkortikoidmangelzustände 43
Mineralokortikoide 7
Mithramycin 55
Molenlast 5
Molkenprotein 115, 141

Monoarthritis 120
Morbus Crohn 65, 76, **119**
Morbus Crohn, Reinduktionstherapie 121
Morbus Wilson 70, 71, 101
Mukosaschädigung 119
Mukoviszidose 76, 107, 108, 109
Muttermilch 35
Muttermilch, Folsäuregehalt 76
Muttermilch, Kalziumgehalt 9
Muttermilch, Kupfergehalt 70
Muttermilch, Niacingehalt 77
Muttermilch, Phosphorgehalt 9
Muttermilch, Vitamin-B-1-Gehalt 74
Muttermilch, Vitamin-B-6-Gehalt 75
Muttermilch, Vitamin-K-Gehalt 78
Muttermilch, Vitamin-D-Gehalt 79
Muttermilch, Zinkgehalt 67
Muttermilch, Zusammensetzung der 141, 142
Muttermilchprotein 141
Myoglobinurie 60
Myo-Inosit 73

N
Nabelvenenkatheter 124
Na-Benzoat 105
NaCl-Infusionen, hypertone 51
Nährstoffbedarf 152, 153
Nahrungseiweiß, Qualität 136
Nahrungsmittel, Eisengehalt 69
Nahrungsmittel, bei Galaktosämie 88, 89
Nahrungsmittel, Kupfergehalt 71, 72
Nahrungsmittel, phenylalaninfreie 99
Nahrungsmittel, Phenylalaningehalt 100
Nahrungsmittel, Oxalsäuregehalt 65
Nahrungsmittel, Zuckergehalt 92, 93
Nahrungsproteine 136
Nahrungsproteintoleranzen 115
Narkosen 113
Narkosekontraindikation 112
Natrium 2, **6**, 27
Natriumbedarf 6
Natriumdefizit 28
Natrium-Zellulose-Phosphat 55, 65
Neomycin 102
Nephrokalzinose 21, 22
Nephrotisches Syndrom 63, 64
Nephrotisches Syndrom, Impfungen bei 64
Nephrotoxische Substanzen 59
Neugeborene, hypertrophe 153
Neugeborenenhypokalzämie 53, 54
Niacin 73, 77
Niacinmangel 77
Nicht-Bikarbonat-Puffer 12, 13
Niere, Escape-Phänomen 10
Niere, Filtrationsleistung 10
Niere, Konzentrationsvermögen 6, 15

Niere, Regulationsfunktion 9
Niere, Störungen 59
Nierenbiopsie 64
Nierenfunktionsdiagnostik 10
Niereninsuffizienz, akute 59
Niereninsuffizienz, akute, Komplikationen bei 60
Niereninsuffizienz, chronische 53, **61**
Niereninsuffizienz, chronische, therapeutische Grundsätze 62
Niereninsuffizienz, Eiweißzufuhr 63
Niereninsuffizienz, Kalorienzufuhr 63
Niereninsuffizienz, Vitamin-D-Substitution 62, **80**
Niereninsuffizienz, postrenale 59
Niereninsuffizienz, prärenale 59
Niereninsuffizienz, renale 59
Nierensteine 64
Nierenversagen, Hyperkalzämie 60
Nierenversagen, akutes 60
Nierenversagen, akutes, Aminosäuren 60
Nierenversagen, akutes, Energiebilanz 60
Nierenversagen, akutes, Flüssigkeitszufuhr 60
Nikotinsäureamid 77

O
Obstsäfte 111
Öle 108
Oligohydramnion 9
Oligosaccharidasen 35
Oligosaccharidlösung 86
Oligurie 59
Onkologische Erkrankungen 128
Organazidurien 17, 104
Orotazidurie 104
Osmometrie 10
Osmoregulation 9, 10, 47
Osteopathie, renale 62, 80
Osteopathie, urämische 80
Osteoporose 80
Oxalatausscheidung 65
Oxalatlithiasis 66
Oxydationswasser 5
Oxyhämoglobin, Pufferwirkung 13

P
Palmitinsäure 141
Pankreas, Störungen 107
Pankreasfermente 119
Panthothensäure 73
Parathormon 9
Pektin 36, 37
Penicillamin 65, 71
Penicillaminbelastung 71
Peritonealdialyse 104
Perspiratio insensibilis 4
Phenylacetat 105
Phenylacetylglutamin 105

Phenylalanin **95**, 100, 102, 148
Phenylalanin, Tagesbedarf 99
Phenylalaninhydroxylase 95
Phenylalaninunterversorgung 101
Phenylketonurie 76, **95**, 96
Phenylketonurie, maternale 101
Phenylketonurie, Nahrungsaufbau 97
Phenylketonurie, Nahrungsmittelbezugsquellen 98
Phosphat 2, **56**, 57
Phosphat, Pufferwirkung 12, 15
Phosphatclearance 57
Phosphatdiabetes 56, 57
Phosphateinschränkung 62
Phosphatreabsorption, tubuläre 57
Phosphaturie 65
Phosphatzufuhr 9, 57, 65
Phosphorstoffwechselstörungen 53
Phototherapie 122
Phyllochinon 73, 78
Phyllochinonmangel 78
Pilocarpin-Jontophorese 117
Plasma-Puffersysteme 12
Pneumatosis intestini 38
Polyarthritis 120
Polydipsie 46, 49
Polyurie 21, 47, 59
Potter-Syndrom 59
Postaggressionsstoffwechsel 148
Präalbumin 136
Prednison 67
Pregnantriol 45
Prolin 148
Proprionsäureazidämie 82
Protein, retinolbindendes 136
Proteinhydrolysate 116
Proteinintoleranz, lysinurische 104
Proteinsubstitution 108
Proteinurie 63
Proteus 64
Pseudoappendicitis 112, 120
Pseudohypoaldosteronismus 43
Pseudohypoparathyreodismus 43, 53
Pseudosklerose 71
Pseudoobstipation 39
Pseudoperitonitis diabetica 112
Pseudo-Vitamin-D-Mangelrachitis 80
Pteroylglutaminsäure 73
Pufferbasen 13
Puffersysteme 12
Pylorotomie nach Weber-Ramstedt 40
Pylorusstenose, hypertrophische 39, 40
Pylorusstenose, metabolische Störungen 40
Pyridoxal 75
Pyridoxamin 73, 75
Pyridoxin 75
4-Pyridoxinsäureausscheidung 75

Pyrimidinsynthese 104
Pyruvat 20
Pyruvatcarboxylasemangel 20, 70
Pyruvatdehydrogenase 73
Pyruvatdehydrogenasemangel 20, 73

Q
Quellmittel 36

R
Rachitis 79, 80
Rachitis, hypophosphatämische 57
Rachitisprophylaxe 79
Radio-Kupfer-Belastungstest 71
Raffinose 88
Reboundeffekt, Hirnödemtherapie 131
Red-eye-Syndrom 55
Rehydratation 29, 111
Renin-Angiotensin-System 10
Resonium 61
Retinol 73
Reye-Syndrom 101
Riboflavin 73
Ringer-Tee 36
Robin-Hood-Syndrom 131
Roviralta-Syndrom 39

S
Saccharose 92
Säuglingsmilchen, galaktosefreie 88
Säuglingsmilchnahrung, adaptierte 143
Säuglingsmilchnahrung 143
Säuglingsnahrung, teiladaptierte 144
Säureausscheidung, renale 15
Säure-Basen-Haushalt, gemischte Störungen 25
Säure-Basen-Haushalt, Physiologie 12, 15
Säure-Basen-Haushalt, Störungen 17
Säuren, titrierbare 15
Salze 141
Salzverlust 44, 61
Sauerstoffdosierung bei Herzinsuffizienz 125
Sauerstoffzufuhr 125
Schädel-Hirn-Trauma 130
Schock 32, 33
Schock, kardiogener 34
Schockphase 33
Schock, septischer 34
Schwartz-Bartter-Syndrom 50, 51
Schweiß, NaCl-Gehalt 4
Schweißverluste 4
Serum-Immunglobulinquotient 118
Serumosmolarität 110
Short-Gut-Syndrom 138
SIADH 50
Sojaprotein 102, 115
Solute load 5

Sondennahrung 137
Sorbit 91, 149
Spontanfrakturen 117
Spurenelemente 67, 154
Stachyose 88
Stearinsäure 141
Stickstoffbilanz 136
Stickstoffdonatoren, nicht-essentielle 148
Struvitsteine 64
Stuhlelektrolyte 38

T
Taurin 148
Tetaniesyndrom 54
Tetrahydrobiopterin 95
Tetrahydrobiopterinsynthese 76
Thermoregulation 4
Thiamin 73
Thiaminpyrophosphat 41, 73
Third Space 2
Threonin 148
D-Thyroxin 86
Tocopherol 73, 78
Toleranz, metabolische 150
Toxikose 27, **34**
Transcobalaminmangel 75
Transferrin 68
Triceps-Hautfalte 135
Triglyceride, mittelkettige (MCT) 108, 139
Tryptophan 73, 75, 102, 148
Tubulusnekrose 59
Tyrosin 95, 101, 148
Tyrosinämie 74

U
Übergangsdiäten 36
Überschußlaktat 20
Überwachung, postoperative 113
Ureterosigmoidostomie 19
Urin, Eiweißausscheidung 63
Urin, Kupferausscheidung 71
Urin, pH-Wert 10
Urin, spezifisches Gewicht, Osmolarität 10
Urin-Alkalisierung 15
Urin-Ansäuerung 15
Urin-Ausscheidung 45
Uveitis 120

V
Valin 102, 148
Vasopressin 9, 46
Vasopressintest 47
Venenkatheter, zentraler 147
Verbrennung, Flüssigkeitsbedarf 133
Verbrennung, Infusionslösungen 134
Verbrennung, Schweregrad 132

Verbrennung, Urinausscheidung 134
Verbrennungskrankheit 132
Verdünnungsazidose 20
Verdünnungsprinzip 1
Verteilungsräume 1
Verteilungsräume, Elektrolytzusammensetzung 2
Vitamin B_1 73
Vitamin-B_1-abhängige Stoffwechselstörungen 73
Vitamin-B_1-Bedarf 74
Vitamin-B_1-Mangel 73
Vitamin B_6 75, 105
Vitamin-B_6-Abhängigkeit 75
Vitamin-B_6-Bedarf 72, 75
Vitamin-B_6-Mangel 75
Vitamin-B_6-abhängige Stoffwechselstörungen 74
Vitamin B_{12} 75
Vitamin-B_{12}-Malabsorption 76
Vitamin-B_{12}-Mangel 75
Vitamin D 54, 57, **79**
Vitamin-D-Bedarf 79
Vitamin-D-Dependency 80
Vitamin-D-Intoxikation 55
Vitamin-D-Mangelrachitis 79
Vitamin-D-Substitution 62
Vitamin E 78
Vitamin-E-Mangel 78
Vitamin H 77
Vitamin K 78
Vitamine 73, 153
Vitamine, fettlösliche 73, 108
Vitamine, Tageszufuhr 153
Vitamine, wasserlösliche 73
Vitaminstoffwechsel, Störungen des 73
Volumenersatzlösung, kolloidale 33

Volumenmangel, akuter 32
Volumensubstitution 111
Vorzugsmilch 142
Vulvitis 120

W

Wachstumsstillstand 120
Wasser 152
Wasser, Umsatzraten 5
Wasserbedarf **2,** 6
Wasserfreisetzung 5
Wasserhaushalt, Regulation 9, 10
Wasser- und Elektrolythaushalt 1
Wasser- und Elektrolythaushalt, Störungen 26
Williams-Beuren-Syndrom 55

X

Xanthurensäure 74, 75
Xylit 149

Z

Zellkatabolie 5, 60
Ziegenmilchernährung 76
Zink 67
Zinkbedarf 67
Zinkmangelzustände 67
Zöliakie 116, 117
Zöliakie, Diagnostik 118
Zöliakie, Mineralisationsstörungen 117
Zöliakie, Symptome 117
Zottenatrophie 117
Zuckeralkohole 149
Zystinsteine 64